建筑识图
轻松会

阳鸿钧 / 等 编著

化学工业出版社
·北京·

内容简介

本书详细介绍了建筑识图与构造基础知识、建筑投影与制图基础知识、结构施工图常识、混凝土结构施工图的识读、钢结构施工图的识读、木结构施工图的识读等内容。本书在编写过程中注重识图技能的快速掌握，让读者轻松夯实基础，达到“学即用、用即学”的目的。本书采用双色图解的方式将重点内容标示出来，具有直观性，同时结合工地实景照片与视频讲解，具有实用性，方便读者学习和使用。

本书可供建筑施工人员、建筑装饰施工人员、建筑工程管理人员、监理技术人员、土建类专业有关人员参考阅读，也可以供建筑工程制图人员、社会自学人员参考阅读。另外，还可以作为大中专院校相关专业、培训学校等作为教材参考使用。

图书在版编目（CIP）数据

建筑识图轻松会 / 阳鸿钧等编著. —北京 : 化学工业出版社, 2024. 3
ISBN 978-7-122-45155-2

Ⅰ. ①建⋯ Ⅱ. ①阳⋯ Ⅲ. ①建筑制图 - 识图 Ⅳ. ① TU204. 21

中国国家版本馆 CIP 数据核字（2024）第 046465 号

责任编辑：彭明兰　　文字编辑：邹　宁
责任校对：田睿涵　　装帧设计：刘丽华

出版发行：化学工业出版社
（北京市东城区青年湖南街 13 号　邮政编码 100011）
印　　装：河北京平诚乾印刷有限公司
787mm × 1092mm　1/16　印张 13¼　字数 310 千字
2024 年 11 月北京第 1 版第 1 次印刷

购书咨询：010-64518888　　售后服务：010-64518899
网　　址：http：//www.cip.com.cn
凡购买本书，如有缺损质量问题，本社销售中心负责调换。

定　　价：68.00 元
版权所有　违者必究

前言

会看图、懂识图，是建筑工程人员必备的专业技能，不会识图会影响工程人员的技能提升空间，在工作中甚至会寸步难行。常听到“按图施工”“按图放线”“按图算价”等，可见识图对工程技术人员的重要性。建筑识图是一门专业性很强的技能，又是许多职位、岗位、工种工作的基础与必备知识。为了帮助从事建筑工程的相关人员迅速掌握识读图技能，特策划编写了本书，以飨读者。

本书内容由6章组成，详细介绍了建筑识图知识与技能，具体内容如下：

（1）详细介绍建筑识图与构造基础知识、建筑投影与制图基础知识、建筑结构施工图常识与技能，以便轻松入门识图，以及训练与培养建筑方向的识图思维与变通能力；

（2）详细介绍了3种建筑结构施工图的识图：混凝土结构施工图的识读、钢结构施工图的识读、木结构施工图的识读，以便能够满足“按图施工”“按图放线”“按图算价”等实际工作的需要。

本书本着“快速掌握看图技能，轻松夯实基础，达到“学即用、用即学”的目的，在编写过程中尽量以图解的方式，将建筑识图重难点简化成通俗易懂的符号和语言，以便读者理解和掌握。本书的特点如下：

（1）双色图解，图上直标识图技法与要点，直观性强；

（2）工地实景照片，附带视频讲解，实用性强；

（3）精简的文字讲解，采用实例剖析，通俗易懂。

本书在编写过程中，参考了一些珍贵的资料、文献、网站，在此向这些资料、文献、网站的作者深表谢意！由于部分参考文献标注不详细或者不规范，暂时没有或者没法在参考文献中一一列出鸣谢，在此特意说明，同时深表感谢！

另外，本书在编写过程中还参考了有关标准、规范、要求、政策、方法等资料，从而保证本书内容新，符合现行要求。

本书编写中得到了一些同行、朋友及有关单位的帮助与支持，在此，向他们表示衷心的感谢！本书由阳鸿钧、阳育杰、阳许倩、欧小宝、许四一、阳红珍、许满菊、许小菊、阳梅开、阳苟妹等人员参加编写或支持编写。

由于时间有限，书中难免存在不足之处，敬请读者批评、指正。

目录

Part 1 基础轻松学 识图轻松会

第1章 建筑基础知识 2

第 2 章 建筑图基础 48

第 3 章 结构施工图常识 100

Part 2　识图不求人　实战你也会

第 4 章　混凝土结构施工图的识读 109

Part 1
基础轻松学　识图轻松会

第1章
建筑基础知识

1.1 建筑常识

1.1.1 物与图、制图与识图

建筑，属于物体。建筑工程图，属于表达。建筑工程图，就是用于表示表达建筑物的外部形状特征、内部布置情况以及装修、构造、施工要求等内容的有关图纸。

许多建筑工程，往往需要采用完整的建筑施工图来表达。一套完整的建筑施工图，可以分为施工总说明（图样目录、设计说明、建筑经济指标、各部分用料、门窗明细表等）、总平面图、平面图、立面图、剖面图、构造详图等。

建筑工程是先制作、识读建筑工程图等，再进行施工建造建筑实体，即先有图后有建筑实体，如图1-1所示。许多建筑工程图，其设计者、识图者往往是不同的人。设计者采用图纸表达其设计思想与要求。识图者通过图纸理解设计思想与要求。

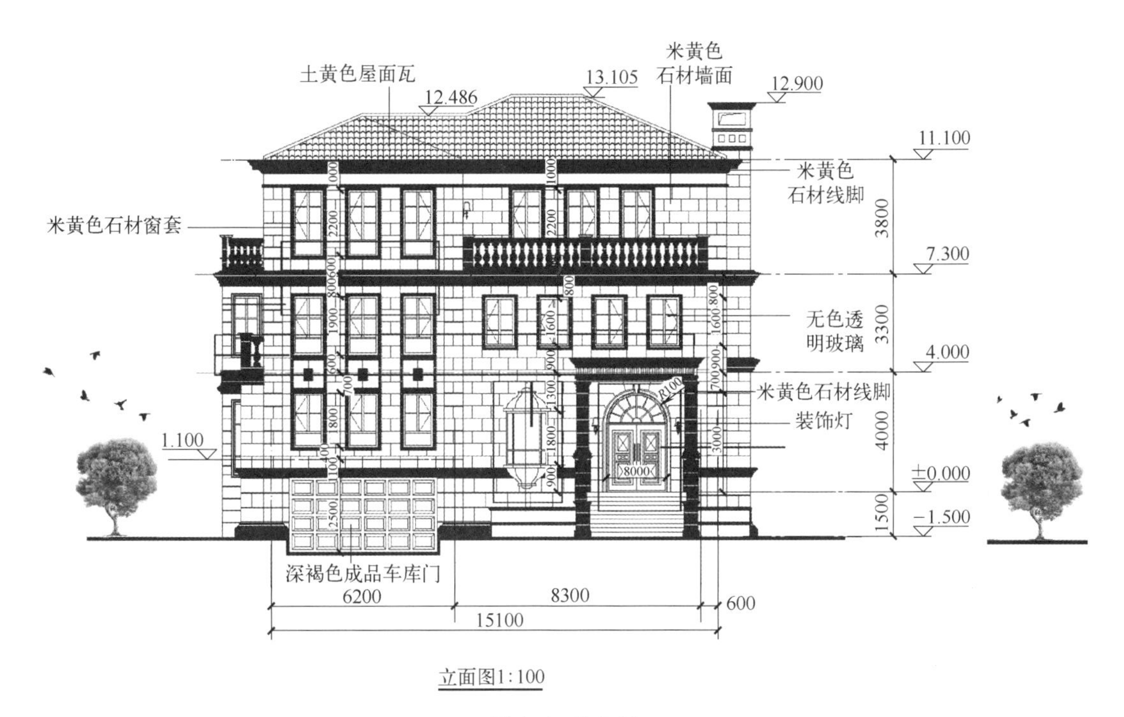

图 1-1　物与图

建筑图的设计者与制图者，可以通过先建立的建筑方案、建筑模型、建筑效果以及规范要求来绘图，即以图示物。建筑图识图者往往是通过识读图纸建立想象的建筑模型、效果以及按图施工，即以图造物。

1.1.2　生成图纸的目的、阶段与图的分类

生成图纸的目的如下。

（1）表达建筑物的外观、体量。

（2）表达建筑的内部空间、内部结构。

（3）表达建筑物所处的地理位置、环境绿化布置。

（4）表达建筑物的细部、技术细节。

一座建筑物从项目确立到建成使用，一般需要经过以下阶段：立项、方案设计、扩大初步设计、施工图设计、施工、竣工验收。

针对图纸的用途，图纸可分成设计图、竣工图、测绘图等。针对建筑物的阶段，图纸有方案设计图、扩大初步设计图、施工图等，如图 1-2 所示。

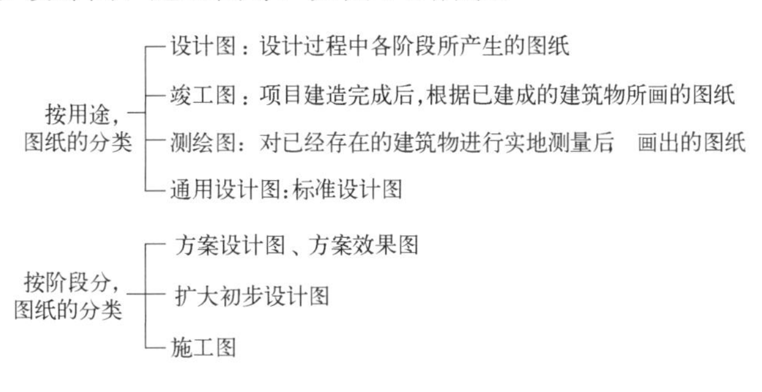

图 1-2　图纸的分类

对于识图，生成建筑图的这些目的与阶段，就是识图时需要掌握的信息与阶段重点。

1.1.3 房屋结构通俗易懂的理解

房屋建筑结构，需要满足承载力、抗震性、抗风能力、安全性、适用性、耐久性、可施工性等要求。

目前，常见的房屋建筑结构主要是基础 + 柱 + 梁 + 板的形式。通俗易懂地说，可以以桌子、椅子的结构来类比地理解房屋建筑结构。如图 1-3 所示。

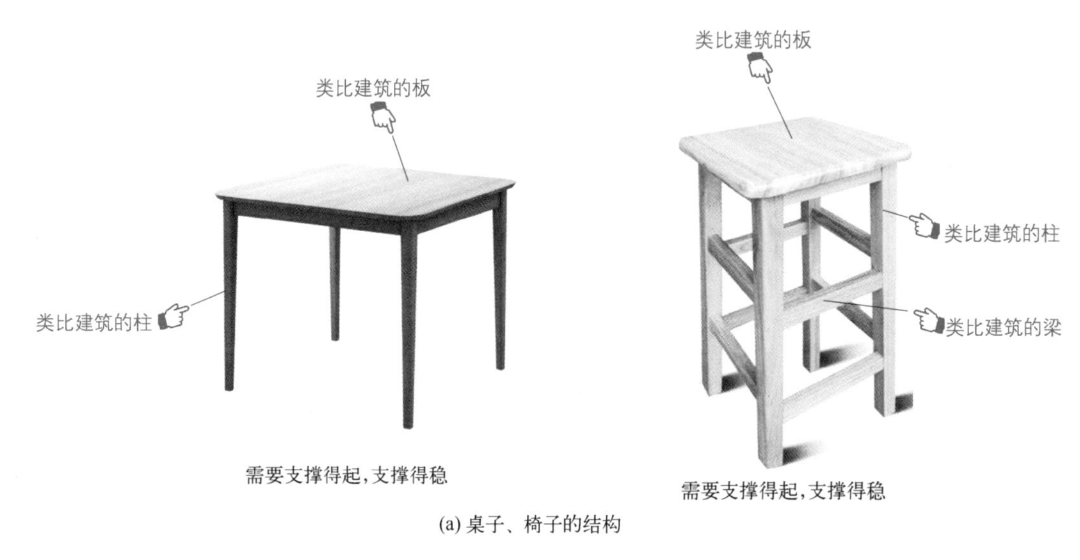

(a) 桌子、椅子的结构

(b) 房屋建筑的结构(外)

(c) 房屋建筑的结构(内)

图 1-3

房屋中起承重和支撑作用的构件按一定的构造和连接方式组成房屋结构体系

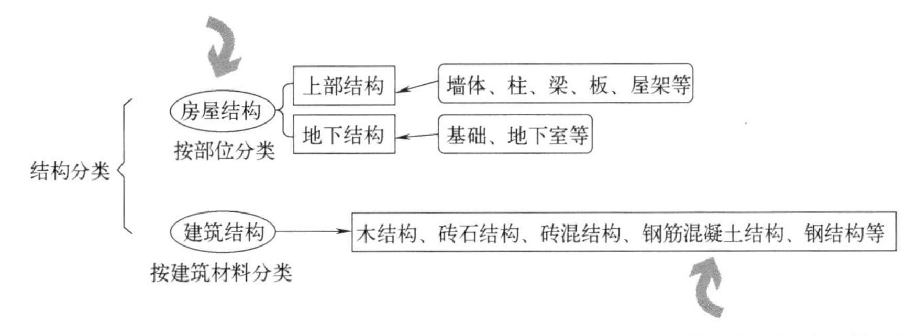

钢筋混凝土框架结构是由钢筋混凝土柱、纵梁、横梁组成的框架来支承屋顶与楼板荷载的结构

(d) 房屋结构的定义和分类

荷载
楼板
墙
基础

(e) 房屋结构的组成

识图帮

房屋建筑结构中，结构的主要作用是承受重力、传递荷载等。一般情况下，外力作用在楼板上，由楼板将荷载传递给墙或梁，再由梁传给柱或墙，然后由柱或墙传递给基础，最后由基础传递给地基

图1-3 房屋结构的理解

1.1.4 熟悉建筑物与工地一线

不同的实际建筑结构，复杂程度不同，需要的图纸数量与深度不同。根据使用功能，建筑物结构的分类如下。

（1）建筑结构：住宅、公共建筑、工业建筑等。

（2）特种结构：烟囱、水池、水塔、挡墙等。

（3）地下结构：隧道、人防、地下建筑等。

建筑物是实际中的立体物，一般的建筑施工图是使用三面正投影法绘制的。因此，识图时或者识图前熟悉建筑物，则识图时理解就会更容易，一看就懂。如果不熟悉建筑物，但是在工地一线现场待过，则识图时理解也会更容易，一看就会靠近“行业”。

为此，会识图，应先练体验“现场与建筑实物”。一些施工现场与建筑实物如图1-4所示。

(a) 建筑实物(一)　(b) 建筑实物(二)　(c) 建筑实物(三)

(d) 施工现场(一)　(e) 施工现场(二)——写字楼　(f) 施工现场(三)——写字楼

(g) 施工现场(四)——高层住宅　(h) 施工现场(五)——高层住宅

(i) 建筑轴测图——农村房　(j) 建筑轴测图——夹芯板房屋

图 1-4

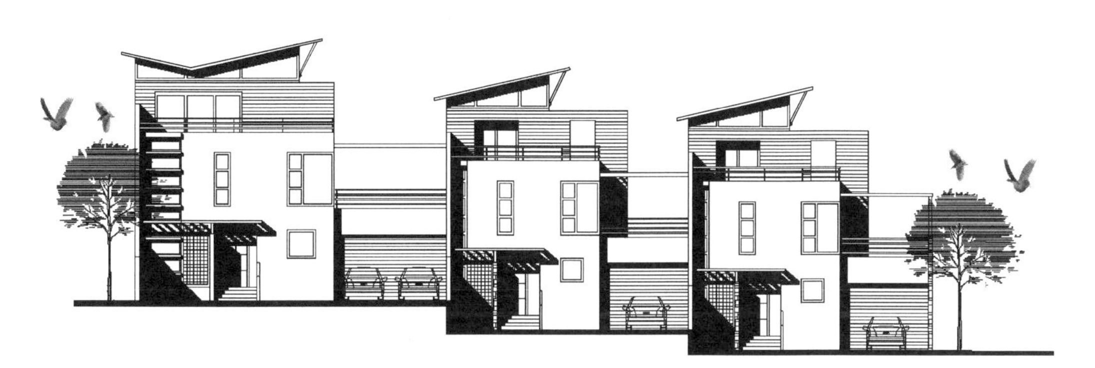

(k) 建筑立面图——联排别墅

(l) 建筑立面图——主体结构为钢筋混凝土框架结构的大楼

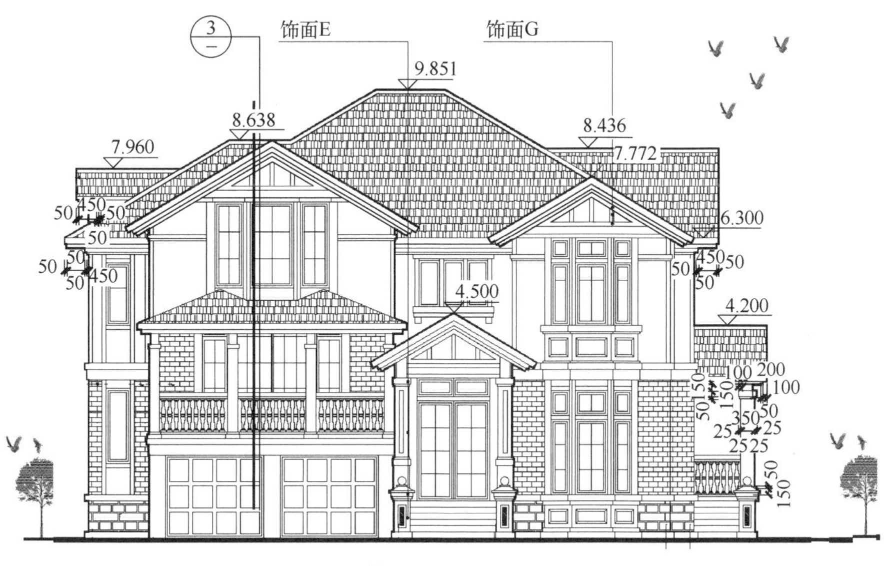

(m) 建筑立面图——独栋别墅

图 1-4

(n) 建筑内部结构与附件——框架

(o) 建筑内部结构与附件——窗户

(p) 建筑内部结构与附件——入户防盗门

(q) 建筑内部结构与附件——电梯门

图 1-4　**一些现场与建筑实物**

识图轻松会

施工，往往是先看图后建造建筑。经验丰富的人一看图就能够想象出来图所展现的建筑实物是什么样子的以及有关建筑细节。这其中的原因就是熟练，也就是说常见的建筑构成元素并不复杂。因此，识图入门，就要先熟悉现有的建筑或者模型，了解常见建筑的元素，为后面识图打下基础。习惯性的思维与路径依赖自然会建立识图联系与识图转换。这样看图就会快、准。

1.1.5　房屋建筑的组成

房屋建筑施工图，就是要把房屋的主要部分、附属部分、所在环境等内容清楚地表达出来。一幢房屋建筑物从施工到建成，需要有全套房屋建筑施工图纸作指导。一套房屋建筑施工图纸往往有几张，或者十几张、几十张，甚至几百张不等。

阅读房屋施工图，需要先从大方面整体识读看懂，然后依次阅读局部细节。识读房屋施工图时，还需要以不同图纸互相对照，仔细阅读。

建筑物的组成，属于识图的基础知识，需要掌握。一些常见建筑物的组成如图 1-5 所示。

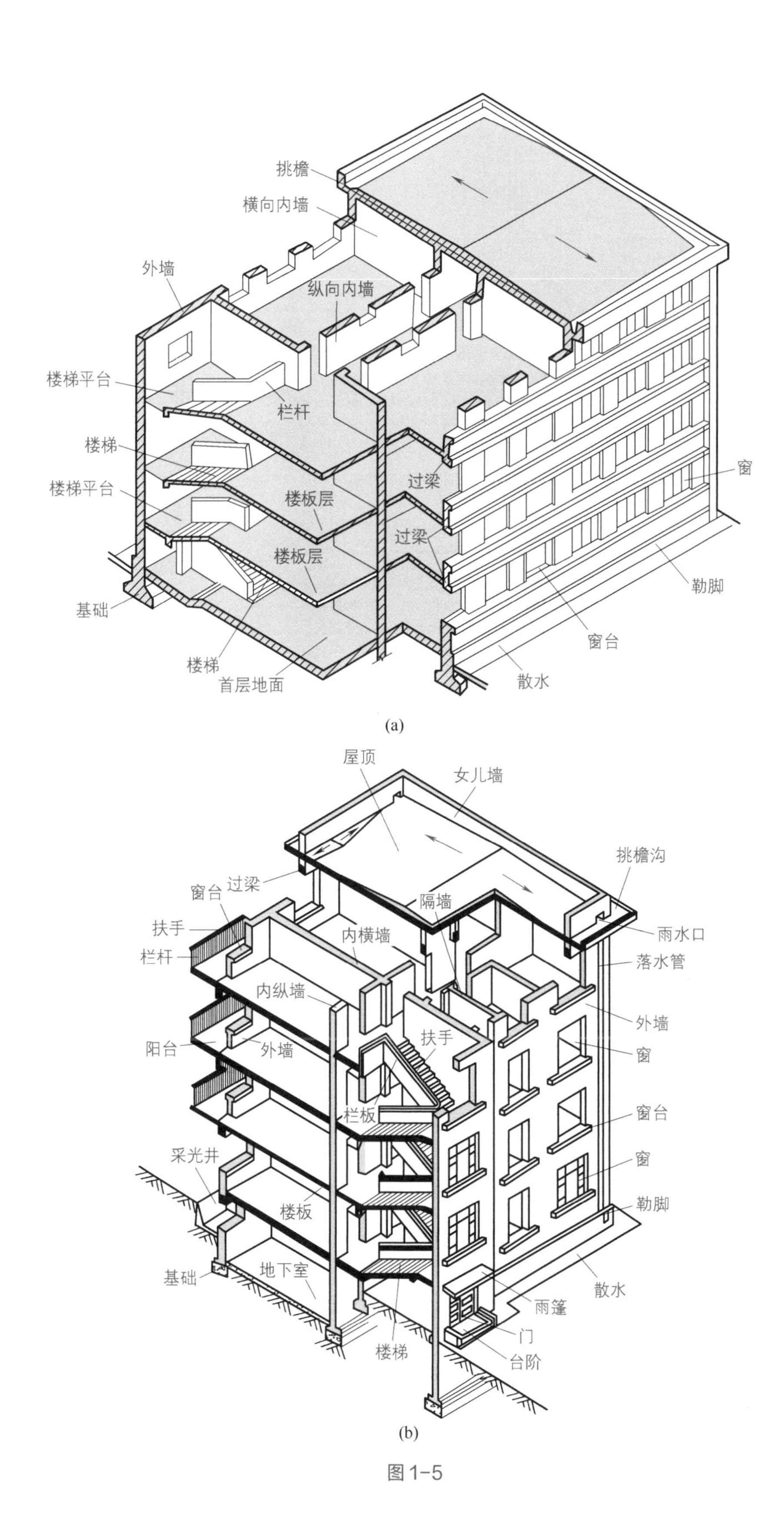
挑檐
横向内墙
外墙
纵向内墙
楼梯平台
栏杆
楼梯
楼梯平台
楼板层
过梁
窗
过梁
楼板层
勒脚
基础
窗台
楼梯
首层地面
散水
(a)
屋顶
女儿墙
挑檐沟
过梁
窗台
隔墙
雨水口
扶手
内横墙
栏杆
落水管
内纵墙
外墙
扶手
阳台
外墙
窗
栏板
窗台
采光井
窗
勒脚
楼板
基础
地下室
散水
雨篷
门
楼梯
台阶
(b)

图1-5

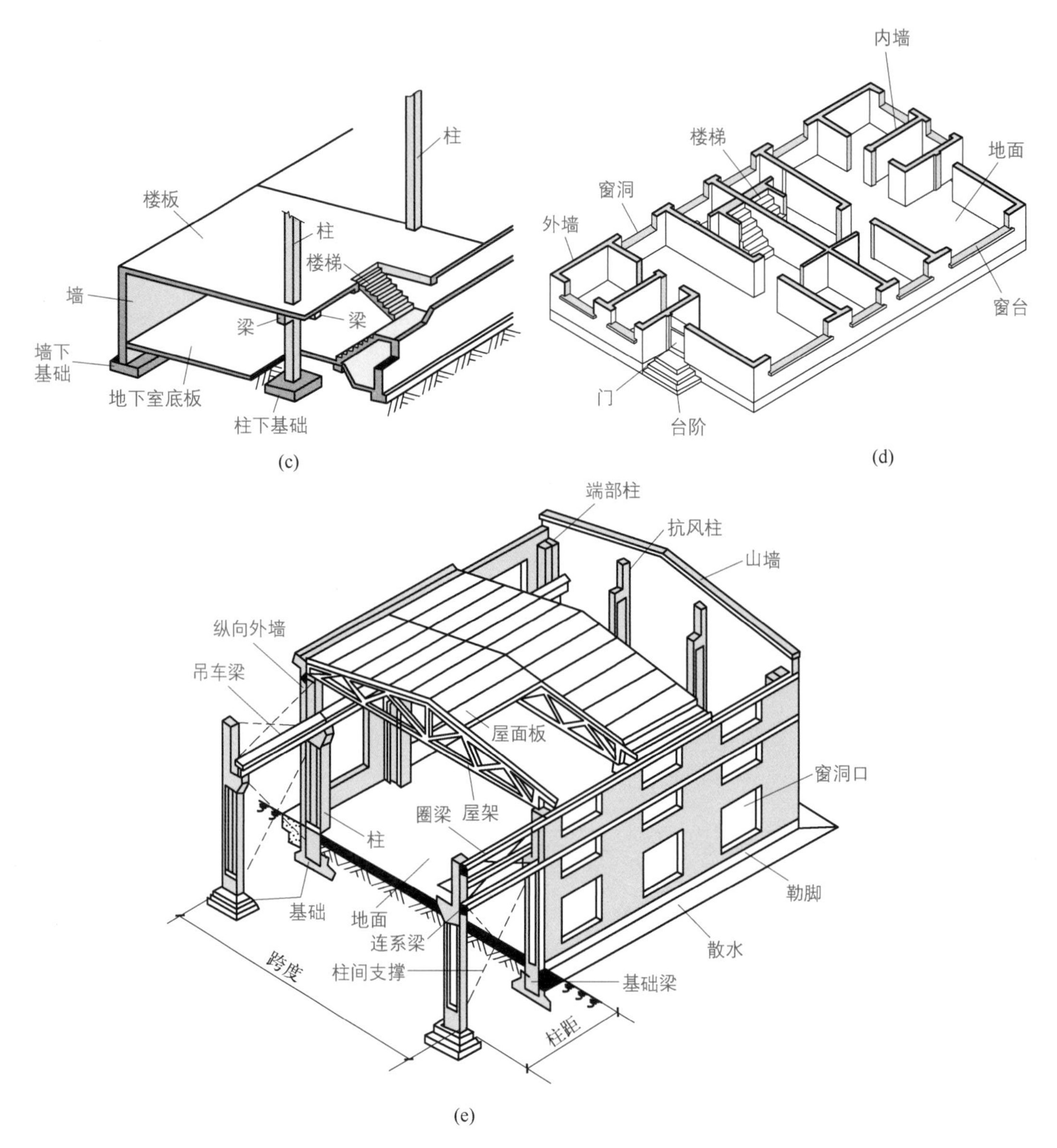

(c)

(d)

(e)

图1-5 一些常见建筑物的组成

1.1.6 建筑结构基本（单元）构件

扫码观看视频

建筑结构基本（单元）构件

建筑结构基本（单元）构件如下。

（1）基础：将柱及墙等传来的上部结构荷载传给地基。

（2）柱：承受楼面体系（梁、板）传来的荷载并传递。

（3）墙：承受楼面体系（梁、板）传来的荷载并传递。

（4）梁：板的支撑构件，能够承受板传来的荷载并传递。

（5）板：提供荷载的活动面，能够直接承受并且传递荷载。

（6）杆：用于组成空间构件，如屋架等。

（7）索：悬挂构件或结构体系的主要传力单元。

（8）楼梯：房屋建筑中联系上下各层的垂直通道。

（9）门：建筑物的出入口，其作用是供人们通行，并兼有围护、分隔等作用。

（10）窗：房屋通风透气采光的装置。

房屋建筑除了上述基本构件组成外，还有台阶、散水、雨篷、雨水管、明沟、通风道、烟道等构件。

一般民用房屋是由基础、墙或柱、楼地面、楼梯、屋顶、门窗等部分组成的。单层工业厂房的结构组成一般分为两种类型，即墙体承重结构、骨架承重结构。

墙体承重结构，是指外墙采用砖、砖柱的承重结构。骨架承重结构，是由钢筋混凝土构件或钢构件组成骨架的承重结构，前者为排架结构，后者为钢架结构。

房屋建筑结构基本（单元）构件，如图 1-6 所示。识图时，往往会涉及这些构件的特点与这些构件间的联系情况与要求。

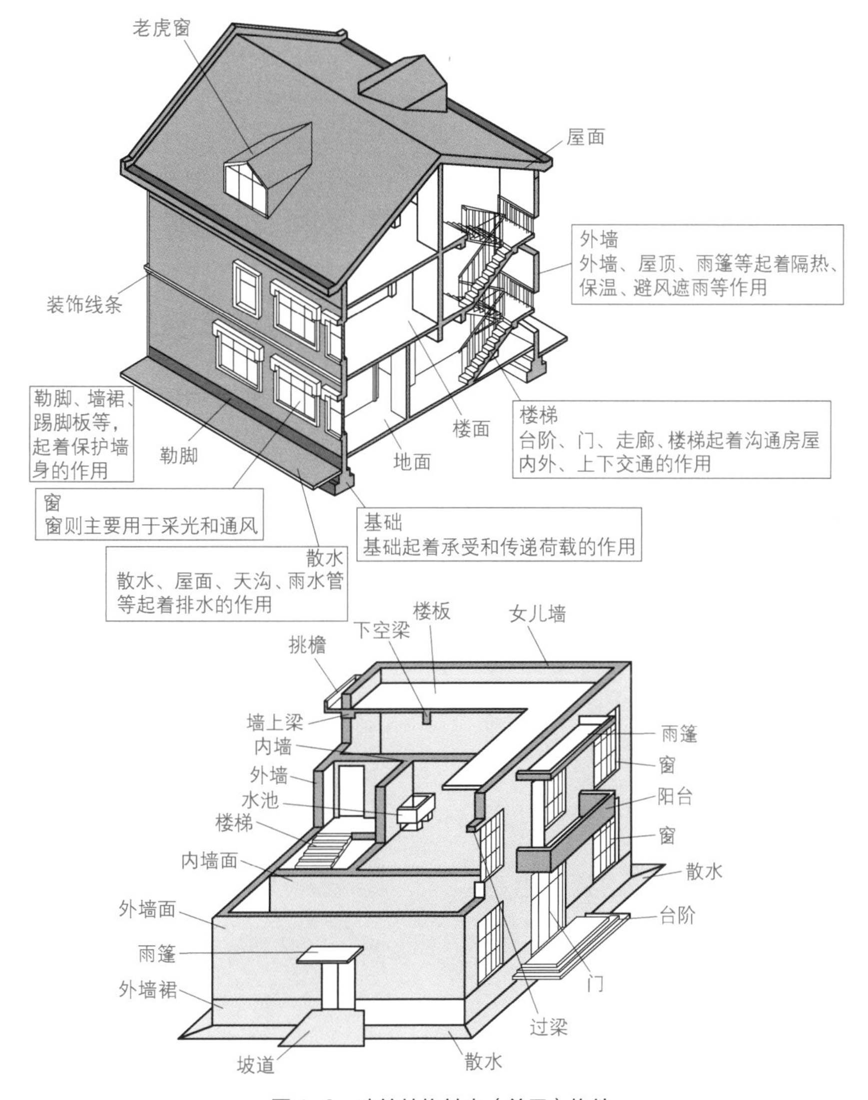

图 1-6　建筑结构基本（单元）构件

构成房屋的构配件：基础、内（外）墙、门窗、阳台、雨篷、女儿墙、楼梯、明沟或散水、楼梯梁、过梁、压顶、踢脚板、勒脚、楼梯平台、柱、梁、楼板、地面、屋顶、圈梁、构造柱等

1.1.7 建筑结构根据材料的分类

扫码观看视频

建筑结构根据材料、承重结构分类

建筑结构，简单地说就是建筑的骨架。建筑结构，是建筑物中用来承受各种外部作用（荷载作用如重力、风力、地震等，非荷载作用如温度变化、地基的不均匀沉降等）的受力体系。

建筑结构的分类，根据材料分为木结构、砖木结构、砌体结构、钢筋混凝土结构、钢结构等。

（1）木结构：指全部或大部分用木材制作的结构，或者说是承重构件均为木料的结构。

（2）砖木结构：一般是指墙用砖砌筑，梁、楼板、屋架用木料制成的结构。

（3）砌体结构：由块材通过砂浆砌筑而成的结构。

（4）钢筋混凝土结构：基础、柱、梁、楼板、屋面均是钢筋混凝土构件的结构。

（5）钢结构：以钢材（钢板、型钢）为主制作的结构，或者说承重构件均为钢材的结构。

混合结构是由两种及两种以上结构形式总和而成作为主要承重结构的房屋。常见的混合结构如用砖木结构、钢筋混凝土结构等。

建筑结构按材料分类，如图 1-7 所示。

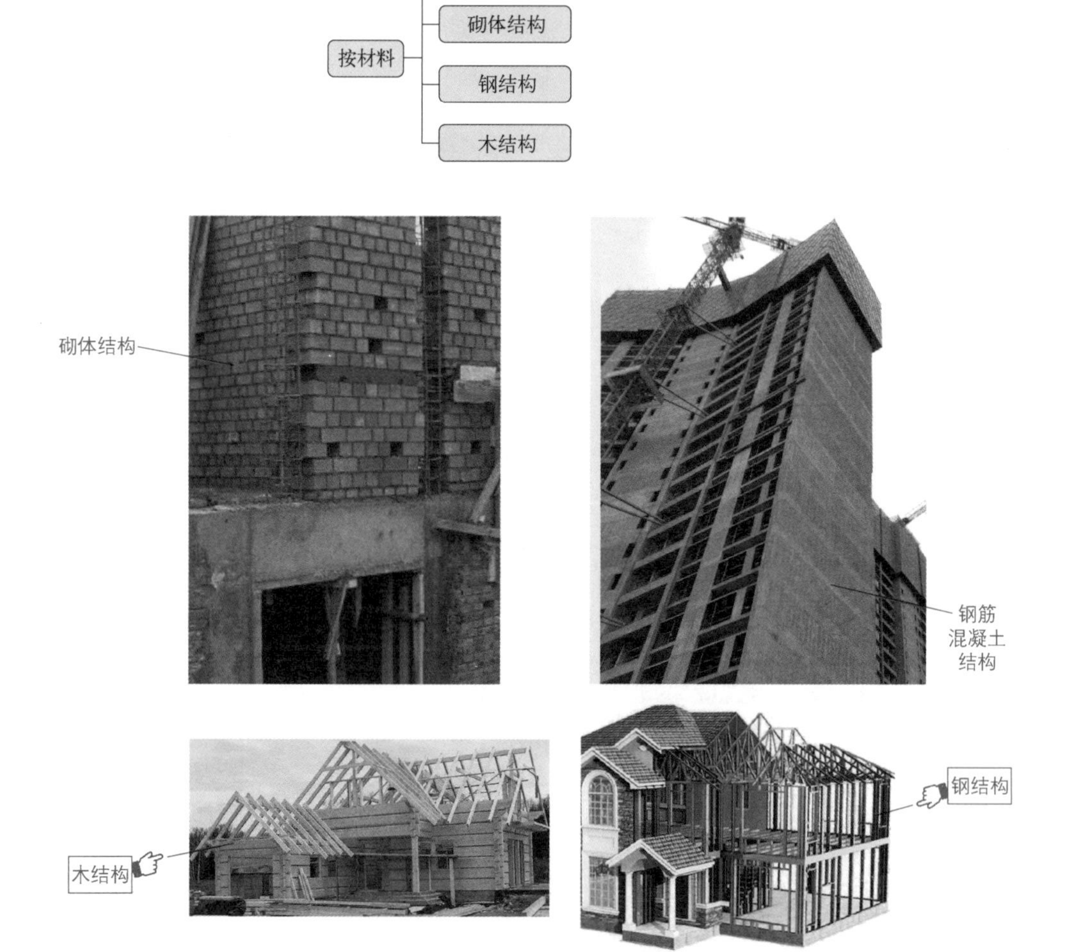

图 1-7 建筑结构根据材料的分类

1.1.8 建筑结构按其承重结构分类

建筑结构按其承重结构的分类如下。

（1）框架结构：梁、柱组成的结构体系作为建筑承重结构。框架结构的主要构件是梁与柱，而墙体只是作为围护构件。框架结构比混合结构强度高、整体性强。但是，框架结构随层数增多而抗侧刚度不足。

（2）剪力墙结构：剪力墙结构利用建筑物的纵向与横向的钢筋混凝土墙体作为主要承重构件，再配以梁板组成的承重结构体系。其墙体同时也起围护与分割房间的作用。剪力墙结构整体性好、刚度大、抗震性能好，适于建造高层建筑（10 ～ 50 层范围内都适用）。

（3）框架 - 剪力墙结构（框 - 剪结构）：框架 - 剪力墙结构，是在框架结构的基础上，沿纵、横方向的某些位置，在柱与柱间设置数道钢筋混凝土墙体作为剪力墙。框架 - 剪力墙结构是框架结构与剪力墙结构的有机结合，具有布置灵活、抗侧力高等特点。

（4）筒体结构：筒体结构用钢筋混凝土墙组成一个筒体作为房屋的承重结构。可以由密柱深梁组成一个筒体，也可以用多个筒体组成筒中筒、束筒，或者将框架和筒体联合起来组成框筒结构。

另外，建筑结构还有网架结构、壳体结构、悬索结构等，这些多用于大跨度结构中。

建筑结构按受力和构造特点分类，如图 1-8 所示。

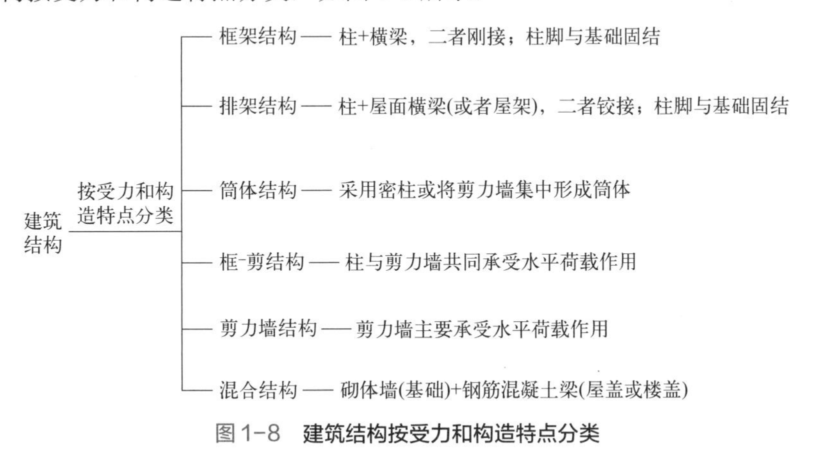

图 1-8 建筑结构按受力和构造特点分类

1.1.9 钢筋混凝土结构常用结构体系

钢筋混凝土的组成：钢筋 + 混凝土。钢筋具有抗拉与抗压强度较高，破坏时表现出较好的延性等特点。混凝土具有抗压强度高，抗拉强度远低于其抗压强度等特点。

钢筋混凝土结构常用结构体系有框架结构、剪力墙结构、框架 - 剪力墙结构、部分框支 - 剪力墙结构、板柱 - 剪力墙结构、筒体结构等。

混凝土结构是以混凝土为主要材料的结构，其类型如下。

（1）钢筋混凝土结构：配置受力的普通钢筋、钢筋网或钢骨架的混凝土结构。

（2）预应力混凝土结构：配置预应力钢筋的混凝土结构。

（3）素混凝土结构：没有配置受力钢筋的混凝土结构。

钢筋混凝土结构的常用结构体系如图 1-9 所示。

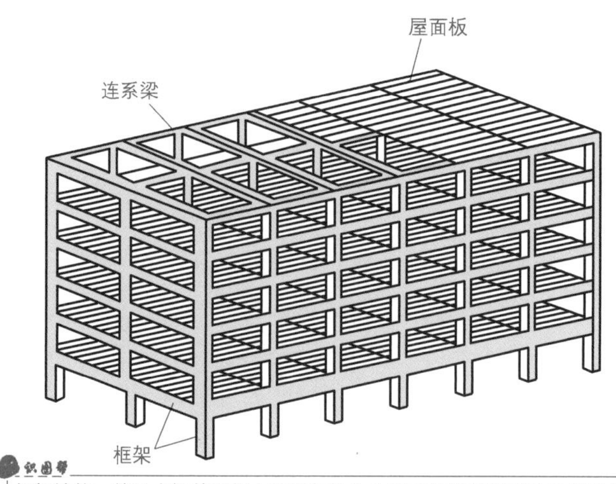

识图帮

框架结构，就是由钢筋混凝土的梁与柱为主要承重构件组成的承受竖向与水平荷载的结构

(a) 框架结构

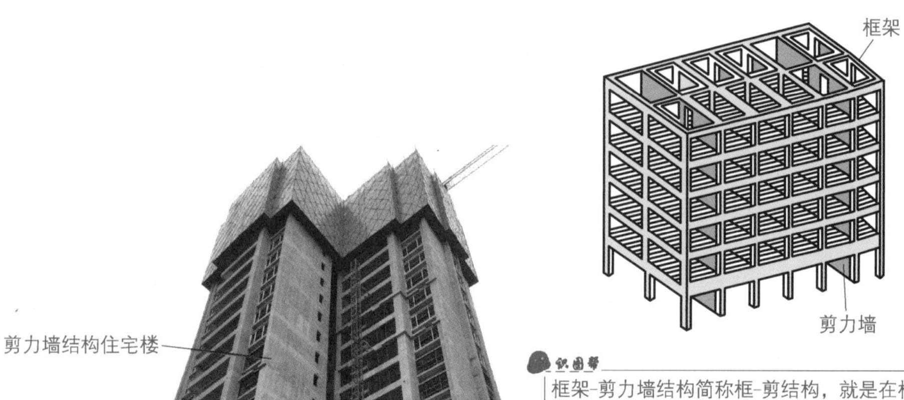

识图帮

框架-剪力墙结构简称框-剪结构，就是在框架结构中的适当部位增设一定数量的钢筋混凝土剪力墙，形成的框架与剪力墙结合在一起的共同承受竖向与水平荷载的结构

(b) 框架-剪力墙结构

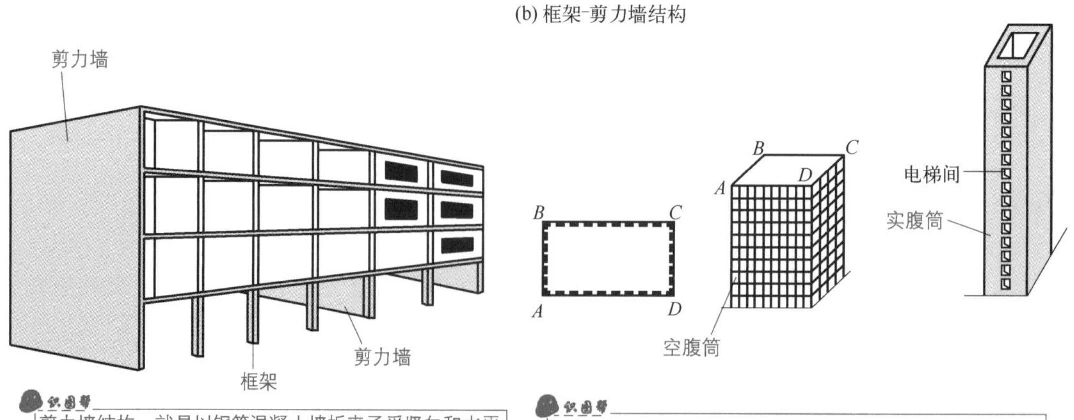

识图帮

剪力墙结构，就是以钢筋混凝土墙板来承受竖向和水平力的结构。在剪力墙结构中，当地下室或下部几层需要大空间时，即形成部分框支剪力墙结构

(c) 剪力墙结构

识图帮

筒体结构，就是由筒体为主组成的承受竖向与水平作用的结构。筒体是由若干片剪力墙围合而成的封闭井筒式结构

(d) 筒体结构

图1-9 **钢筋混凝土结构的常用结构体系**

1.1.10 轻型钢结构建筑

轻型钢结构，就是以轻钢龙骨为主要结构体系和主要材料的结构。例如，轻钢别墅，就是主要以轻钢龙骨为材料、以工字钢做框架的一种别墅。轻钢别墅结构体系整体分为屋面系统、楼板系统、墙面系统、基础系统等，如图 1-10 所示。

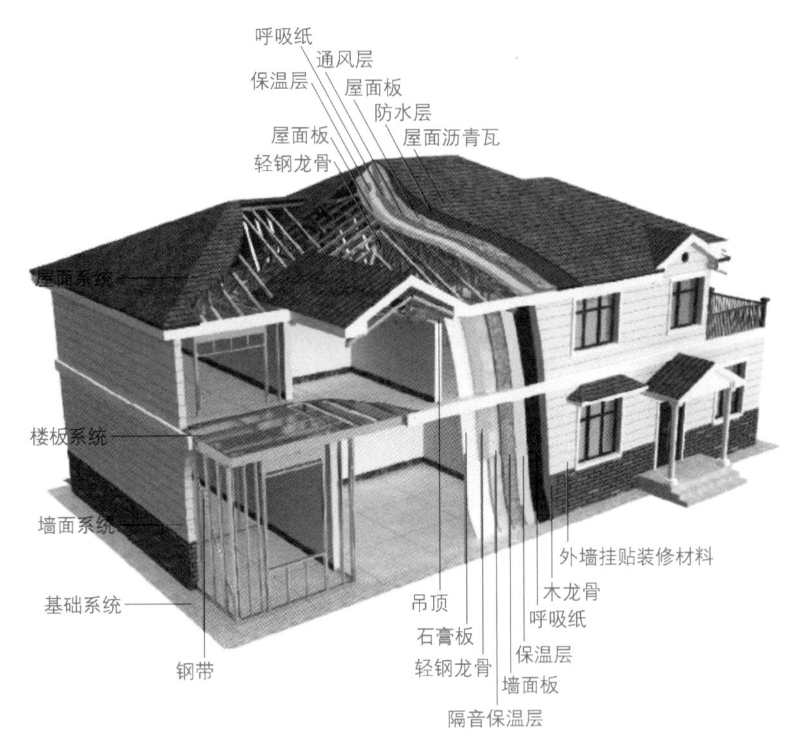

图 1-10　**轻型钢结构别墅**

识图轻松会

建筑结构，是建筑物的内外特质，体现在安全性、适用性、耐久性等方面。为此，建筑结构有一定的要求与规范，绘制的图纸也会遵循这些要求与规范。如果懂得这些要求与规范，则识图时，就能够很快理解图中的表达：为什么是这样，应该是这样，确定是这样等。

这些要求与规范是制图人与识图人，乃至该行业共同遵守的默契，也就促进了识图中信息交流的顺畅与准确。为此，想做识图达人、看图能手，就需要掌握与了解必要的建筑结构要求与规范，以便能够理解与懂得制图者与图纸中的那些想法。

1.1.11 建筑物的模数协调

建筑物的基本模数 M 为 100mm。整个建筑物与其部分以及所有的建筑组合件的模数化尺寸，均应是基本模数的倍数。

建筑物模数协调的应用如图 1-11 所示。

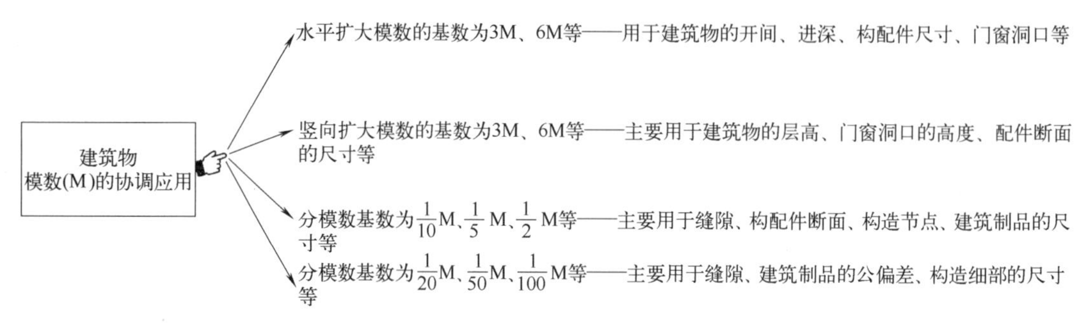

图 1-11 **建筑物模数协调的应用**

1.2 建筑地基与基础

1.2.1 认识地基

地基是指建筑物下面支撑基础的土体或岩体。地基有一定深度与范围，有天然地基、人工地基之分，如图 1-12、图 1-13 所示。

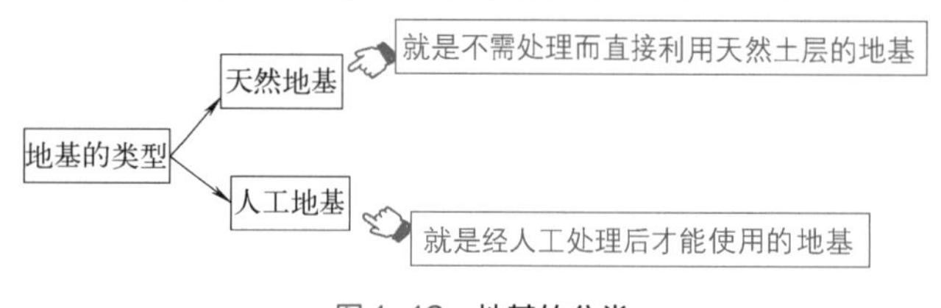

图 1-12 **地基的分类**

荷载，就是施加在结构上的集中力或分布力。永久荷载，就是结构与构造的自重等。可变荷载是指在结构使用期间，其值随时间变化，并且变化值与平均值相比不可忽略的荷载。偶然荷载是指在某些特定条件下，可能会突然发生或增加的荷载。

地基不属于建筑物的组成部分，但是它对保证建筑物的坚固耐久具有非常重要的作用。

基础与地基的关系：基础的类型与构造并不完全决定于建筑物上部结构，它与地基土的性质有着密切关系。具有同样上部结构的建筑物建造在不同的地基上，其基础的形式与构造可能是完全不同的。地基与基础之间，有着相互影响，相互制约的密切关系。

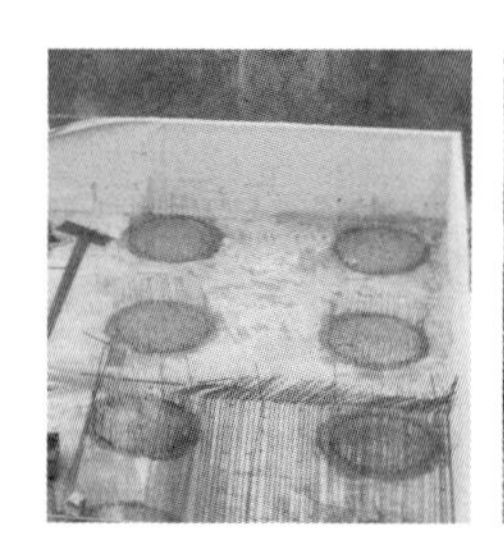

图 1-13 **地基**

1.2.2 基础与其分类

基础，就是建筑物地面以下承受房屋全部荷载的构件，如图 1-14 所示。基础的形式，取决于上部承重结构的形式与地基情况。

（1）根据结构形式，基础分为条形基础、独立基础、柱下条形基础、筏形基础、箱形基础、桩基础等。

（2）根据受力特点、变形能力，基础分为刚性基础、柔性基础等。

（3）根据埋深，基础分为浅基础、深基础。

（4）根据使用材料，基础分为砖基础、毛石基础、混凝土基础、钢筋混凝土基础等。

民用建筑中常见的基础形式有条形基础（即墙基础）、独立基础（即柱基础）。

基础的构造形式与建筑物的上部结构形式、荷载大小、地基的承载力以及它所选用的材料性能有关。

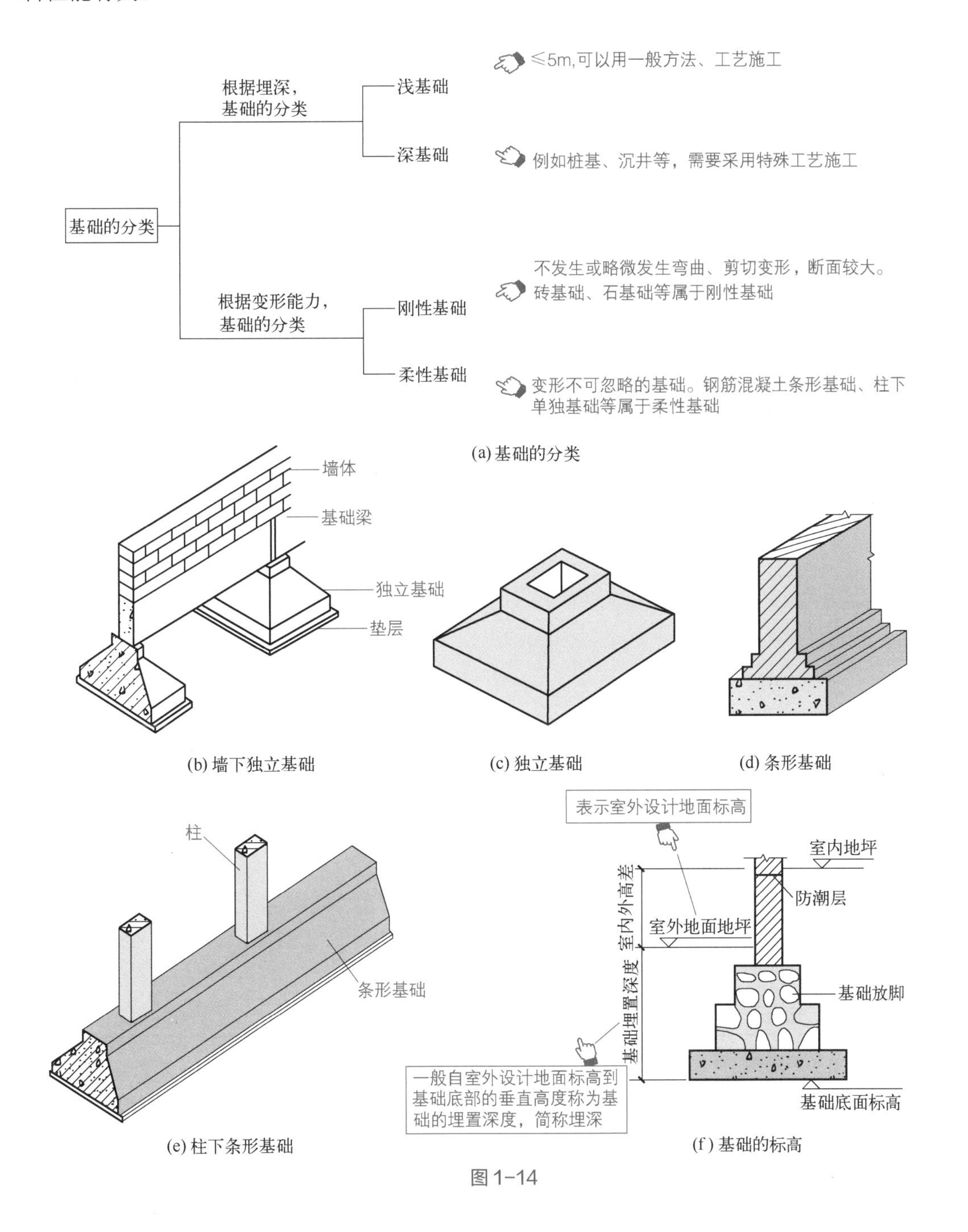

图 1-14

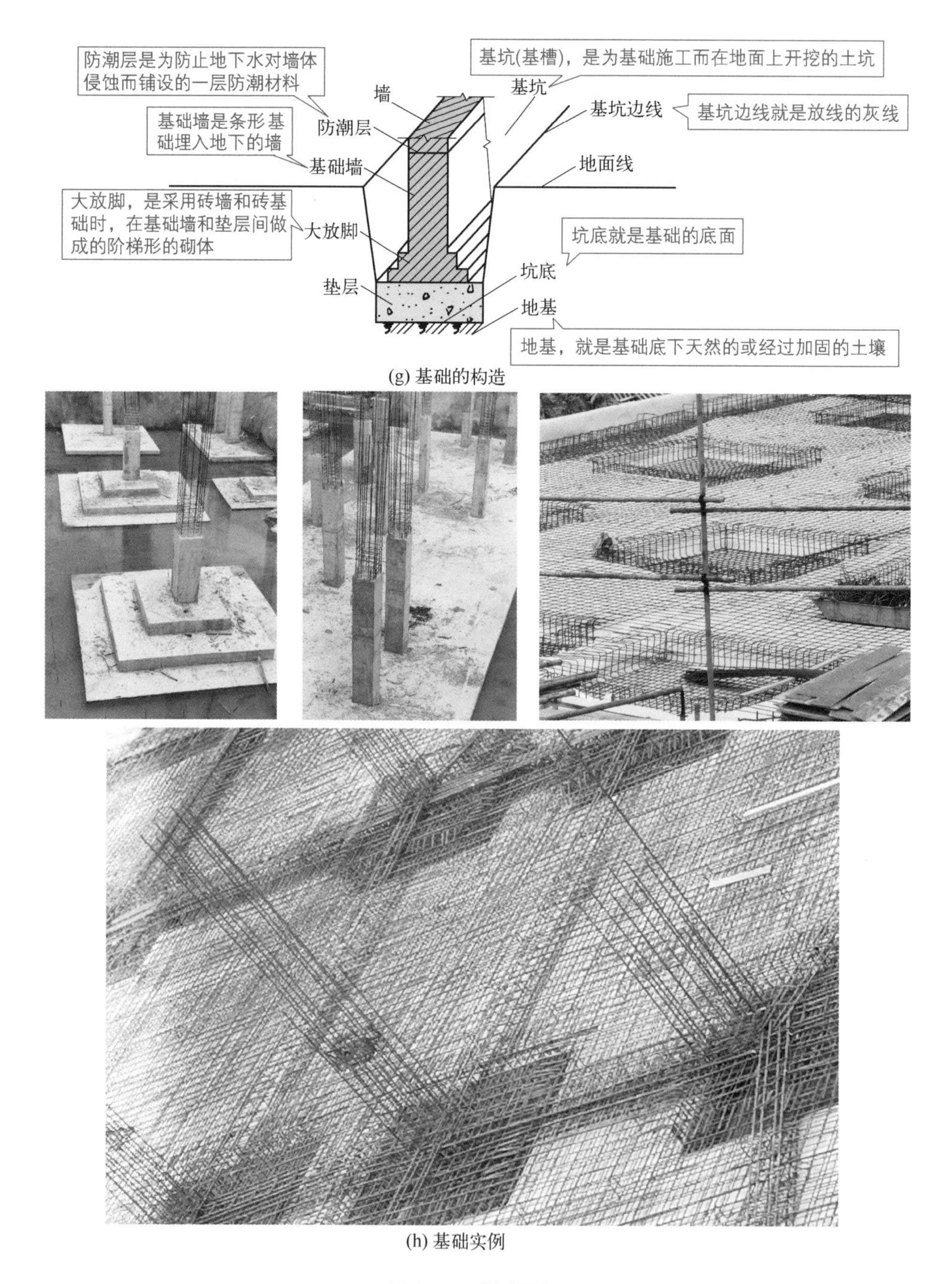

(g) 基础的构造

(h) 基础实例

图 1-14　基础图解

识图轻松会

基础图是主要用于表示建筑物在相对标高 ±0.000 以下基础结构的图，也就是表示建筑物室内地面以下基础部分的图样。基础图一般包括基础平面图、基础详图。基础施工时在地基上放灰线、开挖基槽、砌筑基础需要根据基础图来进行，即按图施工。

1.2.3 条形基础平面图、轴测图、剖面图的对比

条形基础，可以分为井格式柱下条形基础、柱下条形基础等。条形基础的平面图、轴测图、剖面图的对比，如图 1-15 所示。

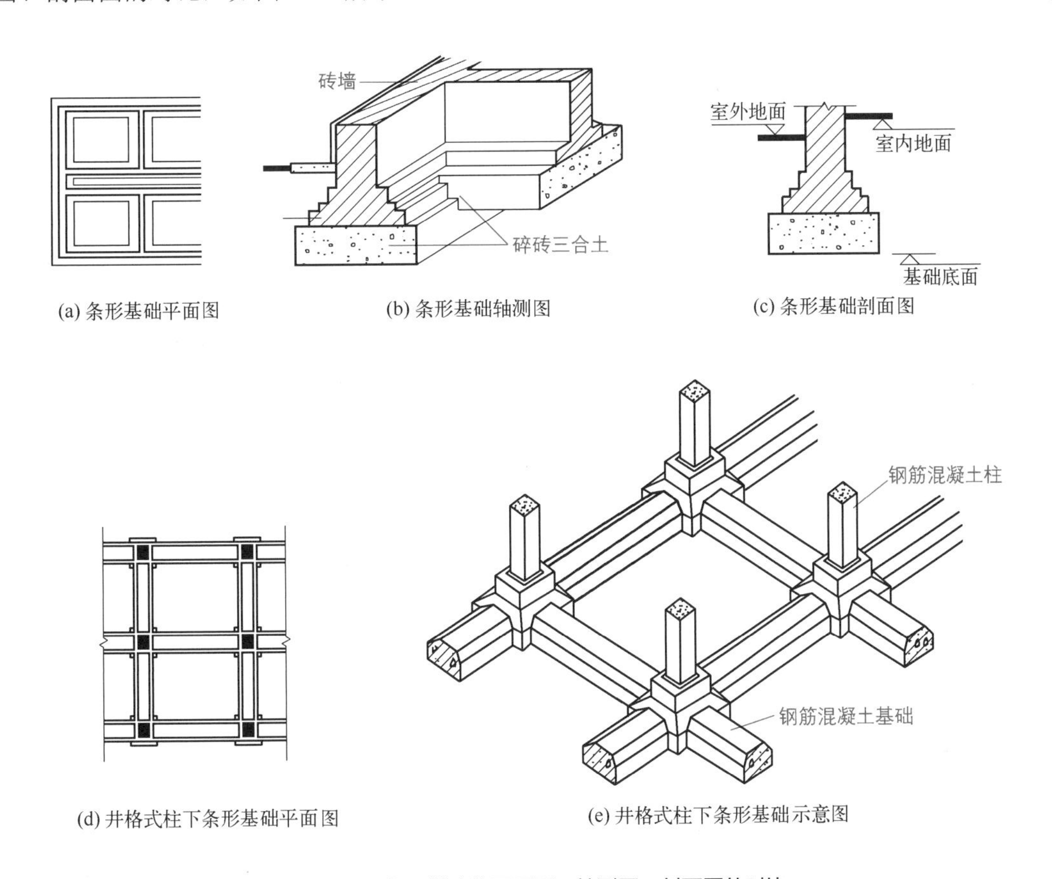

(a) 条形基础平面图　(b) 条形基础轴测图　(c) 条形基础剖面图

(d) 井格式柱下条形基础平面图　(e) 井格式柱下条形基础示意图

图 1-15　条形基础的平面图、轴测图、剖面图的对比

1.2.4 筏形基础与箱形基础平面与立体的对照

整片基础，包括筏形基础、箱形基础。上部结构荷载较大，地基承载力较低，可以选用整片筏形基础，以减少基底压力，降低地基沉降的影响。

按结构形式，筏形基础可以分为梁板式、平板式等种类。

钢筋混凝土基础埋深很大，为了加强建筑物的刚度，可以用钢筋混凝土筑成有底板、顶板与四壁的箱形基础。箱形基础内部可以用作地下室。

整片基础如图 1-16 所示。

1.2.5 砖基础与钢筋混凝土基础的构造

砖砌条形基础，一般由垫层、砖砌大放脚、防潮层、基础墙等组成。基础垫层一般有灰土垫层、碎砖三合土垫层、混凝土垫层等种类。砖基础台阶的宽高比常为 1 ∶ 1.5。

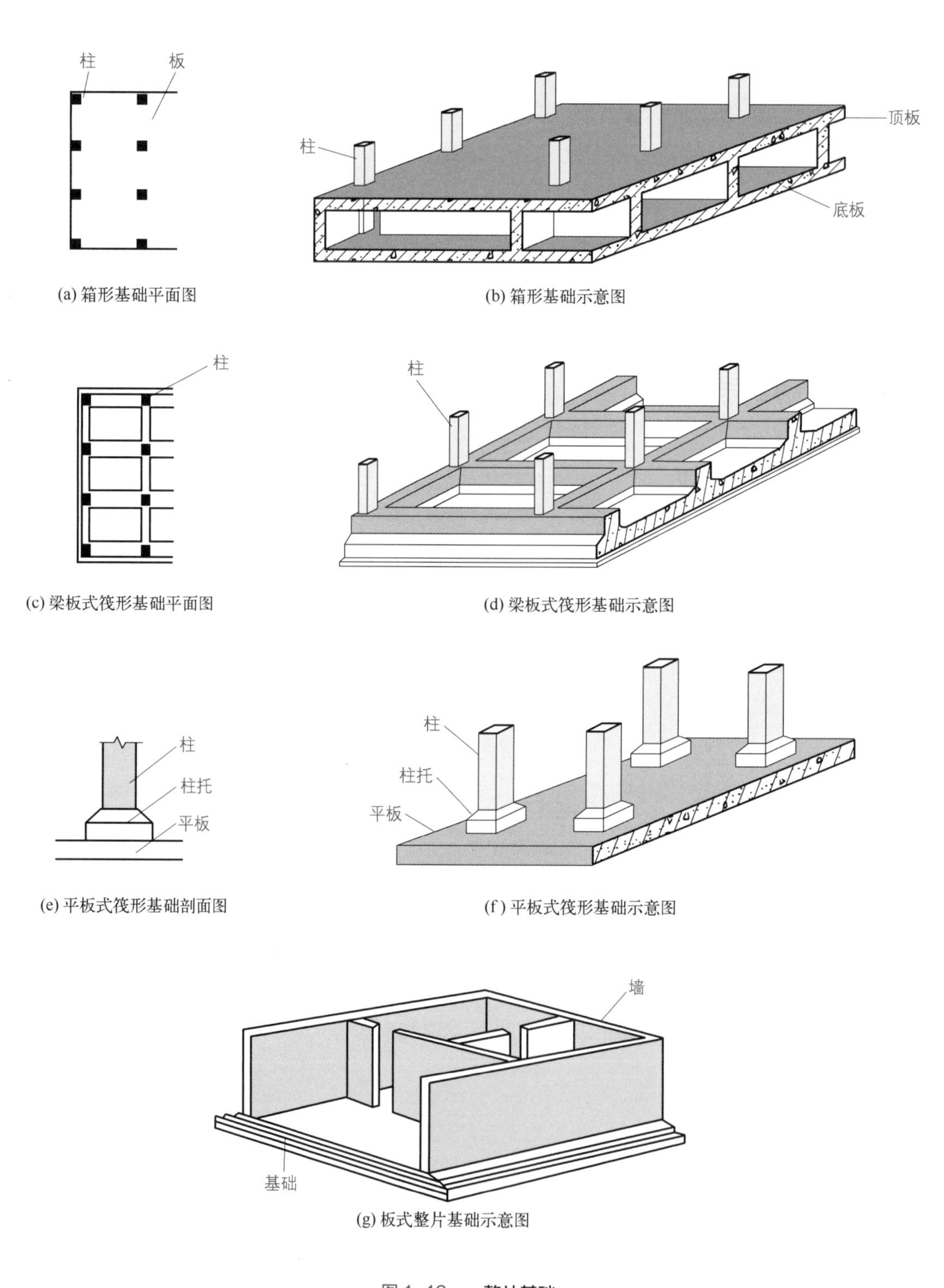

图 1-16　**整片基础**

当墙下条形基础的上部荷载较大时，可以采用钢筋混凝土条形基础。该种基础底部配有钢筋，钢筋的抗拉性能好，不受刚性角的限制。因此，不受刚性角限制的基础也叫作柔性基础。

砖基础与钢筋混凝土基础的构造如图 1-17 所示。

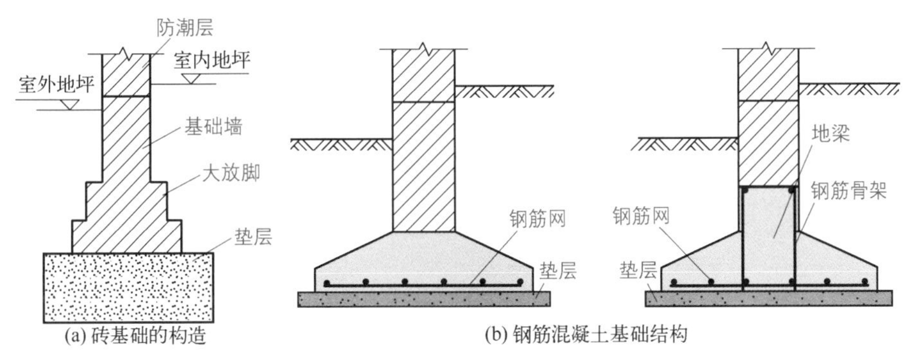

(a) 砖基础的构造
(b) 钢筋混凝土基础结构

图1-17 **砖基础与钢筋混凝土基础的构造**

1.2.6 墙下条形基础图物对照

无筋扩展基础常用的材料有砖石、毛石、灰土、混凝土、毛石混凝土等。无筋扩展基础的设计要求是：基础台阶宽高比小于允许宽高比。

无筋扩展基础如图1-18所示。

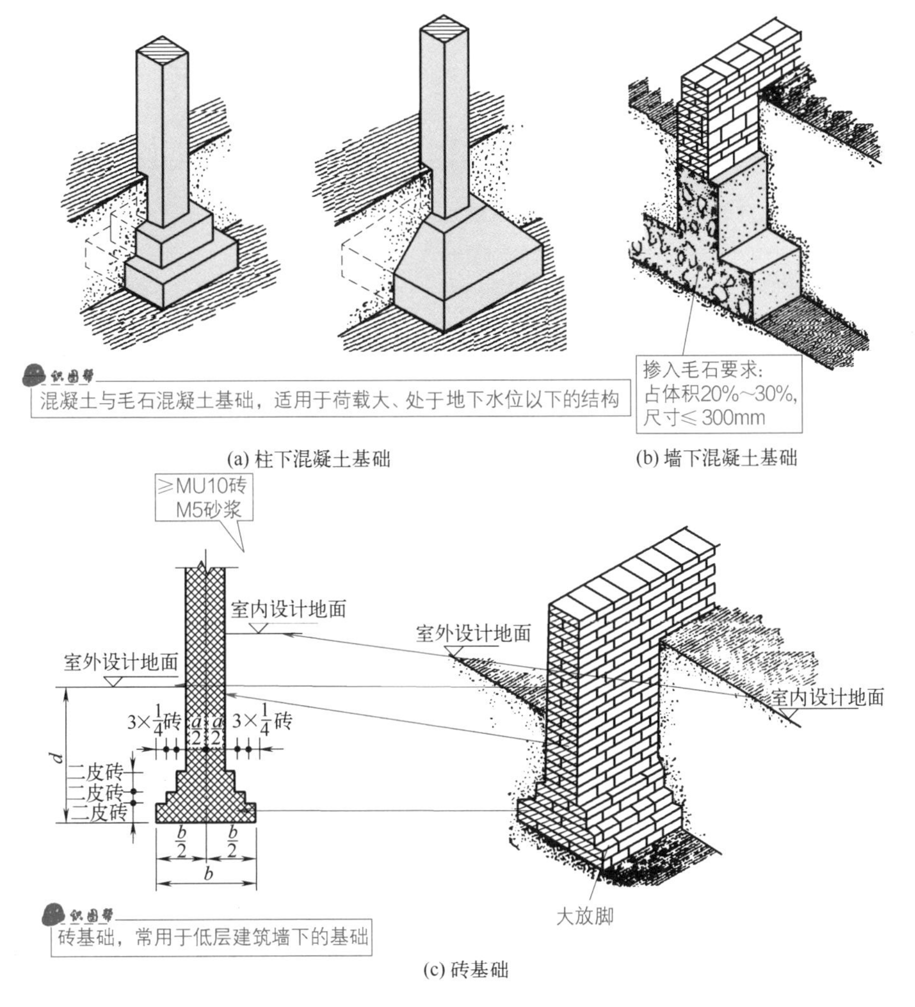

(a) 柱下混凝土基础
(b) 墙下混凝土基础
(c) 砖基础

图1-18

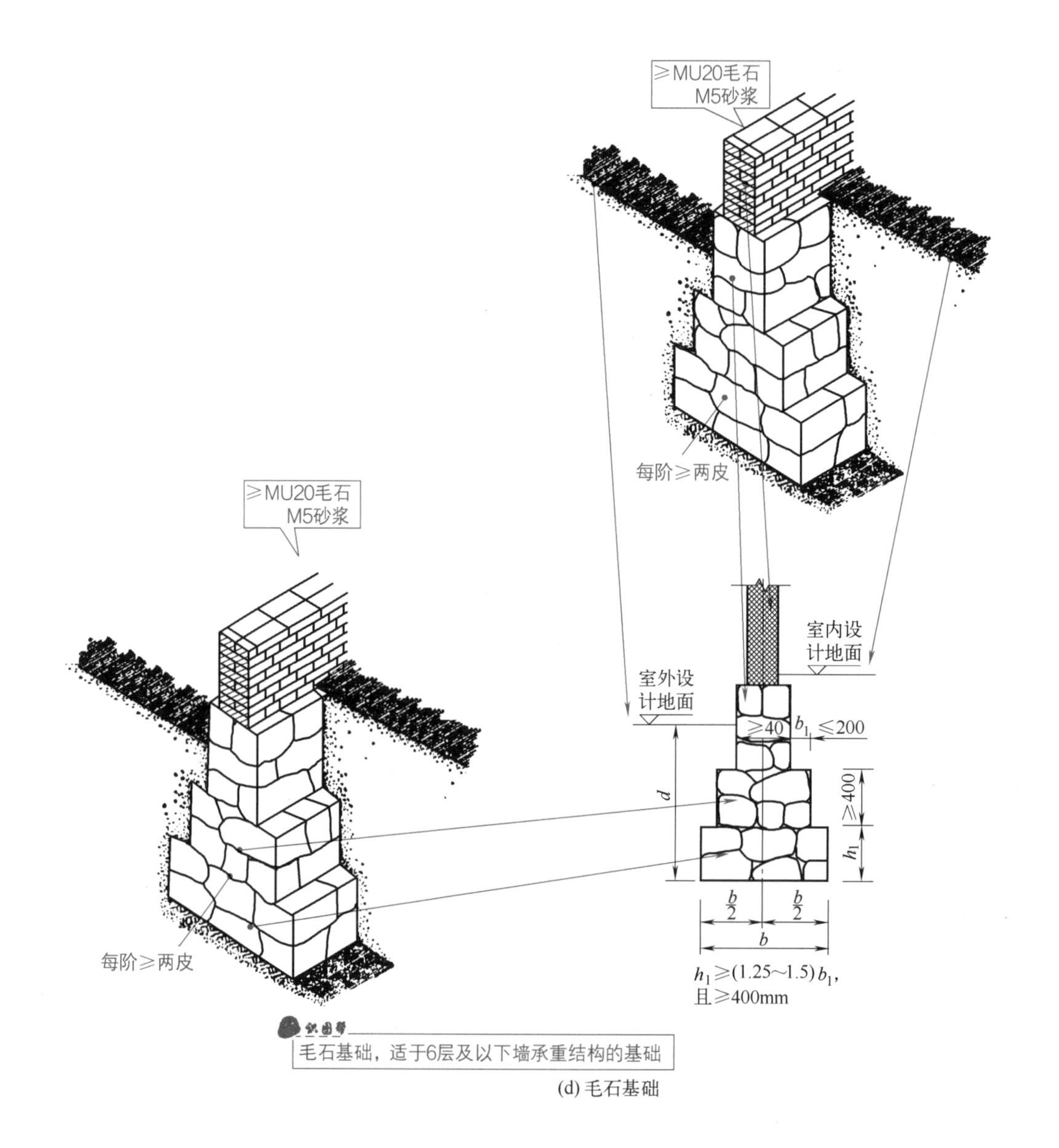

(d) 毛石基础

图 1-18 无筋扩展基础

扫码观看视频

柱的分类

1.3 建筑柱与梁

1.3.1 柱的基础、特点与应用

柱是建筑物中垂直受力、传力的主要结构件，它的主要作用是承托在它上方物件的重量。

根据截面形式，柱可以分为方柱、圆柱、工字形柱、H 形柱、十字形柱、双肢柱、管柱、矩形柱、T 形柱、L 形柱、格构柱、六角柱、八角柱等。

根据所用材料，柱可以分为石柱、砌块柱、木柱、砖柱、钢柱、劲性钢筋混凝土柱、钢管混凝土柱、钢筋混凝土柱、各种组合柱等。

根据长细比，柱可以分为短柱、长柱、中长柱等。

根据在建筑中的位置，柱可以分为中柱、角柱等。

根据装饰饰面，柱可以分为雕花柱、油漆柱、素面无饰柱等。

柱在使用时有单独直立的，也有两柱紧贴而立的情况。

柱的常用术语如下。

（1）L 形柱：L 形柱常用于边界壁的角部，并且具有类似矩形柱或方柱的特征。

（2）T 形柱：T 形柱常根据结构的设计要求使用。T 形柱广泛用于桥梁的建造。

（3）圆柱：圆柱是专门设计的柱子，主要用于建筑物的打桩、升降。

（4）方柱或矩形柱：方柱或矩形柱常用于建筑物的建造。从建筑效果而言，大部分的矩形房屋适合使用矩形柱，与墙体相连时矩形柱更好处理。

（5）钢柱形状：钢柱的常见形状包括 I 形柱、槽柱、等角柱、T 形柱等。

（6）构造柱：指夹在墙体中沿高度设置的钢筋混凝土小柱。构造柱与墙连接处往往砌成马牙槎，并且应沿墙设拉结钢筋。构造柱与圈梁连接处，构造柱的纵筋往往应穿过圈梁，保证构造柱纵筋上下贯通。

（7）捆绑柱：常由钢筋混凝土构成。纵向钢筋被限制在紧密间隔的系带钢筋内。

（8）螺旋柱：螺旋柱是由钢筋混凝土构成的。该类柱中，纵向钢筋被限制在紧密间隔并且连续缠绕的螺旋加强件内。

（9）具有单轴偏心载荷的柱：该类柱是垂直载荷与柱横截面的重心不一致，而是在柱横截面的 X 轴或 Y 轴上偏心地作用的柱。

（10）具有双轴偏心负载的柱：该类柱是垂直载荷与柱横截面的重心不一致并且不作用于任一轴（X 与 Y 轴）的柱。

（11）短柱：有效长度与最小横向尺寸的比小于 12 的柱。

（12）长柱：有效长度与最小横向尺寸的比超过 12 的柱。

（13）复合柱：纵向钢筋为结构钢型材或带有或不带纵向钢筋的管材。该类柱具有高强度、相当小的横截面、良好的防火性能。

（14）框架柱：是在框架结构中承受梁和板传来的荷载，并且将荷载传给基础的构件。框架柱是主要的竖向支撑结构，也是框架结构中承受力最大的构件。

（15）转换柱：是支承转换梁的框架柱。因为建筑功能要求，有的结构下面是框架结构，上部是剪力墙结构。在两种受力结构间的转换部位的这层的柱子，即为转换柱。

（16）芯柱：芯柱有两种，一种是混凝土框架柱内的芯柱，一种是砌块墙内的芯柱。

（17）梁上柱：在梁上直接构建的柱子。梁上柱常出现在建筑上下的结构布局发生变化的情况中。

（18）墙上柱：在剪力墙上出现的柱子。通常出现在建筑上下的结构布局发生变化时。

常见柱的代号表示：KZZ 为框支柱，KZ 为框架柱，LZ 为梁上柱，QZ 为剪力墙上柱，XZ 为芯柱。

识读构造柱图，主要需掌握截面尺寸、钢筋规格、箍筋间距、箍筋加密区域等。

柱的外观与应用如图 1-19 所示。

1.3.2 梁的基础、特点与应用

梁由支座支承，承受的外力以横向力和剪力为主，是以弯曲为主要变形的构件。

图 1-19 **柱的外观与应用**

1.3.2.1 梁的分类

（1）结构梁从功能上分：基础地梁、框架梁等。结构梁与柱、承重墙等竖向构件共同构成空间。

（2）构造梁从结构体系上分：圈梁、过梁、连系梁等。构造梁起到抗裂、抗震、稳定等构造性的作用。

（3）从施工工艺上分：现浇梁、预制梁等。

（4）从材料上分：型钢梁、钢筋混凝土梁、木梁、钢包混凝土梁等。

（5）从混凝土梁截面上分：矩形梁、T 形梁、工字形梁、槽形梁、空心板梁、倒 L 形梁等。混凝土梁的一般构造如图 1-20 所示。

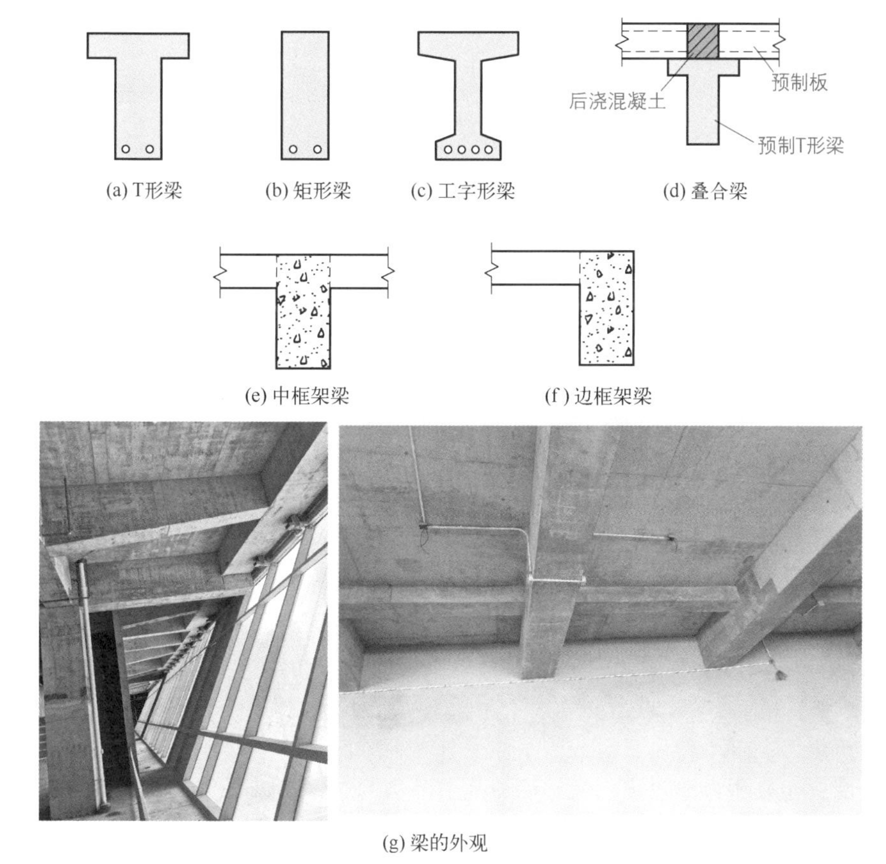

(a) T形梁　(b) 矩形梁　(c) 工字形梁　(d) 叠合梁

(e) 中框架梁　(f) 边框架梁

(g) 梁的外观

图1-20　**混凝土梁的一般构造及外观**

1.3.2.2　梁的常见术语

（1）连梁：指两端与剪力墙相连并且跨高比小于5的梁。

（2）框架梁：指两端与框架柱相连的梁，或者两端与剪力墙相连但是跨高比不小于5的梁。

（3）次梁：一般情况下，次梁是指两端搭在框架梁上的梁。

（4）基础拉梁：指两端与承台或独立柱基相连的梁。

（5）圈梁：沿房屋外墙、内纵承重墙和部分横墙在墙内设置的连续封闭的一种梁。

圈梁的作用是加强房屋的空间刚度与整体性，防止由于地基不均匀沉降、振动荷载等引起的墙体开裂，从而提高建筑物的抗震能力。圈梁宜连续地设在同一水平面上并应封闭。

扫码观看视频

井字梁的外观及代号

1.3.2.3　梁的常见代号

JZL为井字梁，KL为框架梁，KZL为框支梁，LL为连续梁，L为非框架梁，WKL为屋面框架梁，XL为悬挑梁。

识图轻松会

识图时，需能够掌握混凝土梁的截面形状、梁的构造尺寸与要求、支承长度。

识该梁的钢筋图时，需掌握纵向受力钢筋、弯起钢筋、箍筋、架立筋等，具体包括钢筋直径、钢筋间距、钢筋保护层厚度、钢筋根数和层数等。

1.4 建筑墙

1.4.1 墙的分类、特点与应用

墙主要起到承重、维护、分隔等作用。

1.4.1.1 墙的分类

（1）根据在建筑物中的位置，墙有外墙、内墙、窗间墙、窗下墙、女儿墙等。

（2）根据方向，墙有纵墙、横墙等。

（3）根据受力情况，墙分为承重墙、非承重墙。

（4）根据材料，墙有砖墙、混凝土墙、砌块墙、石墙、板材墙等。

（5）根据构造方式，墙有实体墙、空体墙、组合墙等。

1.4.1.2 墙体的术语

（1）横墙：与房屋短轴方向一致的墙。

（2）纵墙：与房屋长轴方向一致的墙。

（3）承重墙：指承受上部结构传来的荷载的墙。

（4）非承重墙：指不承受上部结构传来的荷载的墙。非承重墙包括自承重墙、隔墙、填充墙、幕墙。

（5）自承重墙：仅承受自身荷载而不承受外来荷载的墙。

（6）隔墙：主要用作分隔内部空间而不承受外力的墙。

（7）填充墙：用作框架结构中的墙体。

（8）实体墙：用一种材料所砌成的实心无孔洞的墙体。

（9）空体墙：也叫作空心墙，是用一种材料砌成的具有空腔的墙。

（10）外墙：位于建筑外界四周的墙。外墙是建筑物的外围护结构，主要起着挡风、阻雨、保温、隔热等作用。

（11）内墙：位于建筑内部的墙。内墙主要是起着分隔房间等作用。

（12）窗间墙：在一片墙上，窗与窗或门与窗间的墙。

（13）窗下墙：窗洞下部的墙。

（14）框架填充墙：框架结构中填充在柱子间的墙。

（15）幕墙：悬挂于外部骨架或楼板间的轻质外墙。

（16）实体墙：包括实砌砖墙，借手工和小型机具砌筑而成的墙。

（17）板筑墙：施工时直接在墙体部位竖立模板，然后在模板内夯筑或浇注材料捣实而成的墙体。板筑墙包括夯土墙、灰土墙等。

（18）装配式板材墙：以工业化方式在预制构件厂生产大型板材构件，在现场进行安装的墙体。

1.4.1.3 剪力墙的类型

（1）落地剪力墙：剪力墙直接与基础相连。

（2）框支剪力墙：由框支柱和剪力墙共同组成。

（3）底层大空间剪力墙：由落地剪力墙和框支柱组成。

1.4.1.4 墙的位置

墙的位置图解如图 1-21 所示。

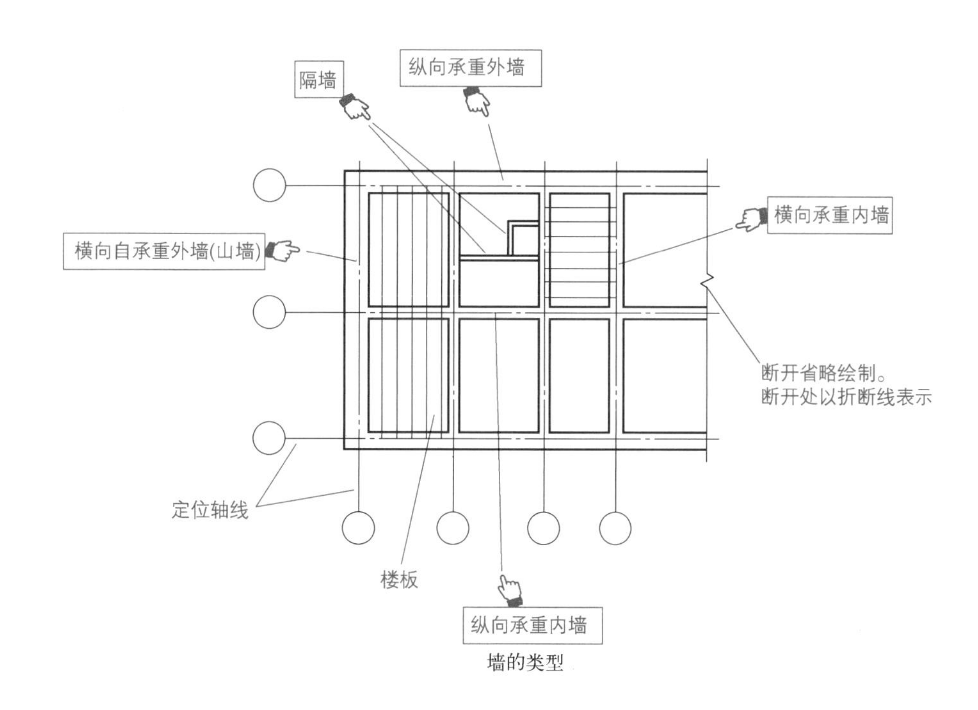

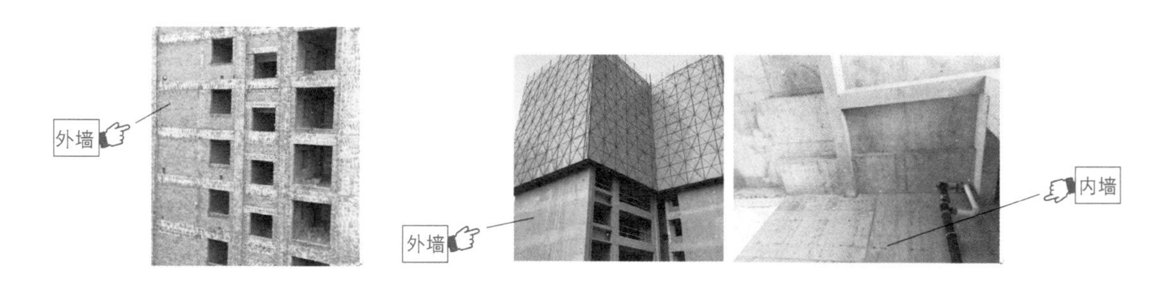

图1-21　墙的位置图解

1.4.2　墙的承重方案

按墙的承重方式不同，分为横墙承重、纵墙承重、纵横墙承重、半框架承重等，如图1-22所示。

（1）横墙承重，就是将楼板两端搁置在横墙上，荷载由横墙承受，纵墙只起围护与分隔的作用。横墙承重方案往往适用于小开间的建筑。

（2）纵墙承重，就是将楼板两端搁置在内外纵墙上，荷载由纵墙承受。纵墙承重方案适用于需要较大开间的建筑。

（3）纵横墙承重，就是将楼板布置在纵横墙上，荷载由纵墙和横墙承受。纵横墙承重方案，适用于开间和进深尺寸较大、平面布置复杂的建筑。

（4）半框架承重，就是在建筑内部采用梁、柱组成框架承重，四周采用墙体承重，楼板的荷载由梁、柱和墙共同承担。半框架承重方案适用于内部需要较大空间的建筑。

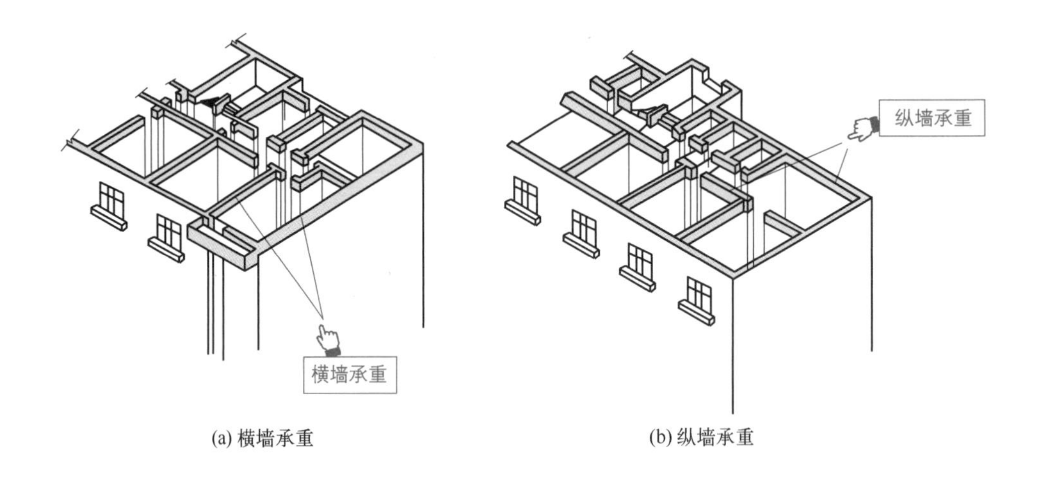

(a) 横墙承重 (b) 纵墙承重

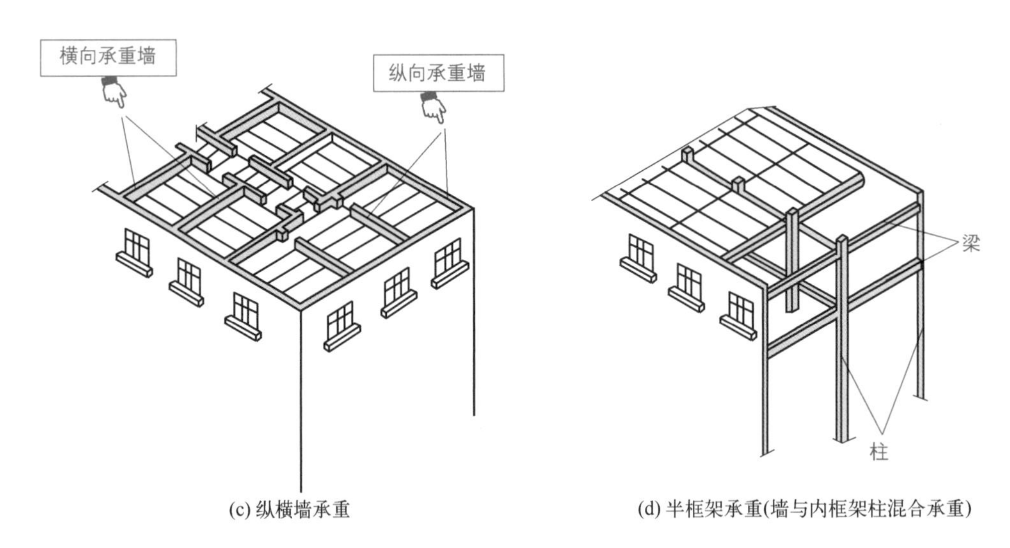

(c) 纵横墙承重 (d) 半框架承重(墙与内框架柱混合承重)

图 1-22 墙体的承重方案

1.4.3 砖墙的类型与构造做法

1.4.3.1 砖墙的类型

根据构造，砖墙有实心砖墙、空斗墙、空心砖墙、复合墙等几种类型。砖墙的类型与构造，如图 1-23 所示。

（1）实心砖墙，由普通黏土砖或其他实心砖根据一定的方式组砌而成。

（2）空斗墙，由实心砖侧砌或平砌与侧砌结合砌成，墙体内部形成较大的空洞。

（3）空心砖墙，就是由空心砖砌筑的墙体。

（4）复合墙，就是指由砖或其他高效保温材料组合形成的墙体。

1.4.3.2 砖墙的构造做法

砖墙的构造做法，包括勒脚、散水、排水沟、防潮层、踢脚板、墙裙、窗台、过梁、圈梁、构造柱、变形缝等的做法。

（1）勒脚常见的构造做法是在勒脚部位将墙体适当加厚或用石材砌筑，还可在外侧抹水泥砂浆、水刷石等面层，或采用贴天然石材等做法。

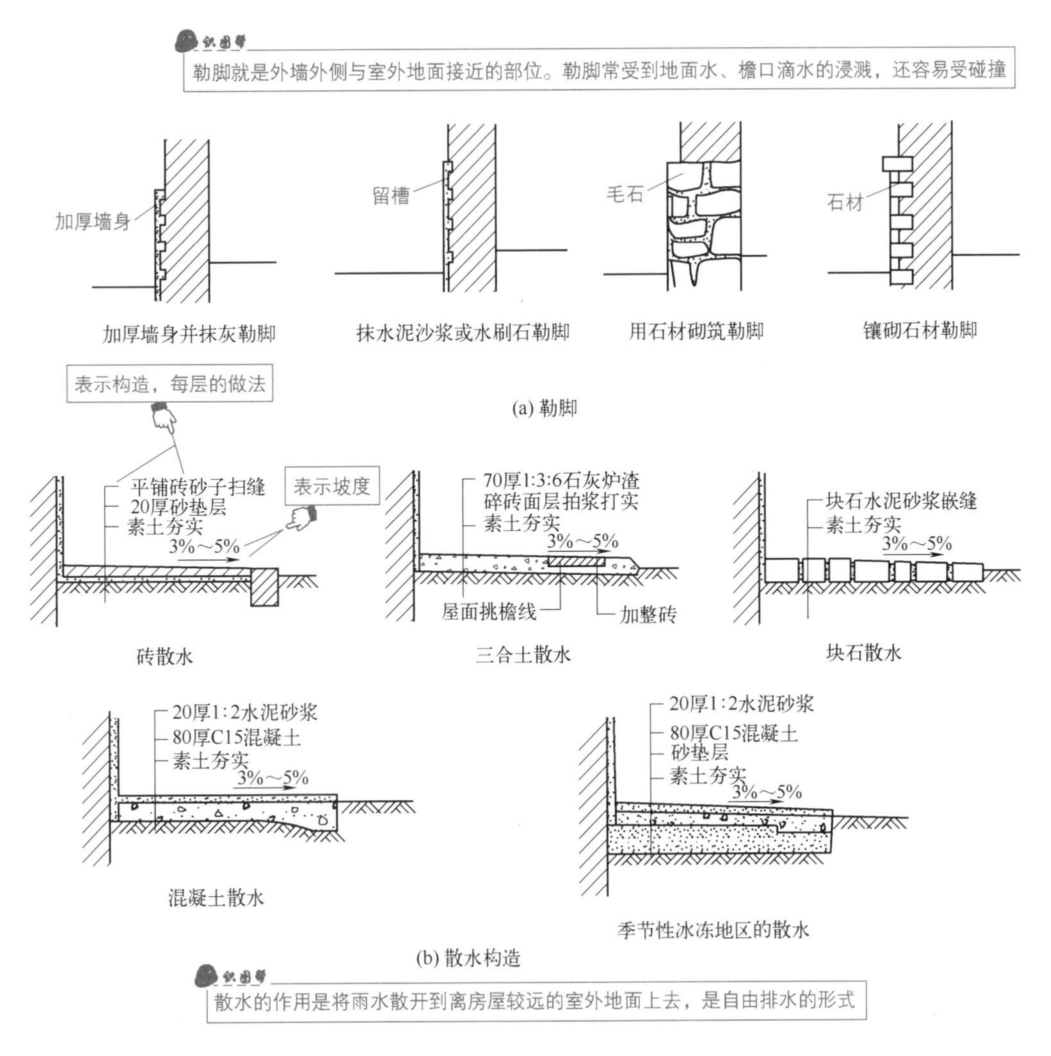

图 1-23 **砖墙的类型与构造**

（2）散水的构造做法有砖散水、三合土散水、块石散水、混凝土散水、季节性冰冻地区散水等。在图中识读散水，应掌握散水宽度、散水坡度等要求。

（3）排水沟的作用是将雨水集中排入下水道系统中去，属于有组织的排水形式，有混凝土排水沟、砖砌排水沟、石砌排水沟等。

为了防止土壤中的水分由于毛细作用进入墙内，在墙中设置的连续防水层称墙身防潮层。墙身防潮层的构造做法有防水砂浆防潮层、细石混凝土防潮层、油毡防潮层等。在图中识读防潮层，应掌握防潮层的位置、防潮层的类型与层数等。

1.4.4 看图学隔墙

隔墙是把房屋内部分割成若干房间或空间的墙。隔墙是不承重墙体，如图 1-24 所示。

根据构造方式，隔墙可以分为块材式隔墙、立筋式隔墙、板材式隔墙等。

（1）块材式隔墙指用普通砖、空心砖、加气混凝土砌块、水泥矿渣空心砖、粉煤灰硅酸盐砌块等砌筑的隔墙。

（2）立筋式隔墙也称为立柱式、龙骨式隔墙。立筋式隔墙是以木材、钢材或其他材料构成骨架，把面层钉结、涂抹或粘贴在骨架上形成的隔墙。

（3）立筋式隔墙常用的骨架有木骨架、型钢骨架、轻钢骨架、铝合金骨架、石膏骨架等。

图 1-24 **隔墙**

1.4.5 墙面装修的作用与分类

墙面装修的主要作用是保护墙体、改善墙体外观等。

根据其所处的部位不同，墙面装修可以分为室外装修、室内装修两类。

根据所用的材料和施工方法不同，墙面装修可分为抹灰、贴面、涂刷、裱糊、铺钉等种类，抹灰类墙面和贴面类墙面如图 1-25 所示。

墙面装修的特点如下。

（1）抹灰类墙面，是指用石灰砂浆、水泥砂浆、水泥石灰砂浆、聚合物水泥砂浆、膨胀珍珠岩水泥砂浆以及麻刀灰、纸浆灰、石膏灰等作为饰面层的装修做法。

（2）涂刷类墙面，是利用各种涂料涂敷于基层表面，形成完整牢固的膜层，起到保护与装修墙体的作用。

（3）贴面类墙面，是指将各种天然石材或人造板、块，绑挂或直接粘贴于基层表面的饰面做法。

（4）裱糊类墙面，是将各种装饰性墙纸、墙布等裱糊在墙上的饰面做法。常用的裱糊材料有织物壁纸、塑料壁纸、无纺贴壁纸等。

（5）铺钉类墙面，是指利用天然板条或各种人造薄板借助钉、胶粘等固定方式对墙面进行饰面的做法。铺钉类墙面装修的材料有富丽板、镜面板、木板、塑料饰面板、不锈钢板等。

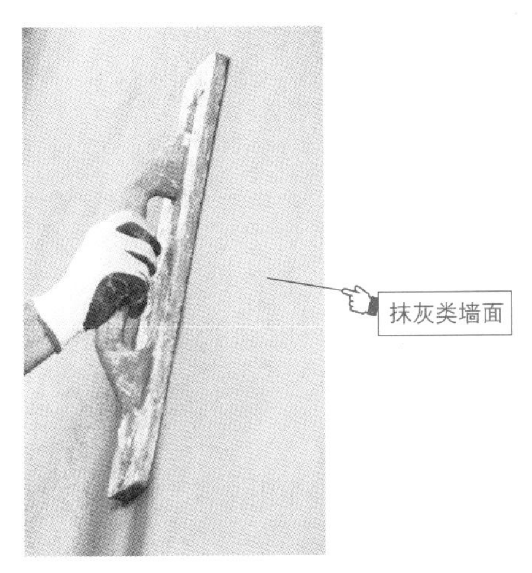

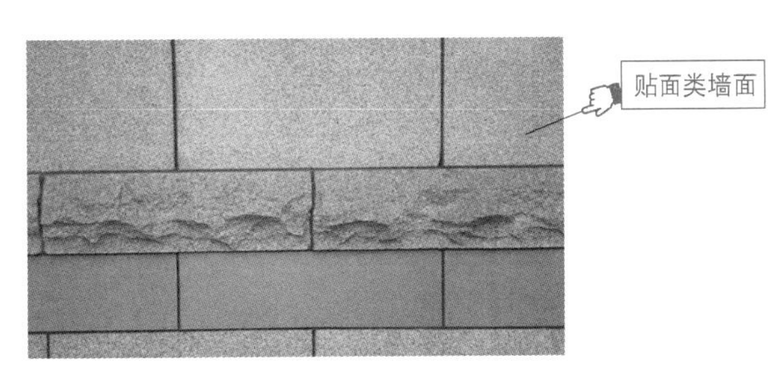

图1-25 抹灰类墙面和贴面类墙面

1.5 建筑地面、顶棚与楼板

1.5.1 楼地面与楼地面的构造

1.5.1.1 楼地面的类型

地面的名称一般是根据面层材料来确定的。面层根据材料和施工方法不同，分为整体面层、木地面、卷材类地面、块料面层等。

（1）整体面层有水泥砂浆面层、细石混凝土面层、水磨石面层等。

（2）块料面层有瓷砖、缸砖、大理石、花岗岩等。

（3）木地面是由木板铺钉或黏合而成的地面。

（4）卷材类地面是用成卷的面材铺贴而成，例如塑料地毯、橡胶地毯、其他各式地毯等。

1.5.1.2 楼地面的构造

底层地面的基本构造层次为面层、垫层、地基。

楼层地面的基本构造层次为面层、楼板。

特殊要求的地面会增设一些构造层，例如防水层、防潮层、结合层、找平层、保温（隔热）层、隔声层等。

（1）结合层是块料层与下层的结合体，用来固定块料面层或垫砌面层。根据材料，结合层分为有胶凝材料、松散材料等类型。

（2）找平层是在垫层或楼板上起找平作用的构造层。

（3）防水层就是防止地面上的液体透过面层，防止地下水通过地面渗入室内的构造。

（4）隔声层是隔绝楼层地面撞击声的构造层。

识读地面结构剖面图，往往需要注意对应各层的施工要求，不要对应错误或者遗漏。木地面常用的构造方式有实铺式、空铺式、粘贴式等。

一些楼地面与楼地面构造如图1-26所示。

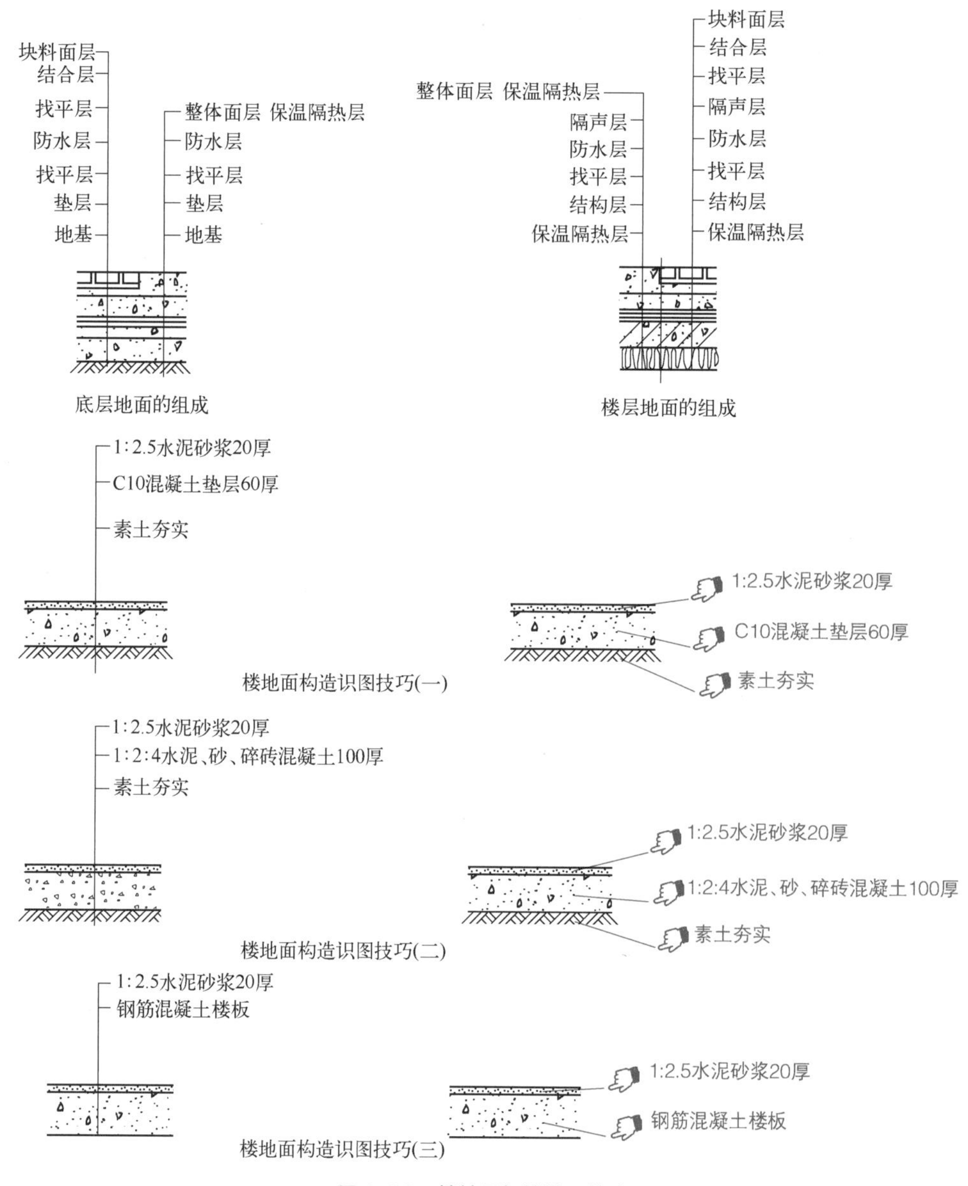

图1-26 楼地面与楼地面构造

1.5.2 顶棚与顶棚的构造

顶棚，也叫作天花板、天棚。单层房屋中顶棚位于屋顶承重结构层的下面。多层和高层房屋中，顶棚除位于屋顶承重结构下面外，还位于各层楼板的下面。

根据构造方式不同，顶棚可以分为直接式顶棚、悬吊式顶棚等，如图 1-27 所示。

（1）直接式顶棚，就是指在楼板下做装饰面层的顶棚。直接式顶棚有较好的反光性，可以改善室内的照度。

（2）悬吊式顶棚，可以沿楼板底面敷设管道、电线，使得这些管线不外露。悬吊式顶棚，一般由龙骨、面板等组成。龙骨主要用来固定面板，并且承受荷载。龙骨系统一般分为主龙骨、次龙骨。主龙骨一般单向布置并通过吊筋与楼板连接，多采用轻钢龙骨、铝合金龙骨等。

(a) 直接式顶棚

(b) 悬吊式顶棚

图1-27 顶棚与顶棚构造

1.5.3 看图学楼板

楼板将房屋沿垂直方向分隔为若干层，将楼层的使用载荷与其自重传递给墙或梁、柱等构件，再传给基础，因此必须有足够的强度与刚度。

根据使用材料的不同，楼板分为砖拱楼板、木楼板、钢筋混凝土楼板、钢楼板等。

目前，钢筋混凝土楼板得到广泛使用。根据施工方法，钢筋混凝土楼板分为现浇钢筋混凝土楼板、预制钢筋混凝土楼板等种类。

现浇钢筋混凝土楼板，就是指在施工现场架设模板、绑扎钢筋、浇注混凝土，经养护达到一定强度后拆除模板而成的楼板。

根据结构，常用的现浇钢筋混凝土楼板分为板式楼板、梁板式楼板、无梁楼板等种类。

梁板式楼板一般由板、次梁、主梁组成。板由次梁支承，次梁由主梁支承。梁板式楼板如图 1-28 所示。

无梁楼板是由墙或柱直接支承而不设梁的楼板。

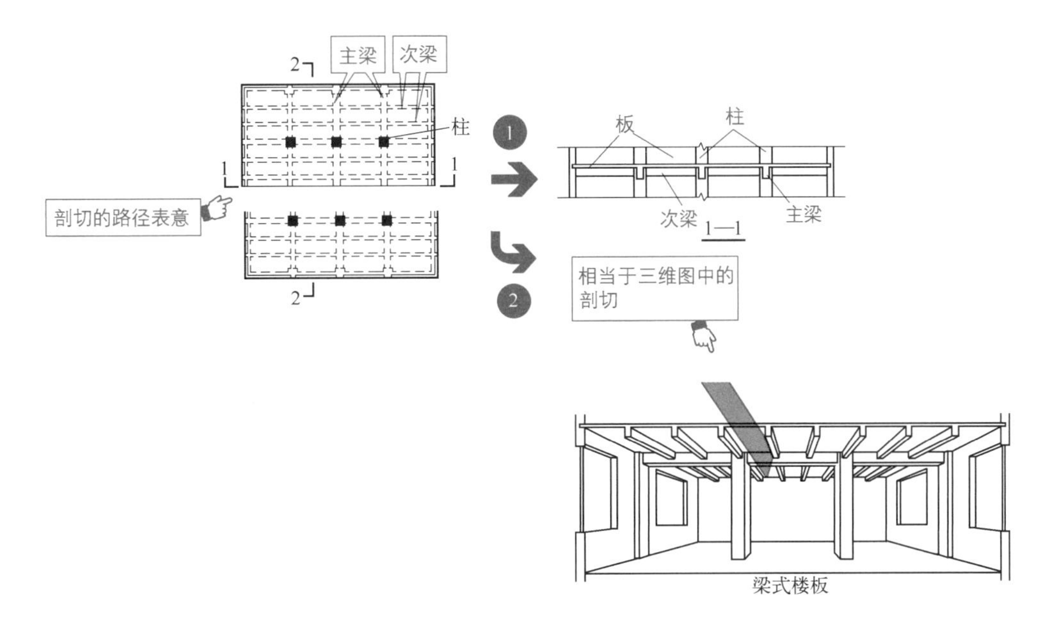

图1-28

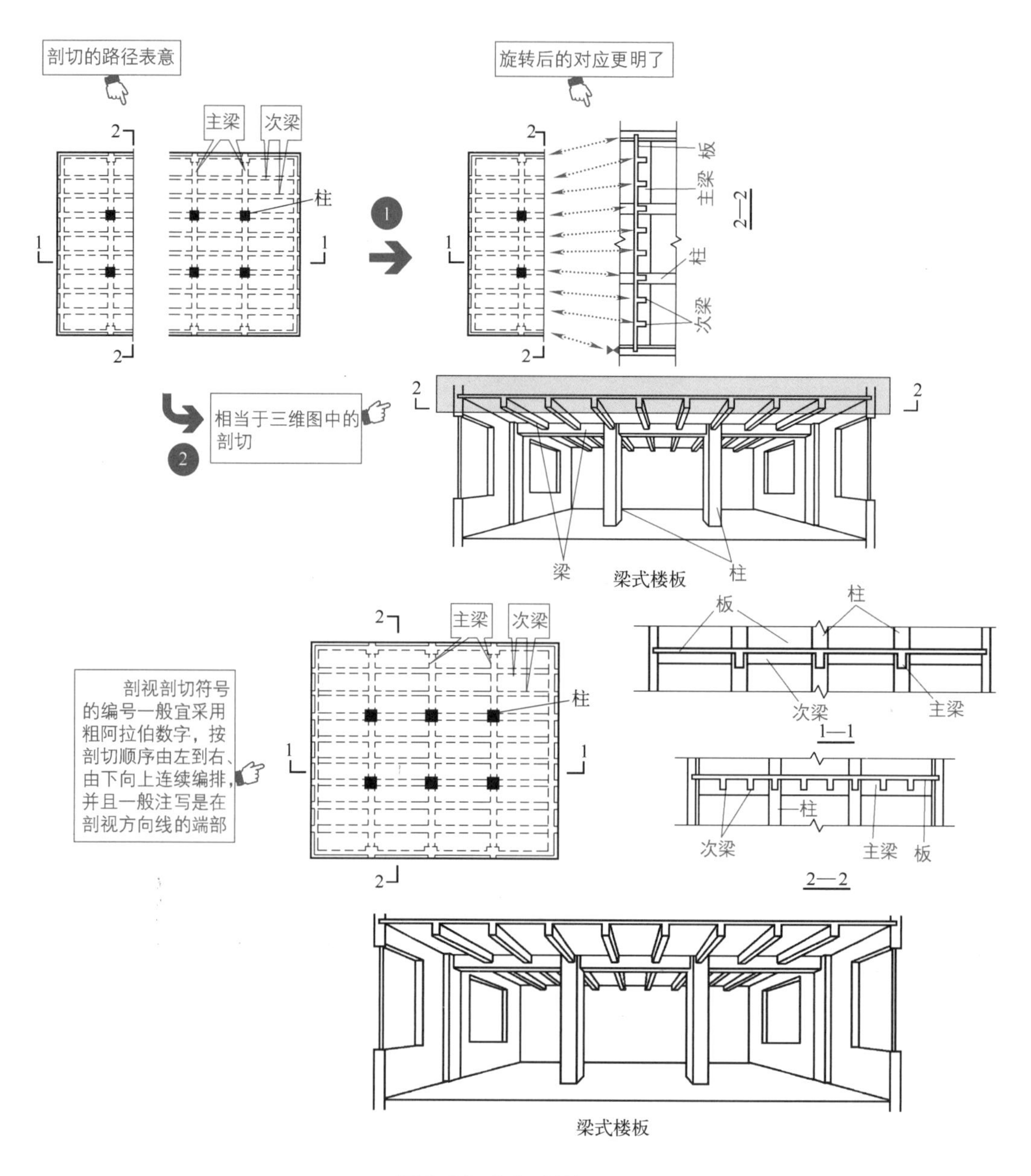

图1-28　**梁板式楼板**

楼梯的组成与分类

1.6　楼梯

1.6.1　楼梯的种类和特点

1.6.1.1　楼梯的分类

楼梯的分类如下。

（1）根据建筑的形式，楼梯分为单跑楼梯、双跑楼梯、螺旋式楼梯、鱼骨式楼梯等。

（2）根据使用功能，楼梯分为防火楼梯、爬梯等。

（3）根据施工方法、施工方式，楼梯分为现浇楼梯、装配式楼梯等。

（4）根据结构形式，楼梯分为梁式楼梯、板式楼梯等。

（5）根据结构受力特点，楼梯分为梁式、板式、特种楼梯等。

（6）根据楼梯的布置方式，可以分为直跑楼梯、双跑楼梯、三跑楼梯、旋转楼梯等。

1.6.1.2 楼梯的特点和适用场合

楼梯的特点和适用场合如下。

（1）梁式楼梯：梁式楼梯荷载较大，楼梯段水平投影长度大于3m时可采用。

（2）板式楼梯：板式楼梯荷载较小，楼梯段水平投影长度小于3m时可采用。

（3）剪刀式楼梯：当不宜设置平台梁和平台板时可采用。

（4）螺旋式楼梯：当不便设置平台或有特殊要求时可采用。

（5）三跑楼梯：三跑楼梯有三折式、丁字式、分合式等，多用于公共建筑等。

（6）双跑楼梯：双跑楼梯适用于一般民用建筑和工业建筑等。

（7）旋转楼梯：旋转楼梯适用于人流较少，使用不频繁的场所等。

（8）折线形楼梯：折线形楼梯水平段和斜段都位于平台梁与楼面梁支座间。

楼梯的分类、示意、图纸及实例如图1-29所示。

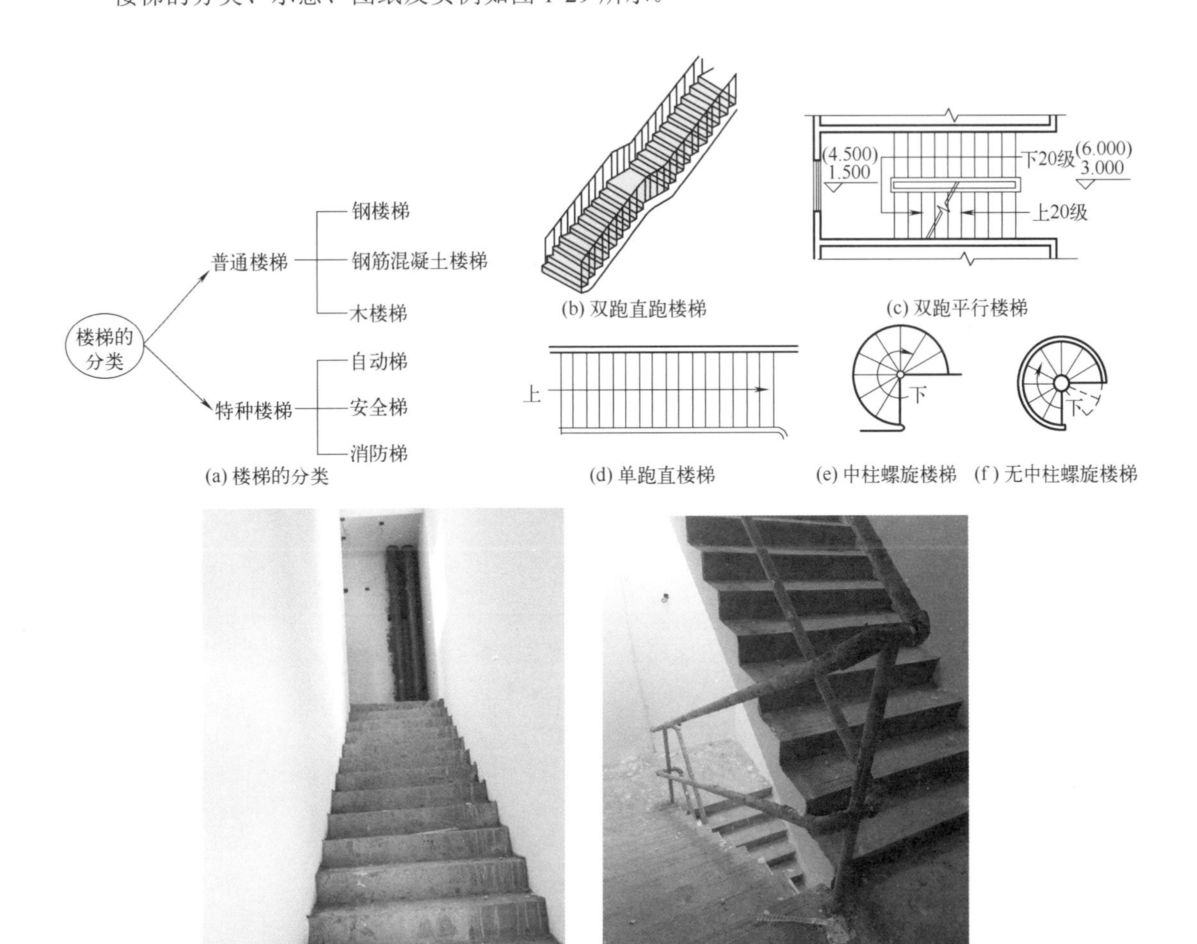

图1-29 楼梯的分类、示意、图纸及实例

1.6.2 楼梯与楼梯的组成

楼梯一般由楼梯段、楼梯平台（楼层平台和中间平台）、栏杆（栏板）、扶手等部分组成，如图 1-30 所示。

楼梯段由踏步组成。踏步的水平面也称为踏面。踏步的垂直面称为踢面，其高度称为踏步的高度。

楼层平台是连接楼地面与楼梯段端部的水平构件。平台面标高与该层楼面标高相同。

中间平台也称为中间休息平台，其是位于两层楼地面间连接梯段的水平构件。中间平台主要作用是减少疲劳等。

为了保证人们在楼梯上行走的安全，在楼梯梯段与平台边缘处应安装栏杆或栏板。在栏杆或栏板的上部设置扶手。另外还有一种扶手为靠墙扶手，就是扶手也可附设于墙上。

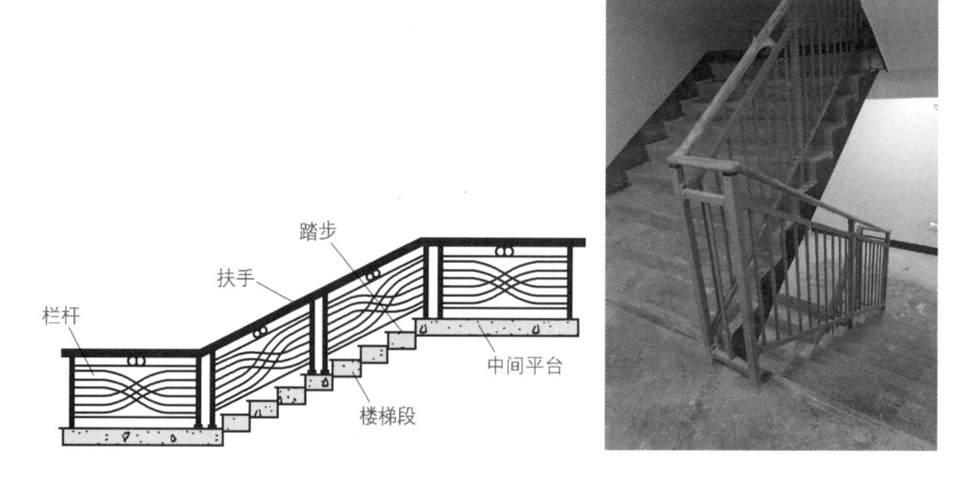

图 1-30　楼梯与楼梯的组成

识图轻松会

楼梯的尺度，包括楼梯扶手高度、楼梯净空高度、平台宽度、梯段宽度、坡度、踏步尺寸等。

楼梯扶手高度一般为 0.9m。平台宽度一般不小于 1.1m。梯段净空一般不小于 2.2m。平台净空一般不小于 2m。

1.6.3 看图学梯柱

梯柱的作用是承受梯梁传来的荷载，并且将荷载传给下一层的梁板，属于竖向受力构件。梯柱需要通过计算确定其配筋。

梯柱，分为梁上梯柱、落地梯柱等类型，如图 1-31 所示。

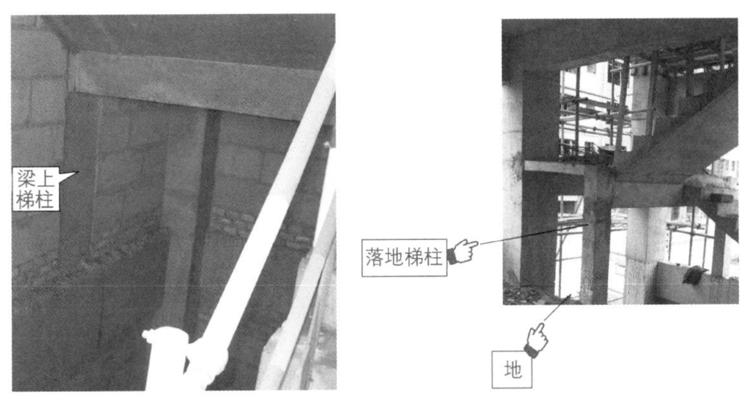

图1-31 梯柱

1.7 建筑屋顶

1.7.1 屋顶的作用与坡度

屋顶是房屋最上层起承重和覆盖作用的构件。

屋顶的主要作用如下。

（1）屋顶是建筑物的重要组成部分，对建筑形象的美观起着重要的作用。

（2）防御自然界的风、雨、雪、太阳辐射热与冬季低温等的影响。

（3）承受自重及风、沙、雨、雪等荷载及施工或屋顶检修人员的活荷载。

屋顶需要满足坚固、耐久、防水、排水、保温（隔热）、抵御侵蚀等要求，为此有防水层、排水层等。

为了排除屋面上的雨水，屋顶表面应有一定的坡度。屋面坡度常用斜面的垂直投影高度与水平投影长度的比来表示，例如1：2、1：10等。较大的坡度也可以用角度来表示，例如30°、45°等。较小的坡度常用百分率表示，例如2%、3%等，如图1-32所示。

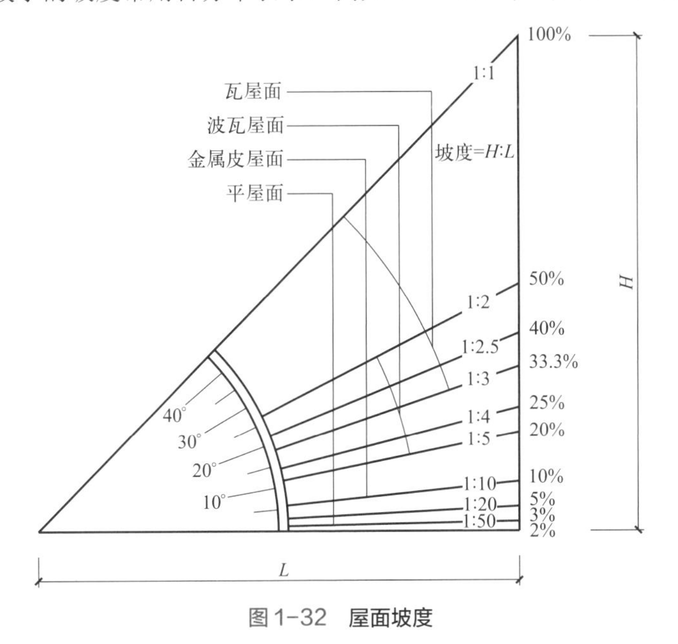

图1-32 屋面坡度

1.7.2 屋顶的类型

常见的屋顶类型有平屋顶和坡屋顶。

平屋顶为屋面排水坡度不大于 10% 的屋顶。坡屋顶为屋面排水坡度大于 10% 的屋顶。

屋顶的构造组成如下。

（1）屋面：主要是防水作用。

（2）承重结构：承重结构包括钢筋混凝土屋面板、屋架、横墙、木构架、空间结构等。

（3）顶棚：顶棚分为直接式顶棚、悬索式顶棚等。

屋顶的类型如图 1-33 所示。

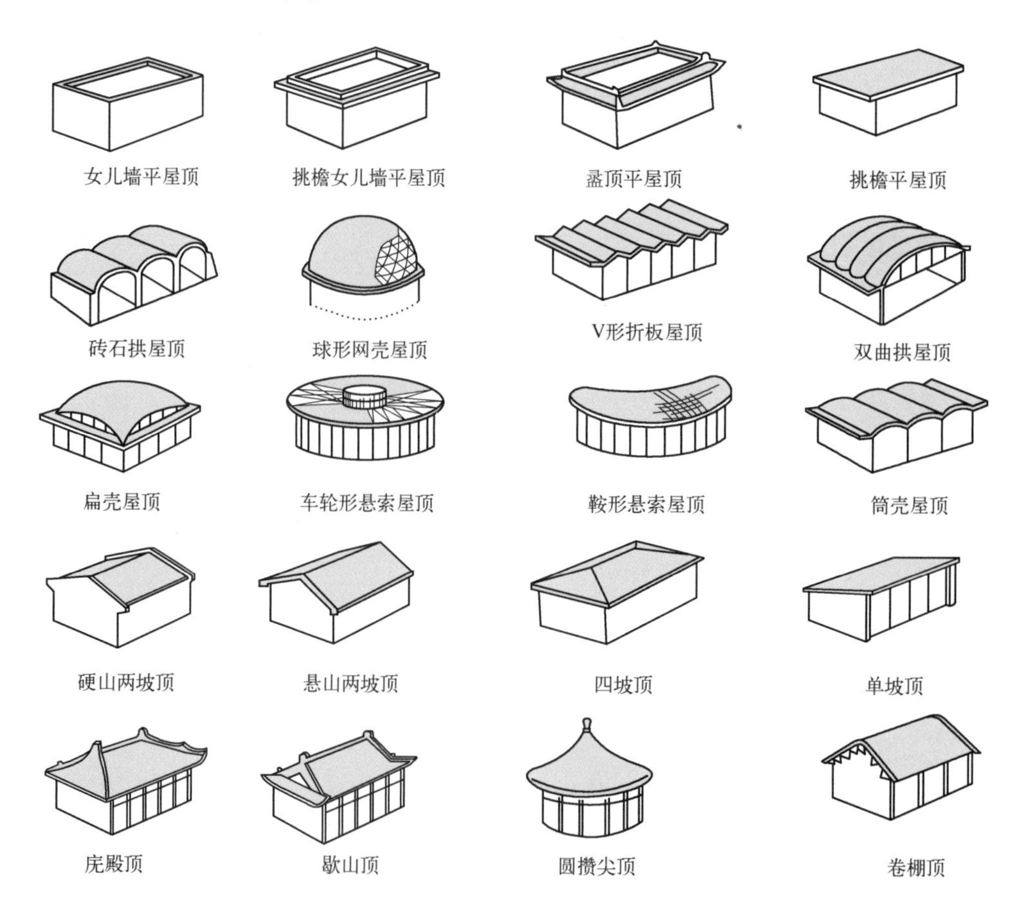

图 1-33 **屋顶的类型**

1.7.3 平屋顶的构成

平屋顶包括结构层、找坡层、隔热层（保温层）、找平层、结合层、附加防水层、保护层等。

屋顶的结构层主要采用钢筋混凝土现浇板等。

屋顶坡度的形成可选择材料找坡或结构找坡。材料找坡，就是在水平的屋面板上利用材料做成不同的厚度以形成坡度。结构找坡，就是将屋面板搁置在有一定倾斜度的梁或墙上形成坡度。

保温层常设置在承重结构层与防水层间。

找平层设置在结构层或保温层上面，常用 15 ～ 30mm 厚的（1 ∶ 2.5）～（1 ∶ 3）水泥砂浆做找平层，或者用 C15 的细石混凝土做找平层。另外，也可以用 1 ∶ 8 的沥青砂浆做找平层。

防水层有刚性防水层、柔性防水层、涂料防水层等。

平屋顶的排水方式有无组织排水、有组织排水等。有组织排水可以分为外排水、内排水，如图 1-34 所示。

泛水，就是屋面防水层与垂直墙面相交处的构造处理。泛水做法一般是将卷材压入凹槽，再用水泥钉钉压条固定后用密封材料嵌封，外抹水泥砂浆。

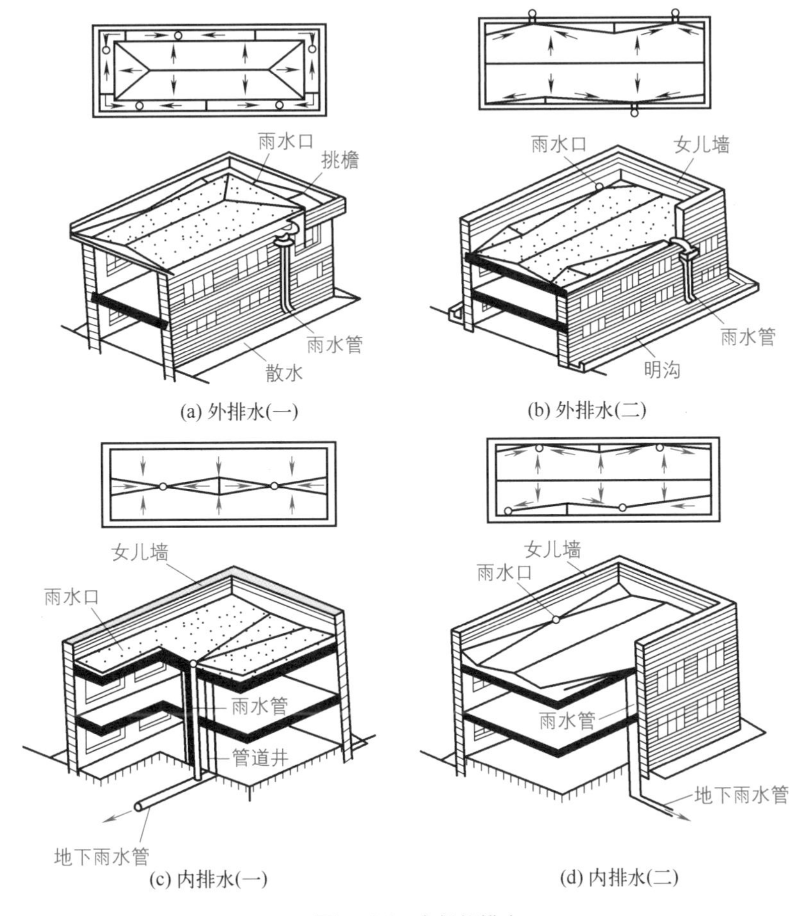

图 1-34　有组织排水

1.7.4　坡屋顶的构造

坡屋顶主要由承重结构层、屋面等部分组成。必要时，坡屋顶还会有保温层、隔热层、顶棚等。

坡屋顶的承重结构方式有砖墙承重、屋架承重、钢筋混凝土梁板承重等。

砖墙承重，就是将房屋的内外横墙砌成尖顶状，在上面直接搁置檩条来支承屋面的荷载。

屋架承重，就是屋顶上搁置屋架，用来搁置檩条以支承屋面荷载。通常屋架搁置在房屋的纵向外墙或柱上，使房屋有较大的使用空间。屋架的形式有三角形、梯形等类型。

坡屋顶的构造如图 1-35 所示。

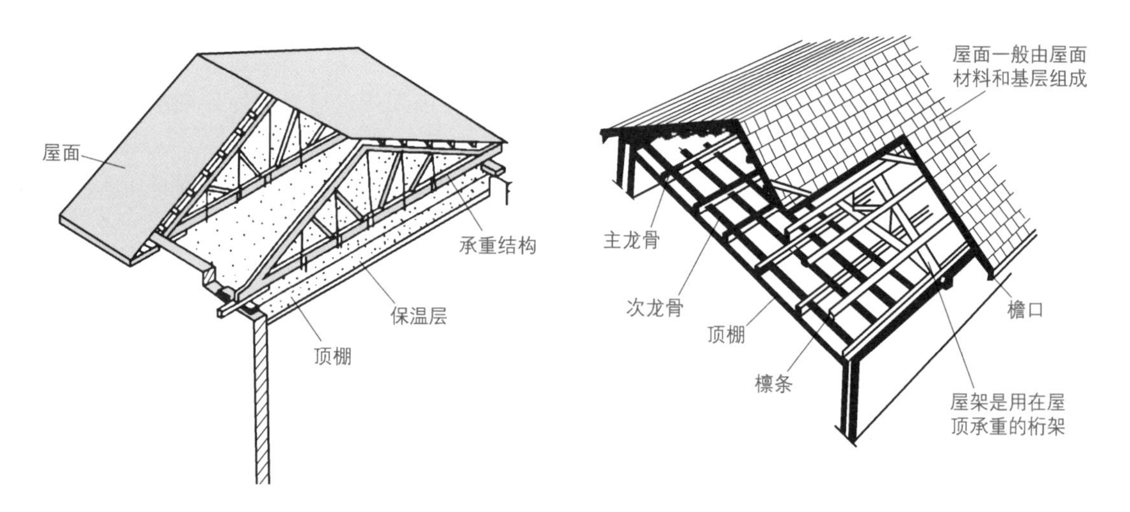

图 1-35　坡屋顶的构造

1.7.5　坡屋顶的屋面构造

坡屋顶的屋面构造分为平瓦屋顶构造、现浇钢筋混凝土梁板屋面防水构造等。

常用的平瓦屋面做法有冷摊瓦屋面、屋面板平瓦屋面、钢筋混凝土挂瓦板平瓦屋面等种类。

现浇钢筋混凝土梁板坡屋面的构造组成有瓦材、瓦材铺设层、找平层、保温隔热层、卷材或涂膜防水层、隔汽层等。

坡屋顶的屋面构造如图 1-36 所示。

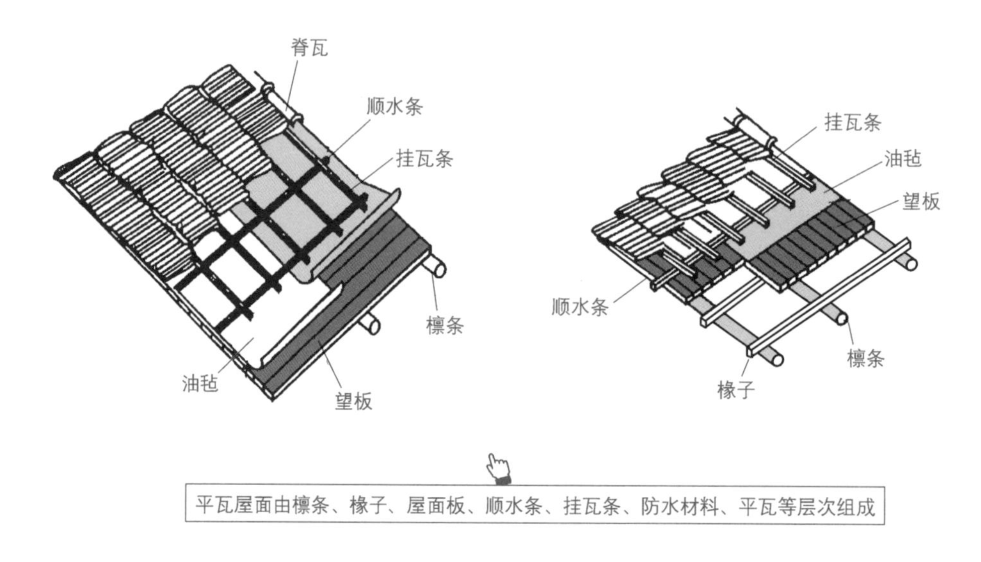

平瓦屋面由檩条、椽子、屋面板、顺水条、挂瓦条、防水材料、平瓦等层次组成

图 1-36

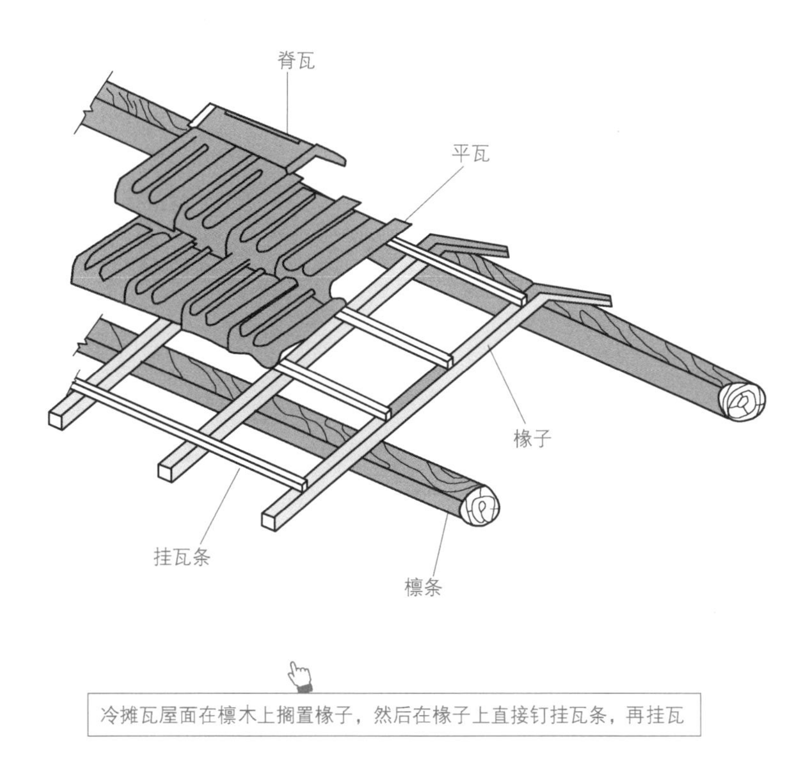

图1-36 **坡屋顶的屋面构造**

1.7.6 看图学同坡屋面

坡屋顶的坡度一般大于10°，常为30°左右。坡屋顶一般由承重结构、屋面两部分组成。根据需要，坡屋顶还可以设保温层、隔热层、顶棚等。

坡屋顶的形式有单坡屋顶、双坡屋顶、四坡屋顶、攒尖屋顶等。

坡屋顶中，如果各屋面有相同的水平倾角，并且屋檐各处同高，则叫作同坡屋面。由同坡屋面构成的屋顶叫作同坡屋顶。

同坡屋面如图1-37所示。

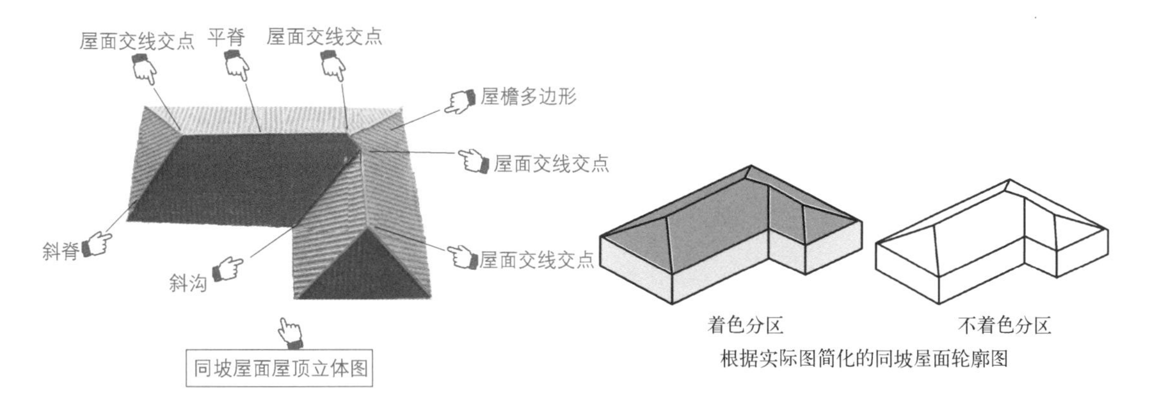

图1-37 **同坡屋面**

1.8 建筑其他构造

1.8.1 窗台与窗台的构造

窗台，是指托着窗框的平面部分。窗台下部往往需要设计排水构造，其主要作用是排除窗外侧流下的雨水与内侧的冷凝水。

外窗台面层一般应用不透水的材料。内窗台可用水泥砂浆抹面或预制水磨石及木窗台板等做法。内窗台台面一般应高于外窗台台面。

窗台与窗台的构造如图 1-38 所示。

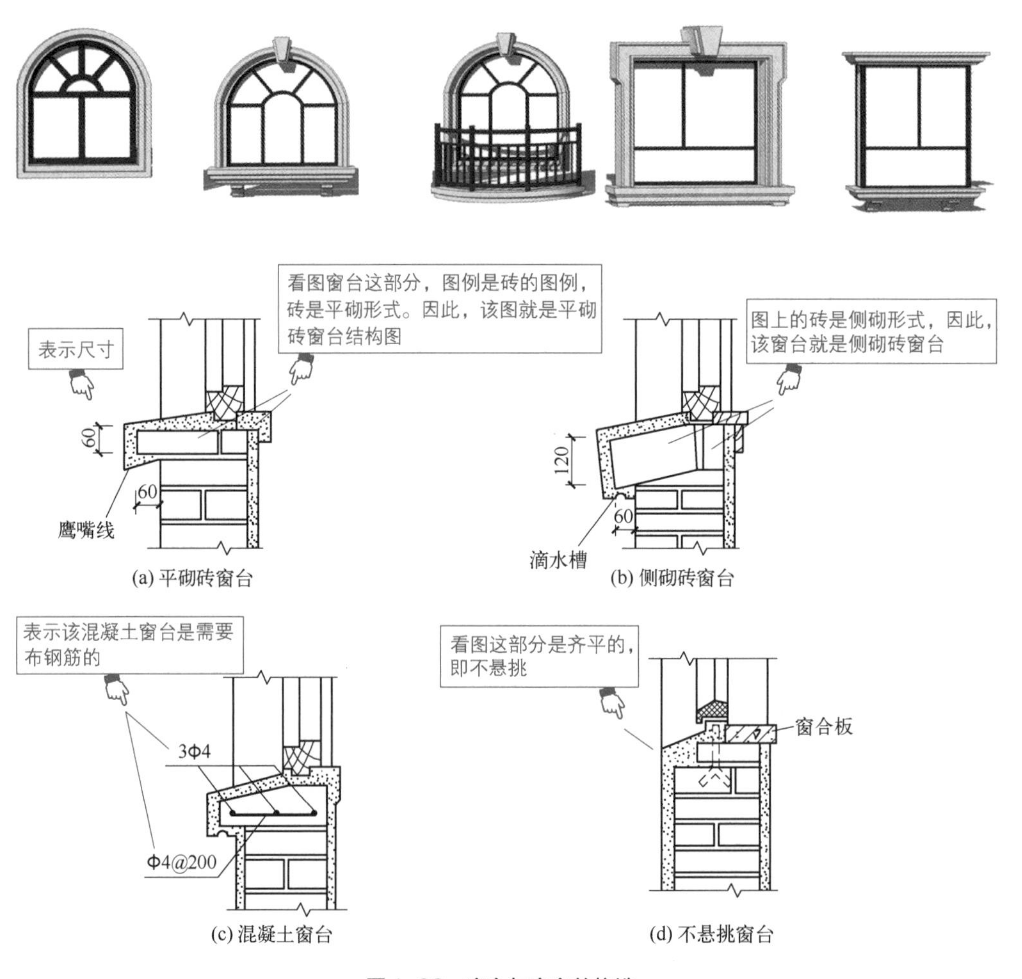

图 1-38 **窗台与窗台的构造**

1.8.2 阳台与阳台构造

阳台是多层建筑中与房间相连的室外平台。阳台提供了一个室外活动的小空间，人们可以在阳台上休息、眺望、从事家务活动等。

根据阳台与外墙的相对位置，阳台可以分为凸阳台（即挑阳台）、凹阳台、半凸阳台、转角阳台等；根据结构布置方式，阳台可以分为墙承式阳台、挑梁式阳台、挑板式阳台等。阳台的特点如下。

（1）墙承式阳台是将阳台板直接搁置在墙上，其板形和跨度与房间楼板一致。

（2）挑梁式阳台是在阳台两端伸出挑梁，其板搭在挑梁上。

（3）挑板式阳台是阳台板悬挑受力。

阳台栏杆、栏板是阳台的安全围护构件。根据材料，栏杆和栏板可以分为金属栏杆、钢筋混凝土栏板与栏杆、砖砌栏板及栏杆等。

为了防止阳台的雨水流入室内，阳台的地面一般应比室内地面低 20 ～ 50mm。阳台一侧或两侧地面做出 1%的坡度，以便将雨水排除。

阳台与阳台的类型如图 1-39 所示。

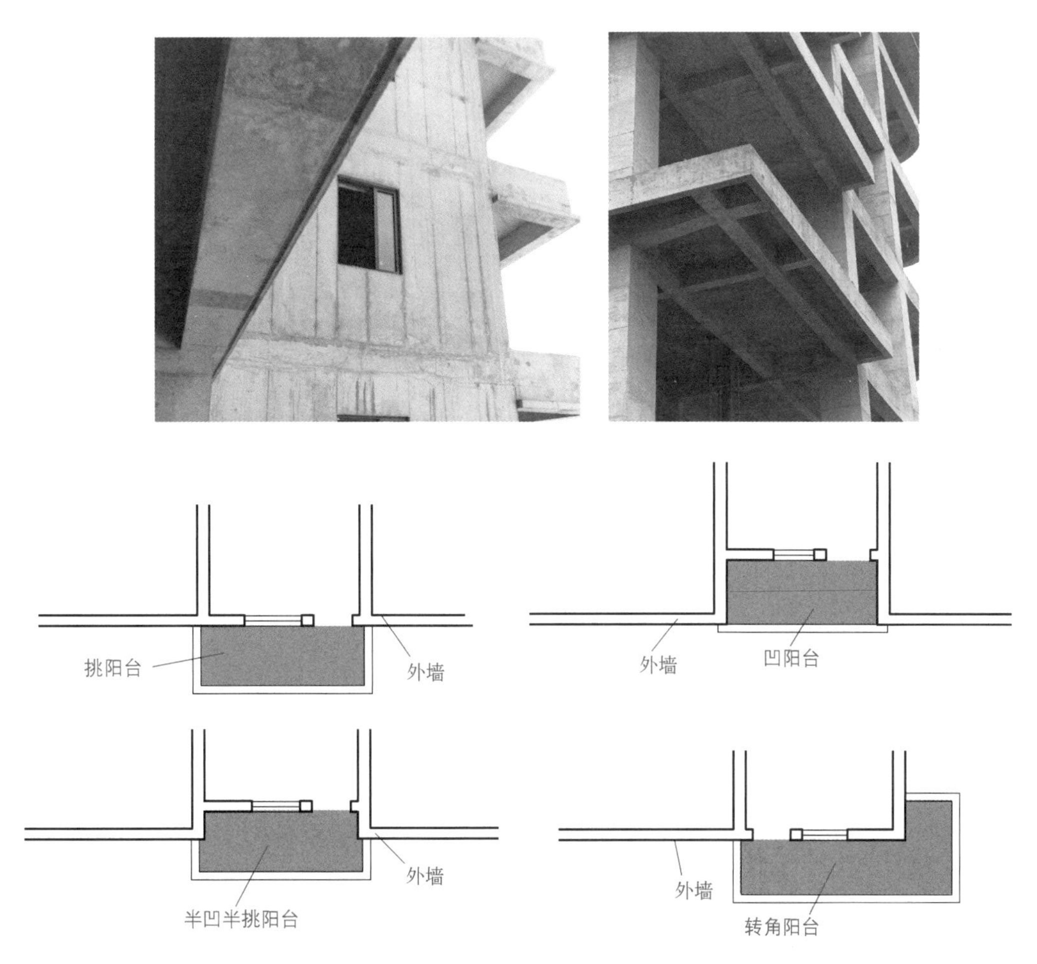

图 1-39　**阳台与阳台的类型**

1.8.3　看图学雨篷构造

雨篷是房屋入口处遮雨、保护外门的构件。雨篷属于悬挑构件。悬挑构件包括钢筋混凝土雨篷、阳台、挑檐、挑廊等。

雨篷常做成悬挑式，悬挑长度一般为 1 ～ 1.5m。为了防止倾覆，常把雨篷板与入口处的过梁浇筑在一起。

雨篷的排水口可以设在前面或两侧。雨篷上表面应用防水砂浆向排水口做1%的坡度。

雨篷梁一方面支承雨篷板，另一方面又兼作门过梁，除承受自重及雨篷板传来的荷载外，还承受着上部墙体的重量以及楼面梁、板可能传来的荷载。

雨篷与雨篷的结构如图1-40所示。

图1-40 雨篷与混凝土雨篷的结构

1.8.4 看图学台阶构造

台阶一般由踏步、平台等组成。台阶有室内台阶、室外台阶等种类。室外台阶宽度一般应比门每边宽出大约500mm。公共建筑室内外台阶踏步宽度一般不小于300mm，踏步高度不宜大于150mm，并且不宜小于100mm。

台阶的形式有单面踏步式、三面踏步式。其中，单面踏步式台阶带方形石、花池或台阶，或采用与坡道结合等形式。

台阶的构造有垫层、面层等。面层多采用水泥砂浆、石材等材料。垫层多采用混凝土等材料。

台阶如图1-41所示。

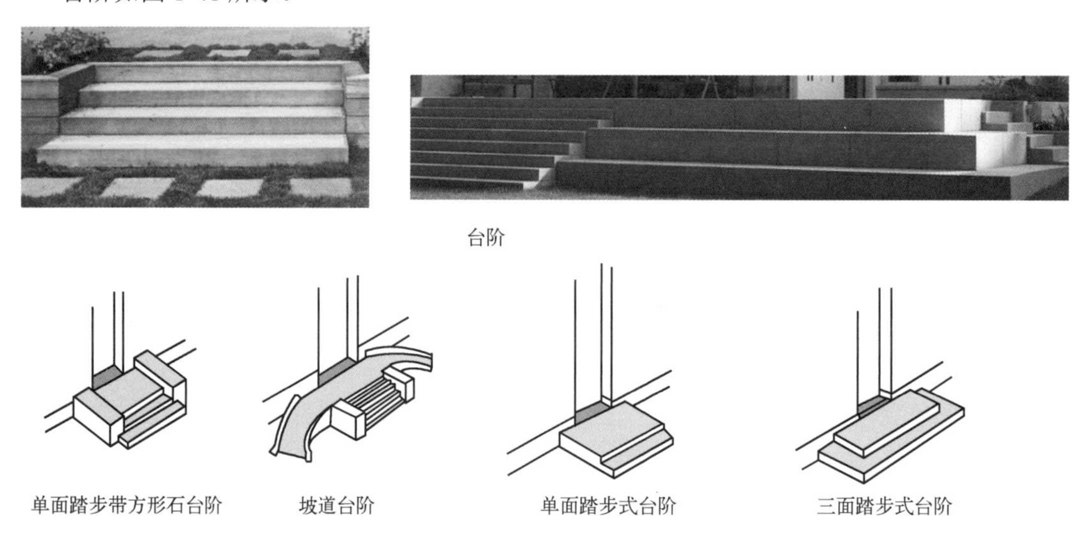

图1-41 台阶的形式

1.8.5 看图学地下室构造

地下室，就是建筑物中处于室外地面以下的房间。一些高层建筑基础埋深很大，应充分利用这一深度来建造地下室。

根据功能，地下室分为普通地下室、防空地下室。根据结构材料，地下室分为有砖墙结构、混凝土结构地下室。根据构造形式，地下室分为全地下室、半地下室。

地下室顶板的底面标高高于室外地面标高的，称为半地下室。

地下室顶板的底面标高低于室外地面标高的，称为全地下室。

地下室的顶板采用现浇或预制混凝土楼板等结构，板的厚度是按首层使用荷载计算等确定的。

地下室的外墙不仅承受上部的垂直荷载，还要承受土、地下水、土壤冻结产生的侧压力，其厚度一般应根据计算等确定。

采光井一般由侧墙、底板、遮雨设施或铁箅子等组成。

地下室的外墙、底板深埋在地下，受到土中水和地下水的浸渗，因此，地下室的外墙、底板一般有防潮防水的处理。地下室外墙应做垂直防水处理，地下室地板应做水平防水处理。

地下室如图 1-42 所示。

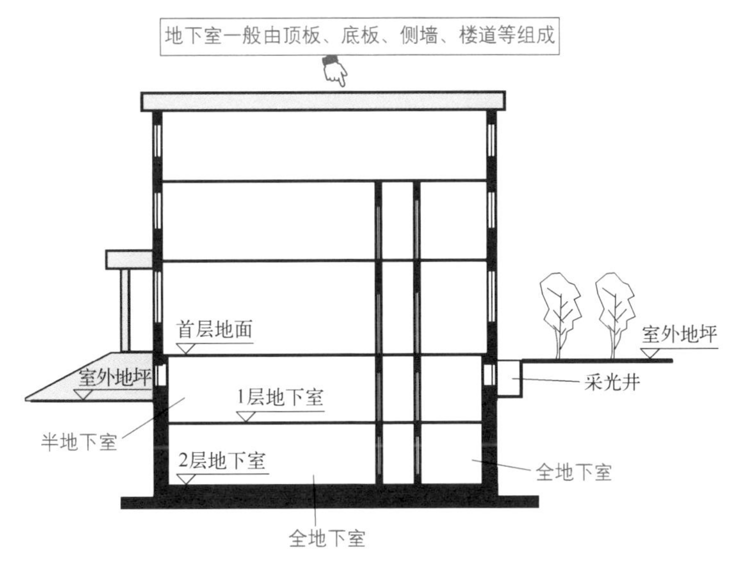

图 1-42 地下室

1.8.6 看图学踢脚板与墙裙构造

踢脚板是室内地面与墙面相交处的构造处理。踢脚板所用的材料一般与地面材料相同。踢脚板的作用是保护墙面，防止墙身污染。踢脚板的高度一般为 100mm 左右。

墙裙是踢脚板的延伸。墙裙的高度一般为 1200 ～ 1800mm。具体的高度，需要通过识图来掌握。

踢脚板与墙裙如图 1-43 所示。

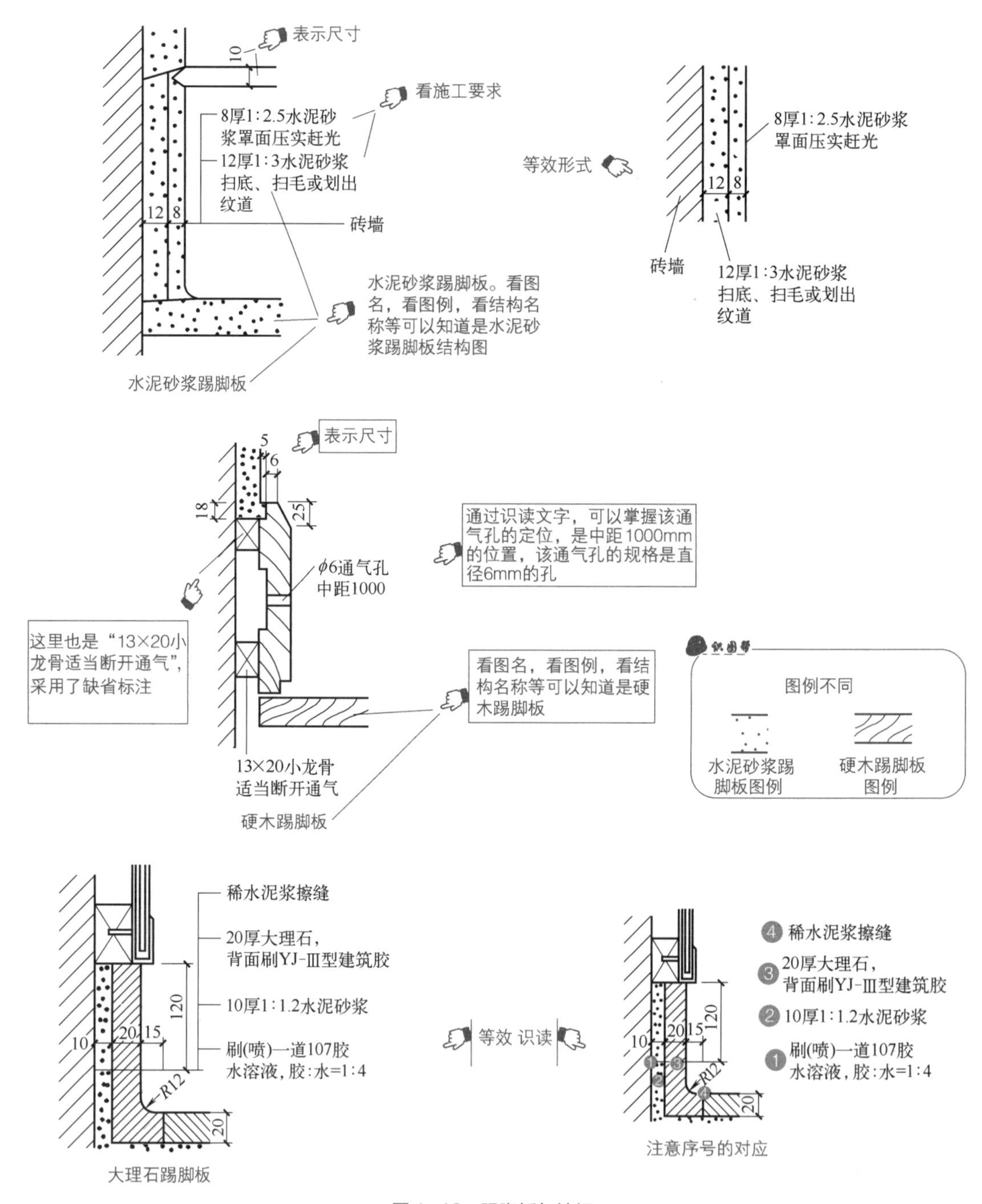

图 1-43 踢脚板与墙裙

1.8.7 看图学变形缝构造

房屋受到外界各种因素的影响，会产生变形、开裂，甚至导致破坏。为了防止房屋破坏，常会将房屋分成几个独立的部分，使各部分能独立变形，互不影响，各部分之间的缝隙就是变形缝。

变形缝，包括伸缩缝、沉降缝、防震缝等。

（1）伸缩缝，是防止建筑物、构筑物因温度影响产生破坏的一种变形缝。伸缩缝的设置一般应从基础的顶面开始，墙体、楼地层、屋顶均应设置。伸缩缝的间距与结构类型和对结构的约束有关。

（2）沉降缝，是防止因荷载差异、结构类型差异、地基承载力差异等原因导致房屋因不均匀沉降而破坏的一种变形缝。沉降缝一般是在房屋适当位置设置的垂直缝隙，把房屋划分为若干个刚度一致的单元，使相邻单元可以自由沉降，而不影响房屋整体。沉降缝一般应包括基础在内，从屋顶到基础全部构件均需分开。沉降缝的宽度随地基情况和建筑物的高度而不同。

（3）防震缝，就是防止因地震作用导致房屋破坏的一种变形缝。防震缝应沿房屋基础顶面以上全部结构布置，缝的两侧均应设置墙体，基础因埋在土中可不设缝。

沉降缝可以兼起伸缩缝的作用，但是伸缩缝不能代替沉降缝。

变形缝如图 1-44 所示。

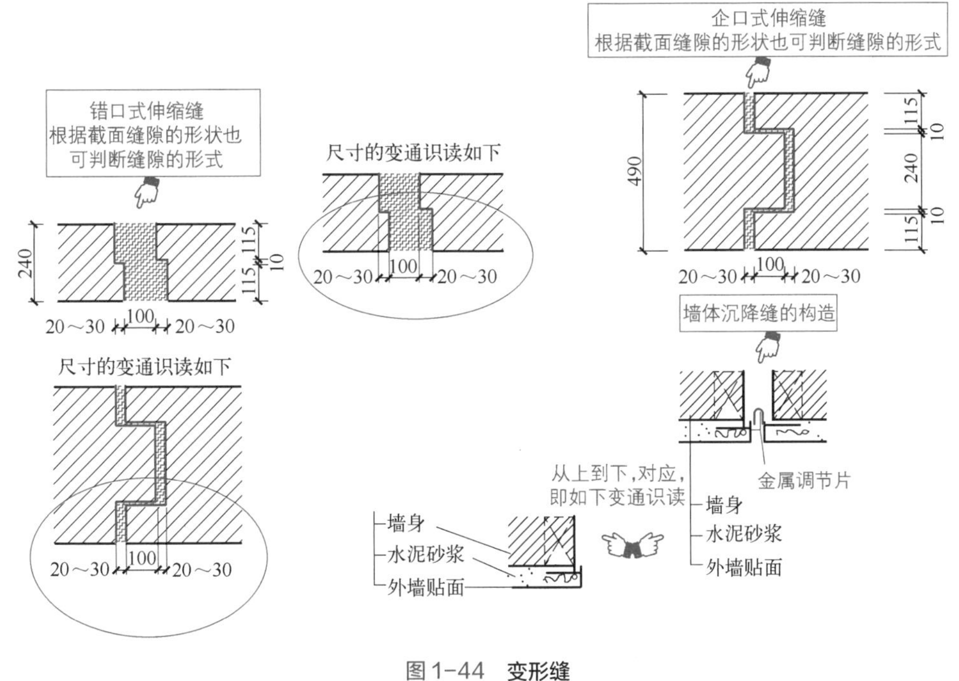

图 1-44　变形缝

1.8.8　看图学坡道构造

坡道，可以分为室内坡道、室外坡道。室外坡道的坡度不宜大于 1 ∶ 10，室内坡道的坡度不大于 1 ∶ 8，无障碍坡道的坡度一般为 1 ∶ 12。

为了保证人与车辆的安全，有的坡道将坡面做成锯齿形或设防滑条。

坡道如图 1-45 所示。

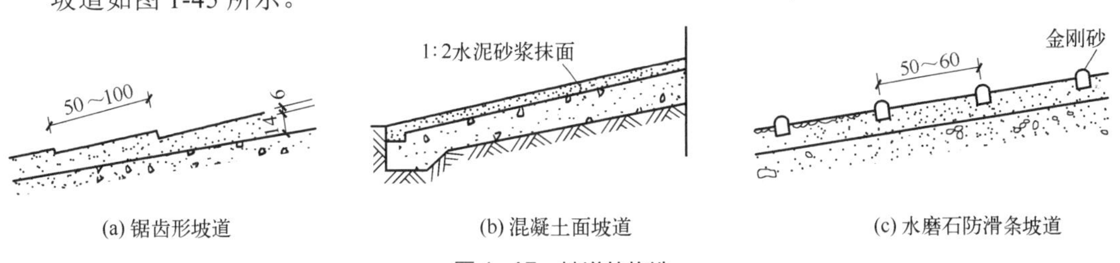

(a) 锯齿形坡道　(b) 混凝土面坡道　(c) 水磨石防滑条坡道

图 1-45　坡道的构造

第 2 章 建筑图基础

2.1 建筑识图基础

2.1.1 投影的形成

假定光线可以穿透物体（物体的面是透明的，物体的轮廓线是不透的），并且规定在影子当中，光线直接照射到的轮廓线画成实线，光线间接照射到的轮廓线画成虚线，则经过抽象后的“影子”称为投影。

投影的形成如图 2-1 所示。

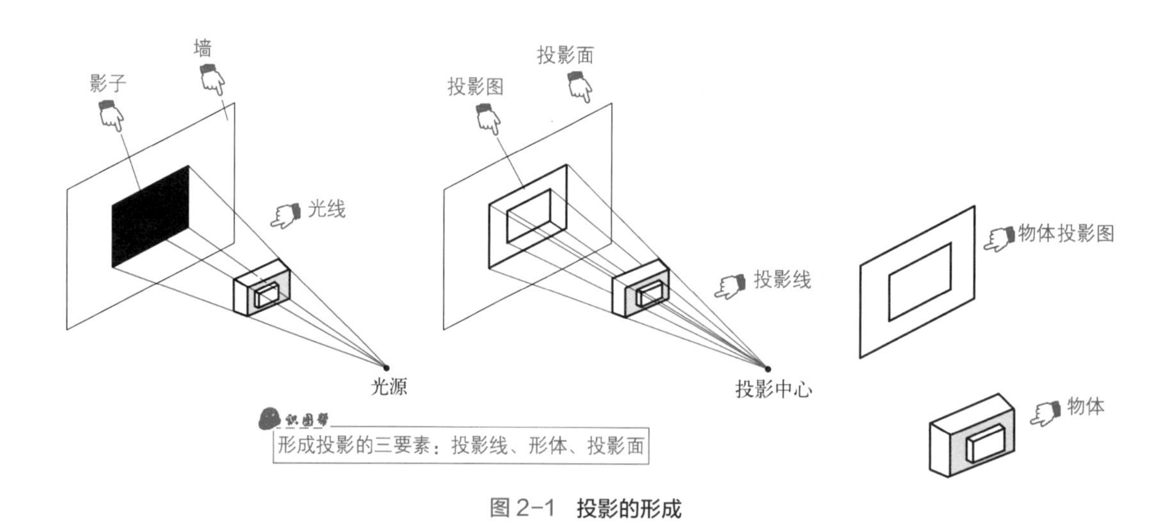

图 2-1 投影的形成

2.1.2 投影的分类

投影，可以分为中心投影、平行投影。平行投影，又可以分为正投影、斜投影。

人眼、摄像镜头捕捉的某个形象的静态影像都属于中心投影方法。

用平行投影法绘制的正投影图尺寸精确，但是没有立体感，需要一定的专业基础和读图能力才能看得懂。

投影的分类如图 2-2 所示。

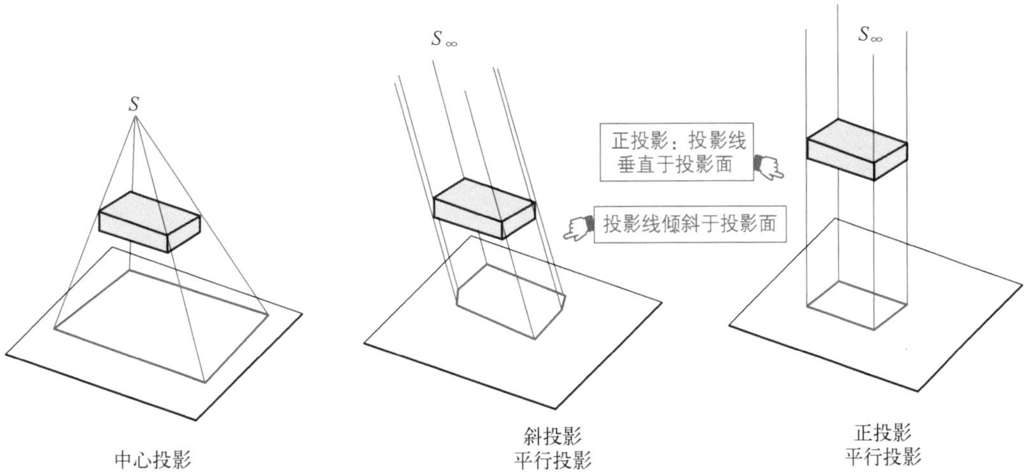

S

S_∞

S_∞

正投影：投影线
垂直于投影面

投影线倾斜于投影面

中心投影

斜投影
平行投影

正投影
平行投影

图 2-2　**投影的分类**

2.1.3　看图理解正投影图

土建工程中常用的投影图有正投影图、轴测图、透视图、标高投影图等。正投影图，能够反映形体的真实形状与大小。

在平行投影中，如果投射线垂直于投影面，那么这种平行投影就是正投影。

掌握正投影图，可以首先从熟悉的物体开始训练，然后过渡到对建筑物体正投影图的理解，这样理解就容易多了，如图 2-3 所示。

建筑结构图，往往采用正投影法绘制，特殊情况下可以采用仰视投影绘制。

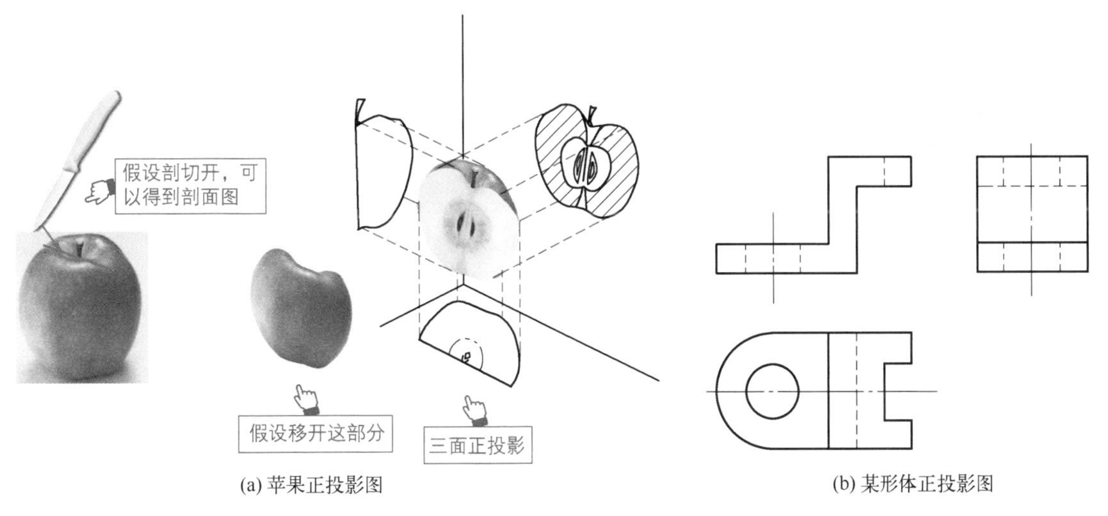

(a) 苹果正投影图　　(b) 某形体正投影图

图 2-3　**正投影图**

2.1.4　正投影的基本性质

2.1.4.1　点的正投影的基本性质

点的正投影基本性质为：点的正投影仍然是点。

2.1.4.2 直线正投影的基本性质

（1）直线垂直于投影面，其投影积聚为一点。

（2）直线平行于投影面，其投影是一直线，反映实长。

（3）直线倾斜于投影面，其投影仍是一直线，但长度缩短。

2.1.4.3 平面正投影的基本性质

（1）平面垂直于投影面，投影积聚为直线。

（2）平面平行于投影面，投影反映平面的实形。

（3）平面倾斜于投影面，投影变形，图形面积缩小。

正投影的基本性质如图 2-4 所示。

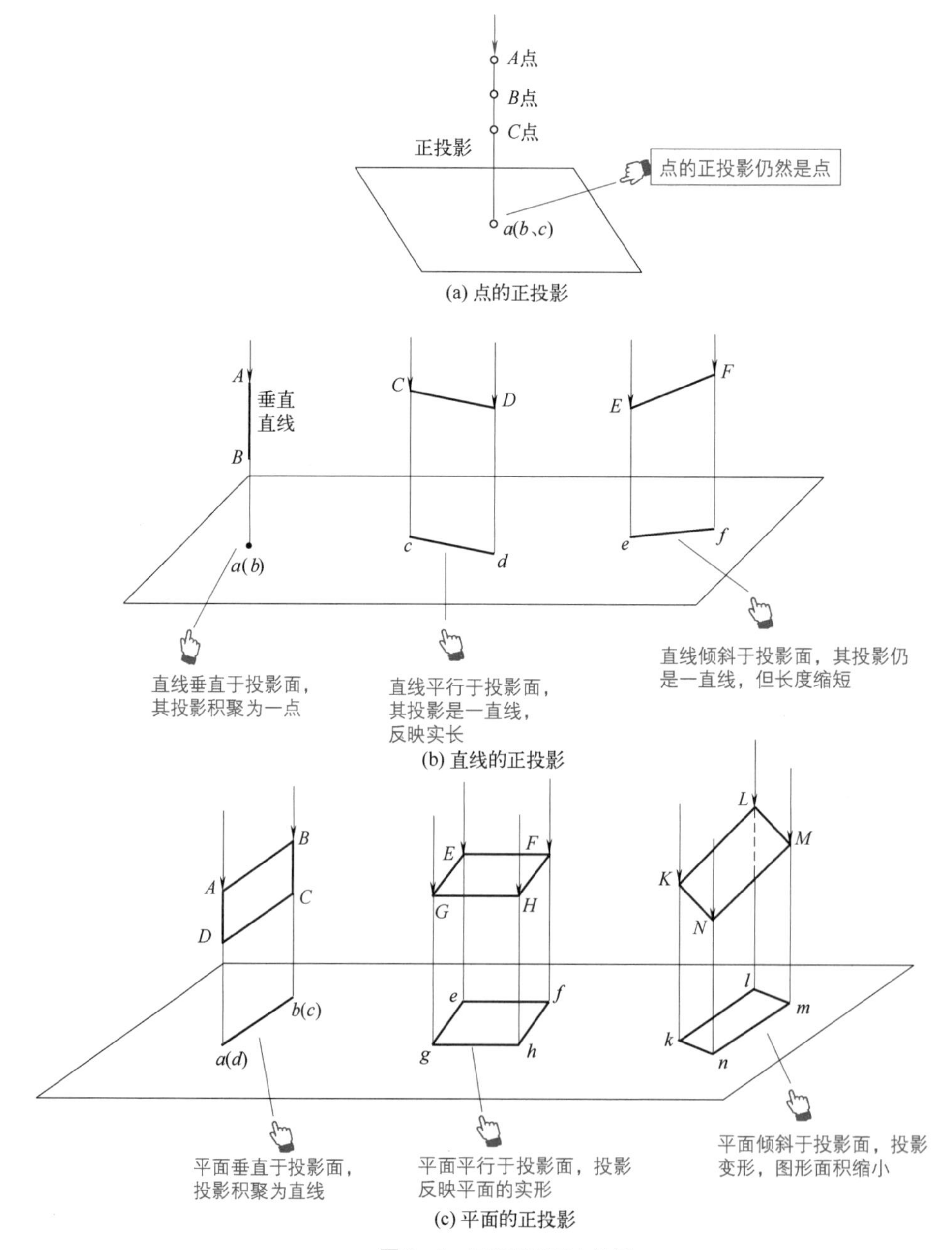

图 2-4 正投影的基本性质

2.1.5 识读正投影的方法

对于识读图而言，应能够根据投影图的特点，预判点、线、面可能出现的情况以及确定的情况。

绘制投影图是根据物画投影图，识读投影图是根据投影图联想物，如图 2-5 所示。

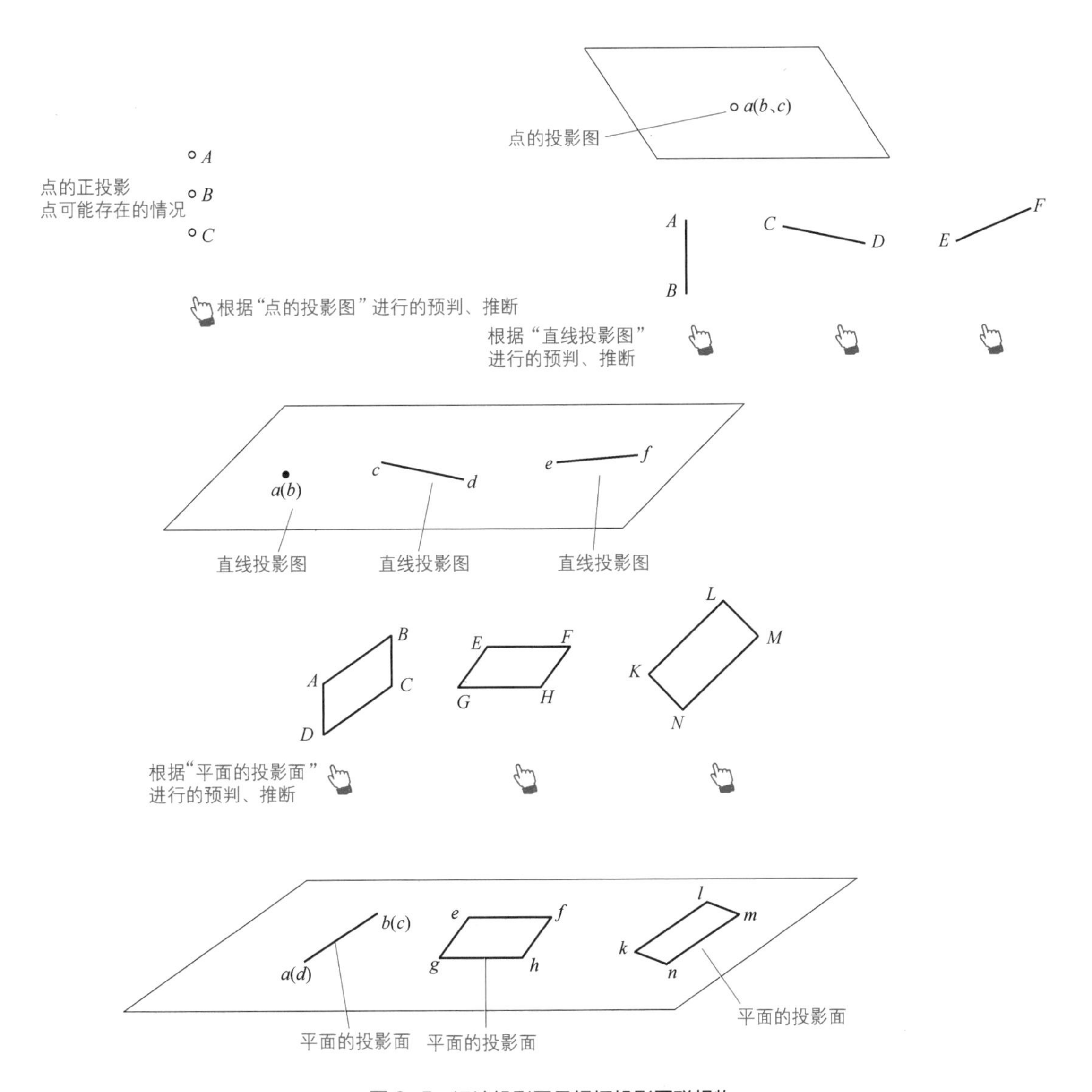

图 2-5 **识读投影图是根据投影图联想物**

2.1.6 形体的三面正投影的必要性

识读投影图是根据投影图联想物。实际识读时，仅凭借一张投影图，很难正确具体地判断物体形体，也就是说可能有许多物体形体符合该投影图。

如果需要正确具体地判断物体形体，需要能够表现出物体形体的全部形状。但是，一张投影图一般只能表现出形体的一个侧面的形状。为此，常常使用三面正投影图。三面正投影图具有良好的度量性，但是缺乏立体感。为此，识图者需要识读三面正投影图的关联，“组建”立体图形。

同一投影面上相同的投影如图 2-6 所示。

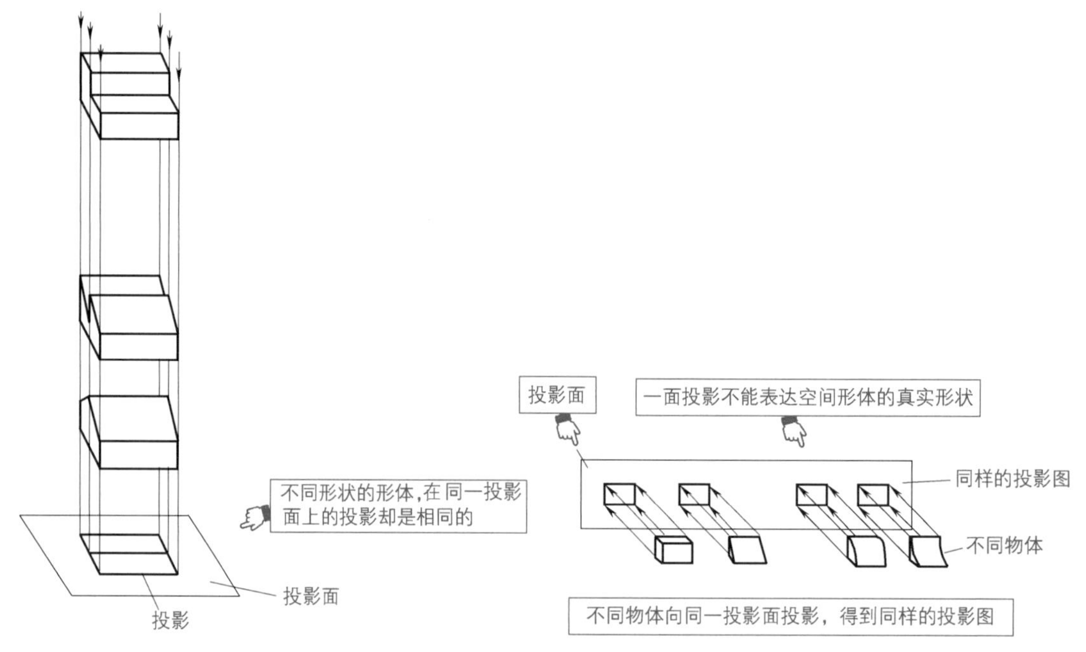

图 2-6　**同一投影面上相同的投影**

2.1.7　两面投影的不完全性

有些物体仅用两面投影仍不能清楚表达形体，或者说不同物体仅用两面投影，可能其投影图是一样的，所以很难从两面投影确定唯一的物体，如图 2-7 所示。

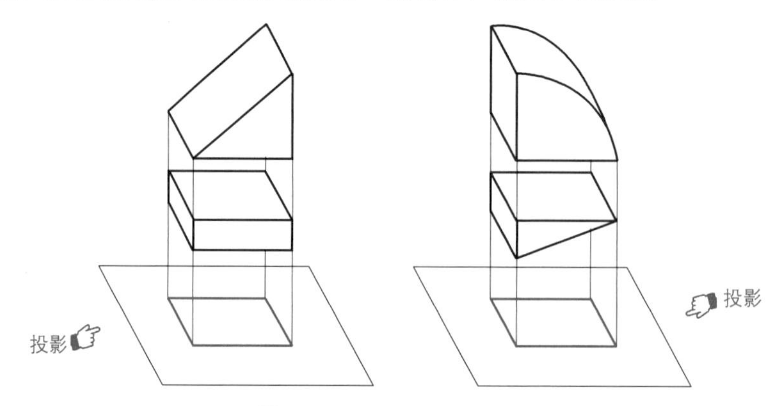

图 2-7　**两面投影的不完全性**

2.1.8　三面正投影的形成

从前往后对正立投影面进行投射，在正立面上得到正立面投影图，简称正立面图。

从上往下对水平投影面进行投射，在水平面上得到水平面投影图，简称平面图。

从左往右对侧立投影面进行投射，在侧立面上得到侧立面投影图，简称侧立面图。在非常规三面正投影以及六面投影中的侧立面图，也包括了从右往左对侧立投影面进行投射得到的侧立面图。实际中的侧立面图，往往选取较能反映形体特征的方向。

三面正投影的形成如图 2-8 所示。三面，即为水平面或 H 面、正立面或 V 面、侧立面或 W 面。

运用三面投影图，可以把形体的外部形状、大小表达清楚。至于形体内部被遮挡的不可见部分，则可以用虚线表示。

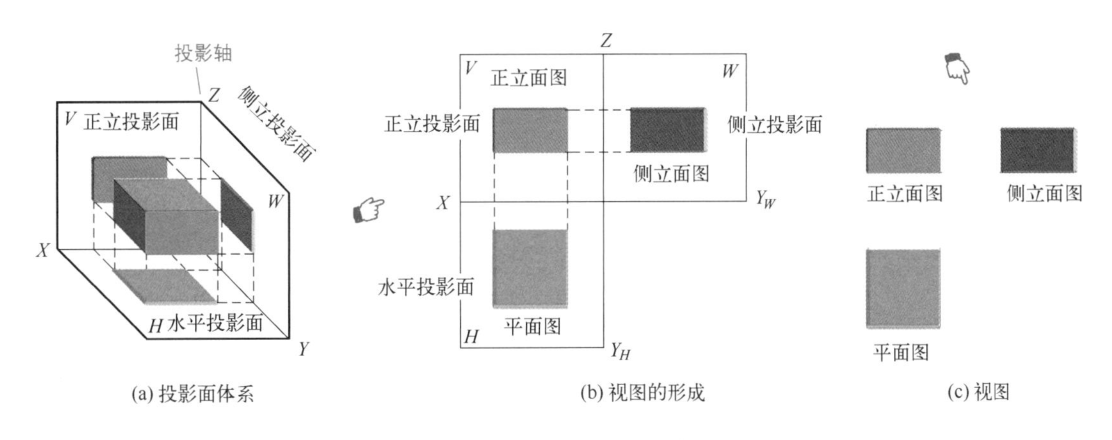

(a) 投影面体系　(b) 视图的形成　(c) 视图

图 2-8　**三面正投影的形成**

2.1.9　识读形体的三面正投影

三面正投影图间的规律：长对正，高平齐，宽相等。三面正投影图，即平面图、正立面图、侧立面图。

识读形体的三面正投影时，应根据三面正投影图间的规律、绘图时的展开布置特点以及三个投影面的折叠体系，综合得到物体、形体的外观和结构。

识读形体的三面正投影的方法如图 2-9 所示。

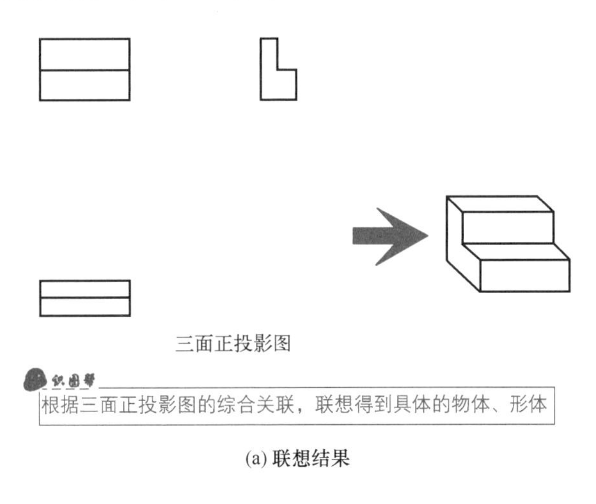

(a) **联想结果**

图 2-9

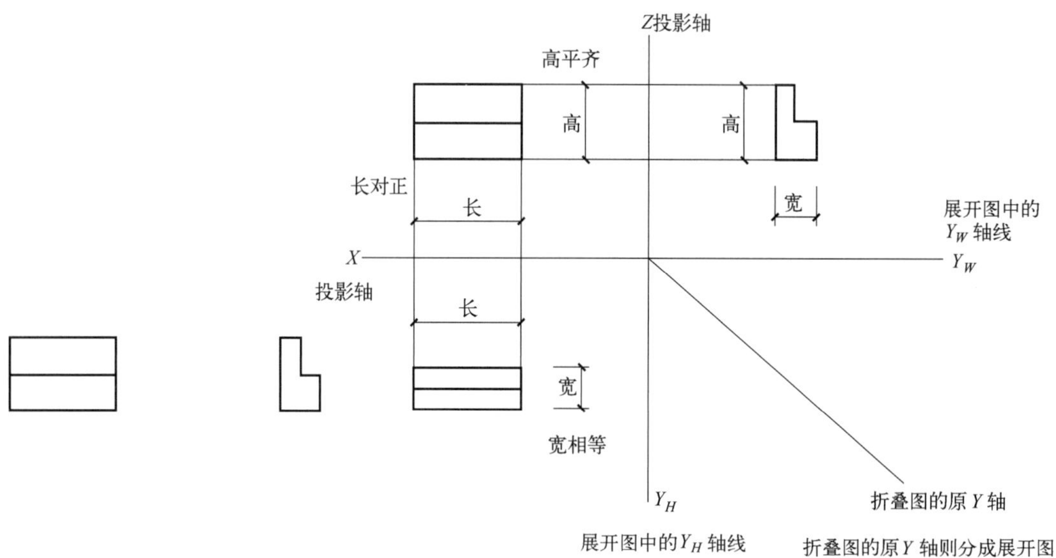

(b) 三面正投影图

(c) 建立折叠关系

联想到三个投影面的折叠

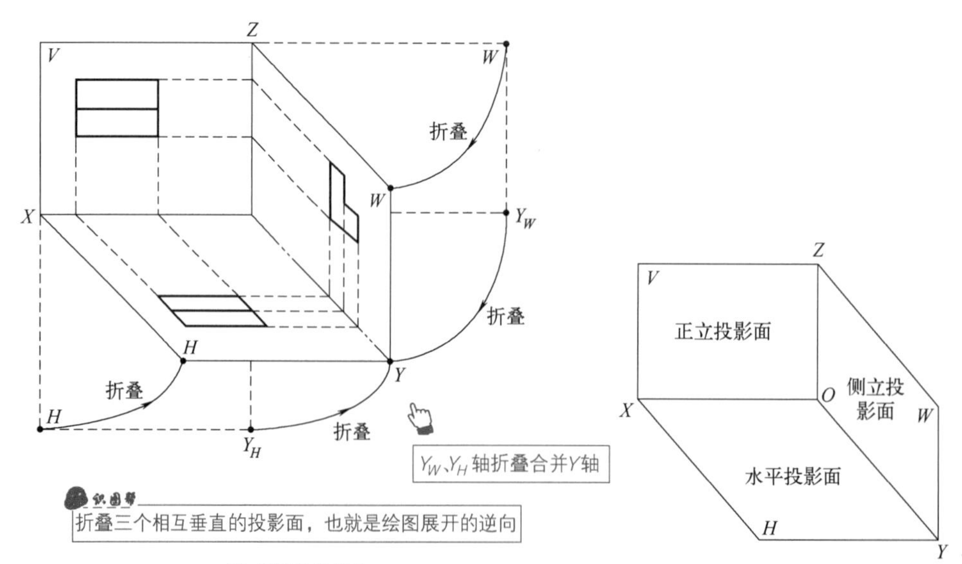

(d) 投影面的折叠

三个相互垂直的投影面，称为三面投影体系。
形体在这三面投影体系中的投影，称为三面正投影图

图 2-9

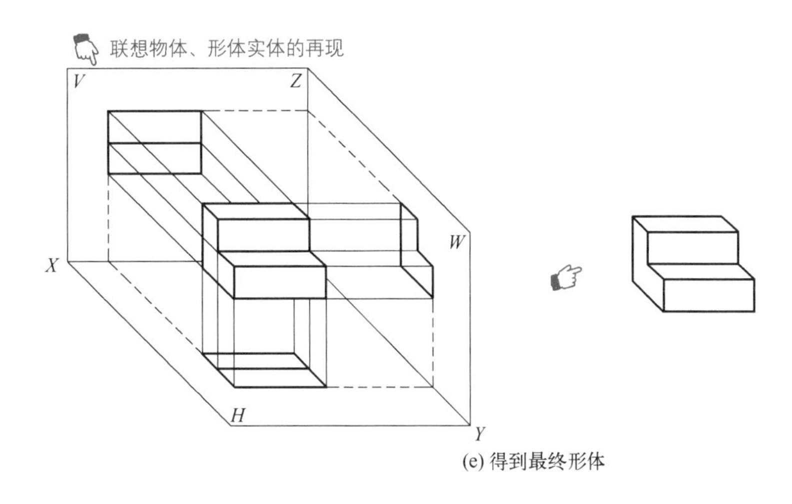

(e) 得到最终形体

图 2-9 识读形体的三面正投影

2.1.10 识读形体的三面正投影图的技巧

（1）识读三面正投影图中的关键面投影：不断重复识读该关键面的投影，重复识读时的长度、宽度参看其他两个投影。如果需要变化，则也需要看其他两个投影来决定。

（2）把三面正投影中的三面投影根据长对正、高平齐、宽相等合并对应边，然后根据关联构想实际的物体、形体。

识读形体的三面正投影图的技巧，如图 2-10 所示。

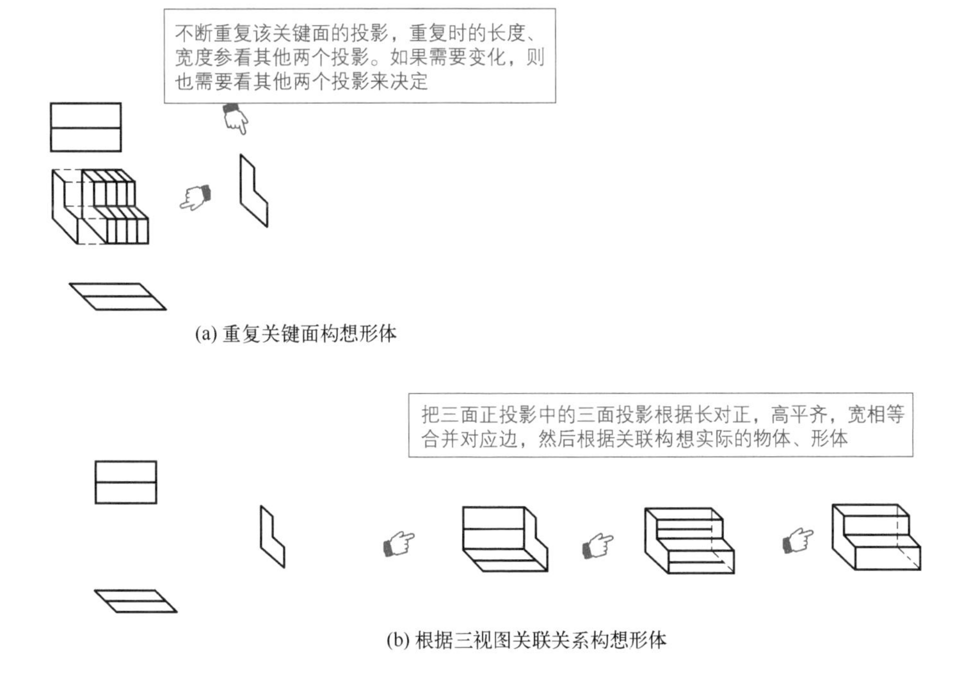

(a) 重复关键面构想形体

(b) 根据三视图关联关系构想形体

图 2-10 识读形体的三面正投影图的技巧

2.1.11 识读某同坡屋面的三视图

识读某同坡屋面的三视图的分析如下。

（1）该同坡屋面三视图没有提供具体尺寸，则具体各脊、沟、交点等需要结合其他图来综合确定。

（2）根据该同坡屋面三视图，可以确定其立体图外貌。可以根据三视图相关线来联想综合得到立体图。

识读该同坡屋面的三视图时，可以首先“无视”各节点编号，然后根据三视图的长宽高对应关系，以及重要节点对应关系“构造”立体实物，如图 2-11 所示。

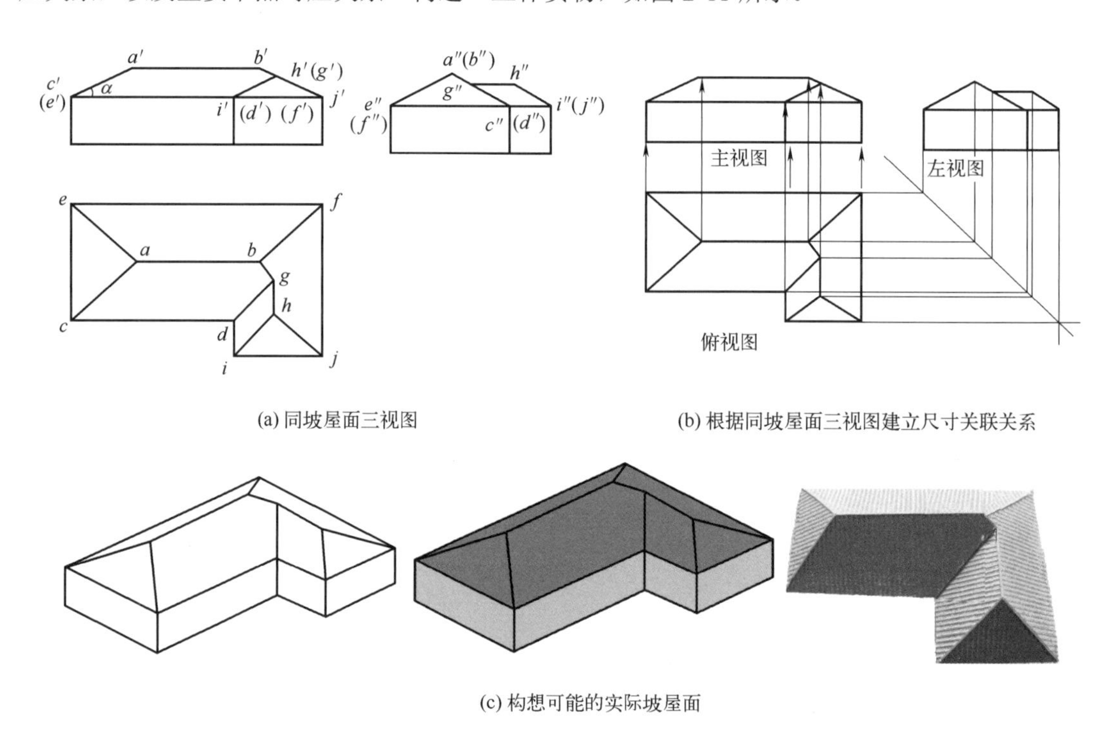

(a) 同坡屋面三视图 (b) 根据同坡屋面三视图建立尺寸关联关系

(c) 构想可能的实际坡屋面

图 2-11 识读某同坡屋面的三视图

2.1.12 多面正投影图与视图配置

六个正投影图（视图）为：正立面图、平面图、左侧立面图、右侧立面图、底面图、背立面图。工程上有时也称这六个基本视图为主视图（对应正立面图）、俯视图（对应平面图）、左视图（对应左侧立面图）、右视图（对应右侧立面图）、仰视图（对应底面图）、后视图（对应背立面图）。

六个正投影图如图 2-12 所示。

2.1.13 多面正投影图的实例

多面正投影图实例图解如图 2-13 所示。

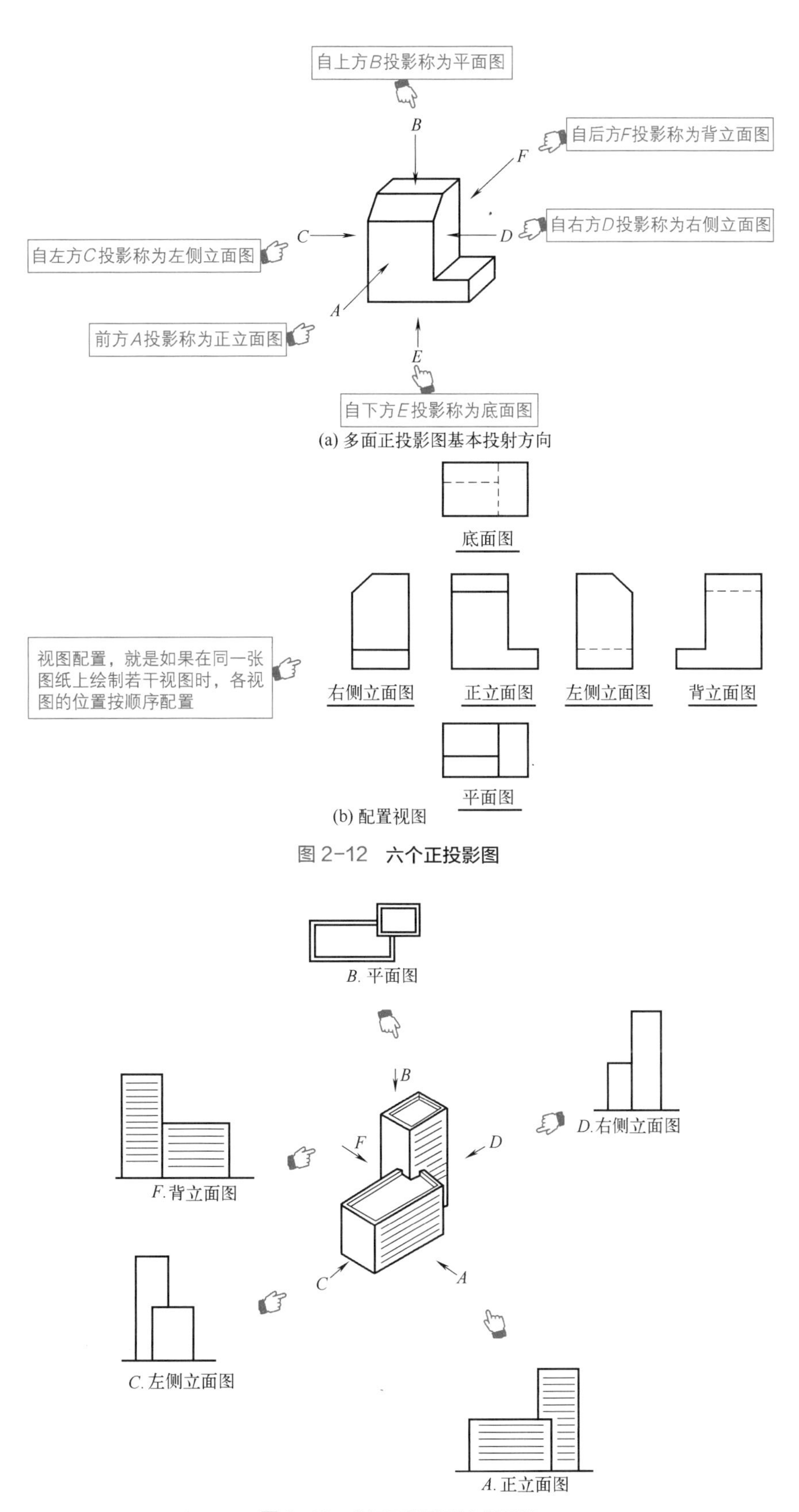

(a) 多面正投影图基本投射方向

(b) 配置视图

图 2-12 **六个正投影图**

图 2-13 **多面正投影图实例图解**

2.1.14 多面正投影图的展开与投影对应关系

多面正投影图的展开与投影对应关系如图 2-14 所示。六个基本投影面的尺度对应关系仍遵守投影的“三等”规律。

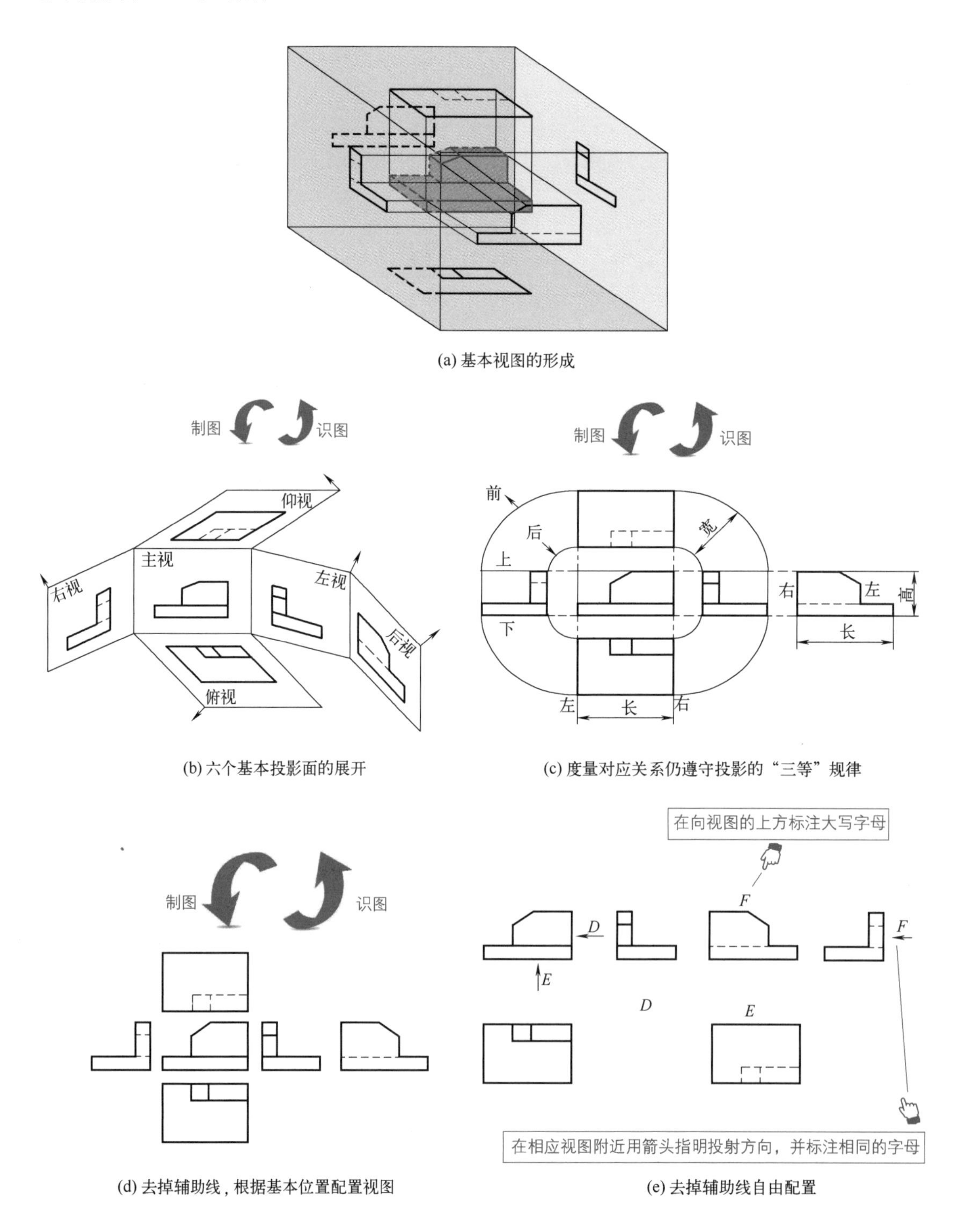

图 2-14 多面正投影图的展开与投影对应关系

2.1.15 基础组合形体的类型

组合体的类型有叠加型组合形体、截割型组合形体、综合型组合形体等，如图 2-15 所示。

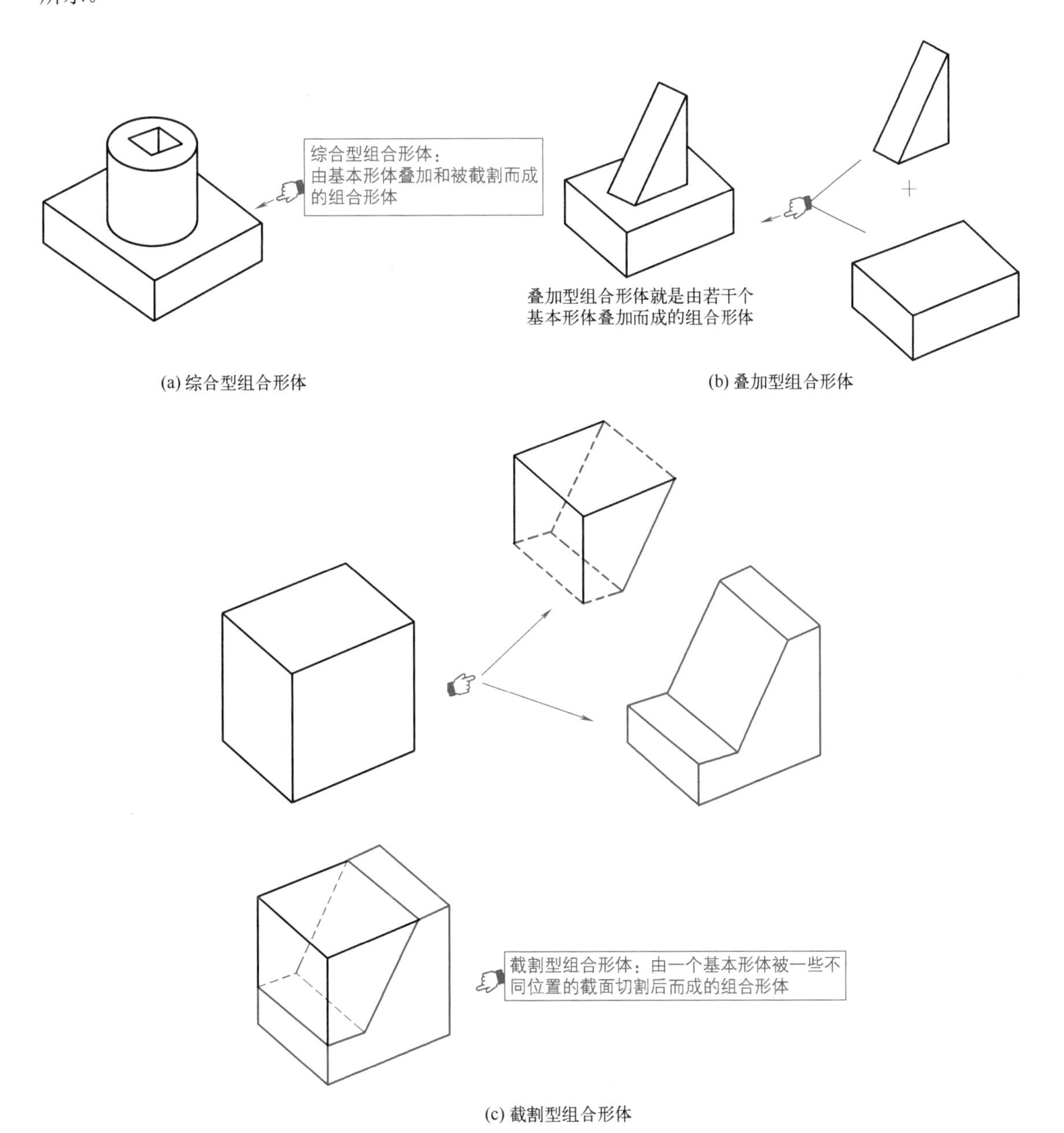

(a) 综合型组合形体

(b) 叠加型组合形体

(c) 截割型组合形体

图 2-15 **组合体的类型**

2.1.16 叠加法识读基础组合形体

组合体的作图方法有叠加法、截割法、综合法、坐标法等。叠加型组合体的识读，可以先识读基本形体，再识读叠加，如图 2-16 所示。

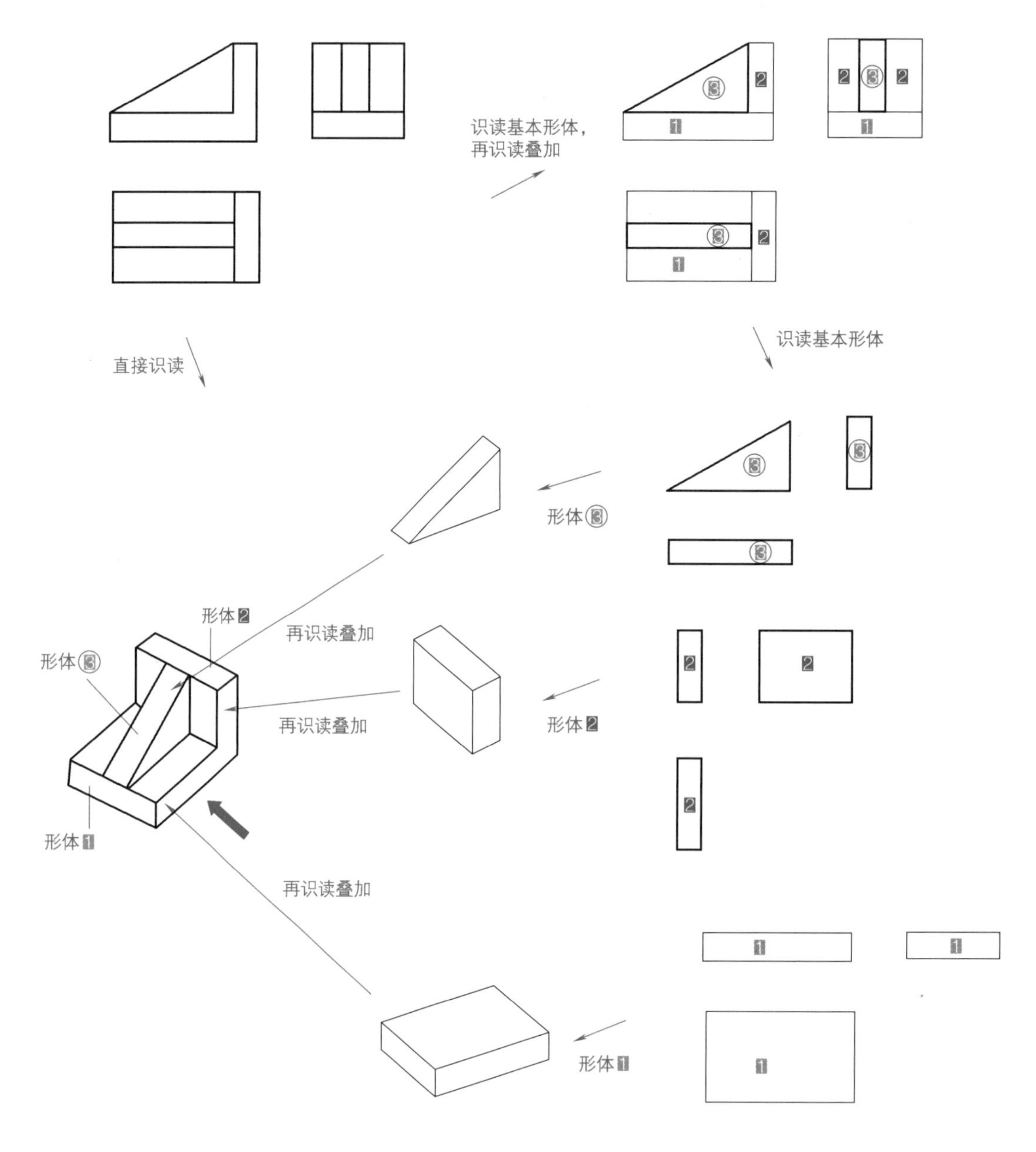

图 2-16 **叠加法识读基础组合形体**

2.1.17 截割法识读基础组合形体

截割法组合体的识读：如果截割的形体容易理解，则可以先识读出截割前的形体，然后减去截割部分，得到剩余的形体，如图 2-17 所示。

2.1.18 识读容易混淆的一组基础组合形体

识读基础组合形体时，应会根据平面图组合实物模样。但应注意，共面与不共面的叠加组合，其视图是有细微差异的，如图 2-18 所示。

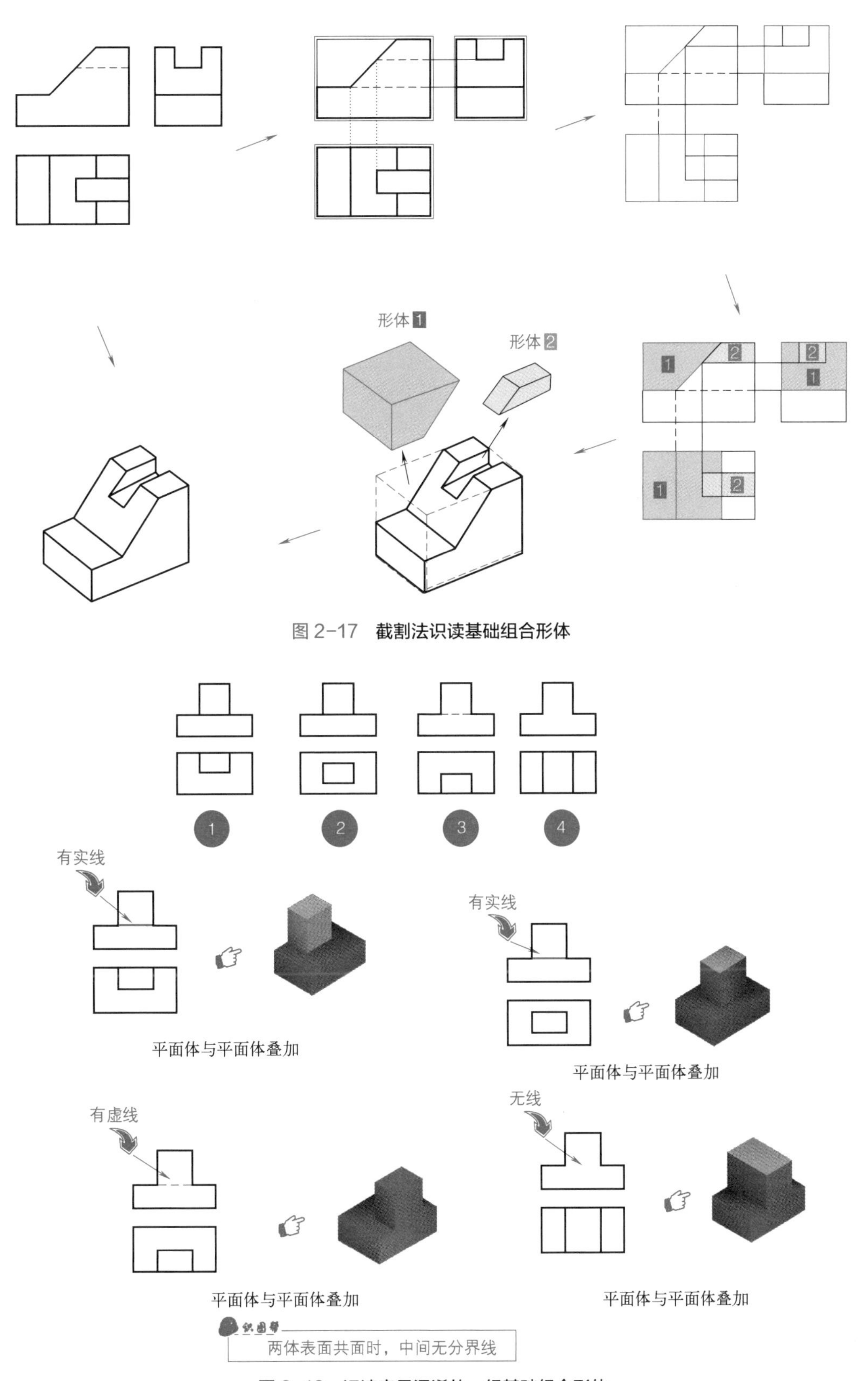

图 2-17 **截割法识读基础组合形体**

图 2-18 **识读容易混淆的一组基础组合形体**

2.1.19 看图理解轴测图

轴测图具有一定的立体感与直观性，其常作为工程上的辅助性图。

用平行投影法绘制的轴测图有一定的度量性、立体感，但是不符合视觉真实感受，让人觉得有变形。

轴测图如图 2-19 所示。

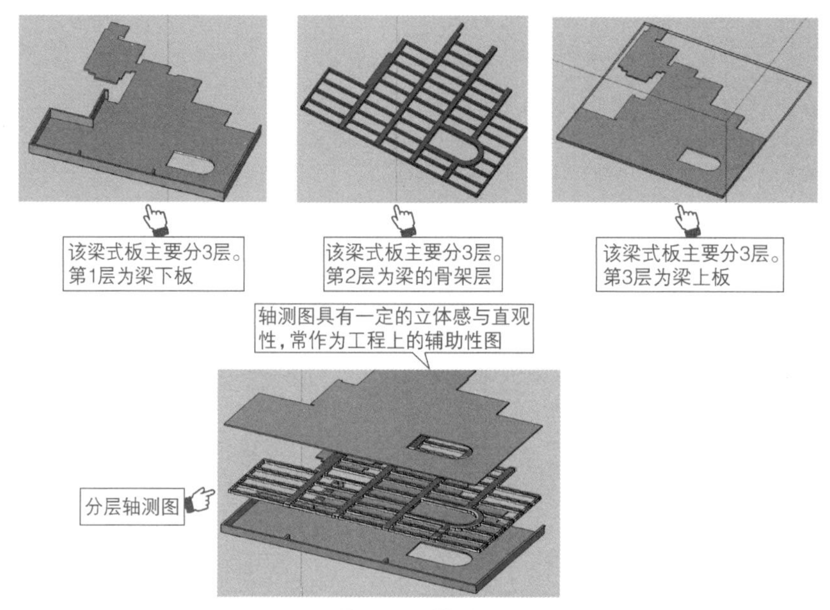

图 2-19 **轴测图**

2.1.20 看图理解透视图

当人观察物体时，观察点、物体、画面就建立了一个投影关系。当人站在一个固定位置上观察物体时，眼睛与物体上各点的每一条连线都与画面有一个交点，在画面上把这些交点连接起来就形成了物体的透视轮廓图。

透视图具有图形逼真、具有良好的立体感等特点，常作为设计方案、展览用的直观图。用中心投影法绘制的透视图符合真实视觉效果，适合方案效果的展示与交流，但是没有严谨准确的尺寸可供度量。

透视图，可以分为一点透视、两点透视、三点透视。一点透视，也称为平行透视。两点透视，也称为成角透视。三点透视，也称为斜透视。

透视图如图 2-20 所示。

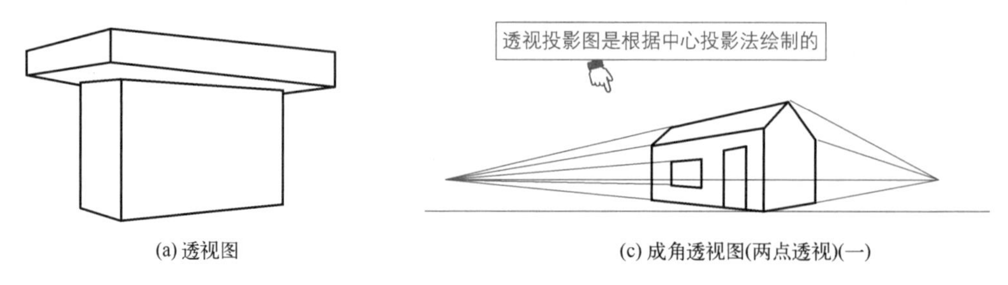

(a) 透视图　　(c) 成角透视图(两点透视)(一)

图 2-20

(b) 建筑透视图

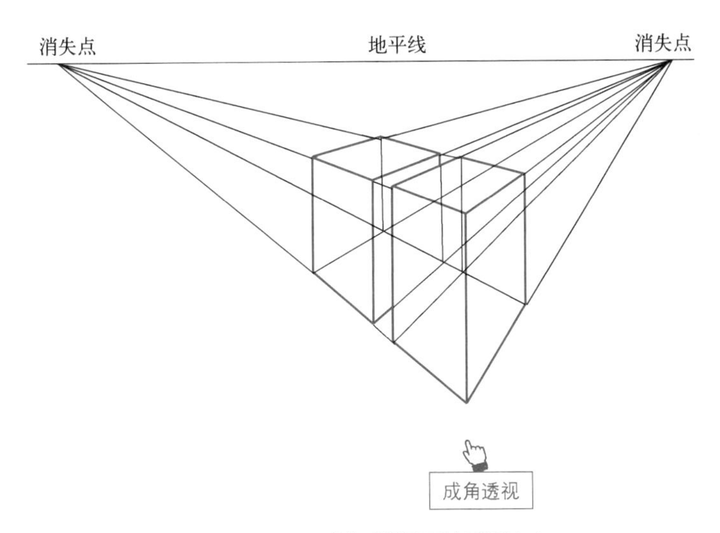

(d) 成角透视图(两点透视)(二)

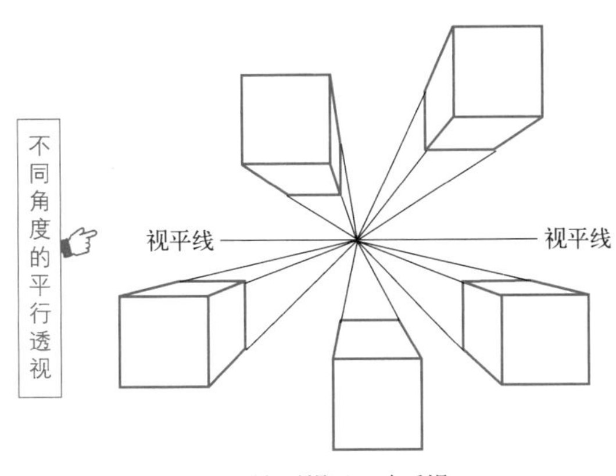

(e) 平行透视图(一点透视)

图 2-20 **透视图**

2.1.21 看图理解标高投影图

标高投影图，是在一个水平投影面上标有高度数字的正投影图。标高投影图常用来绘制地形图、道路、水利工程等方面的平面布置图样。

标高投影图如图 2-21 所示。

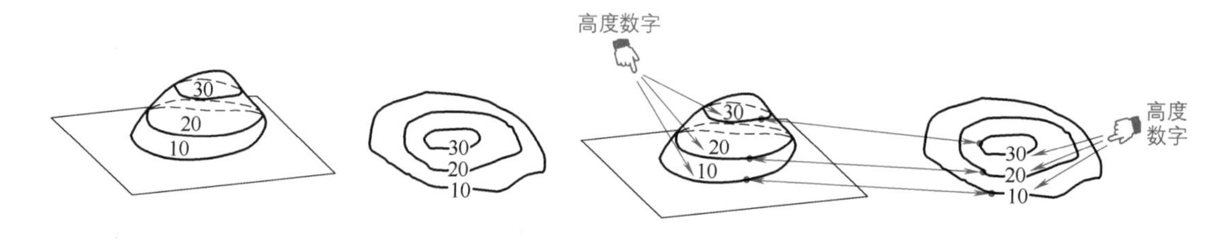

图 2-21 标高投影图

2.2 建筑图纸图幅与标注

2.2.1 图纸幅度

图纸幅面，就是图纸本身的大小规格。图框，就是图纸上所供绘图的范围的边线。

图纸幅面如图 2-22 所示。

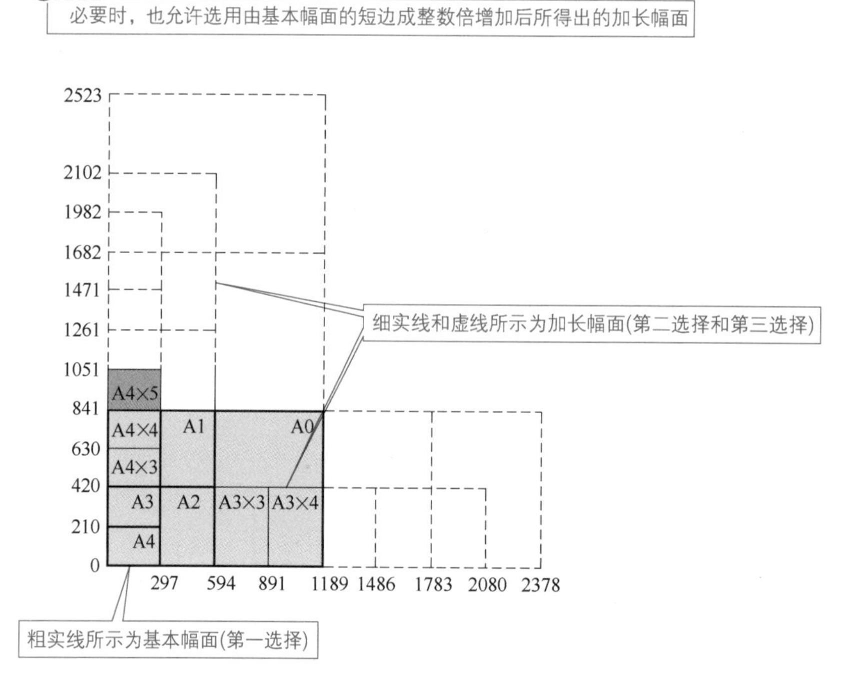

图 2-22 图纸幅面（单位：mm）

2.2.2 横式幅面与立式幅面

图纸幅面，可以分为横式幅面与立式幅面，如图 2-23 所示。

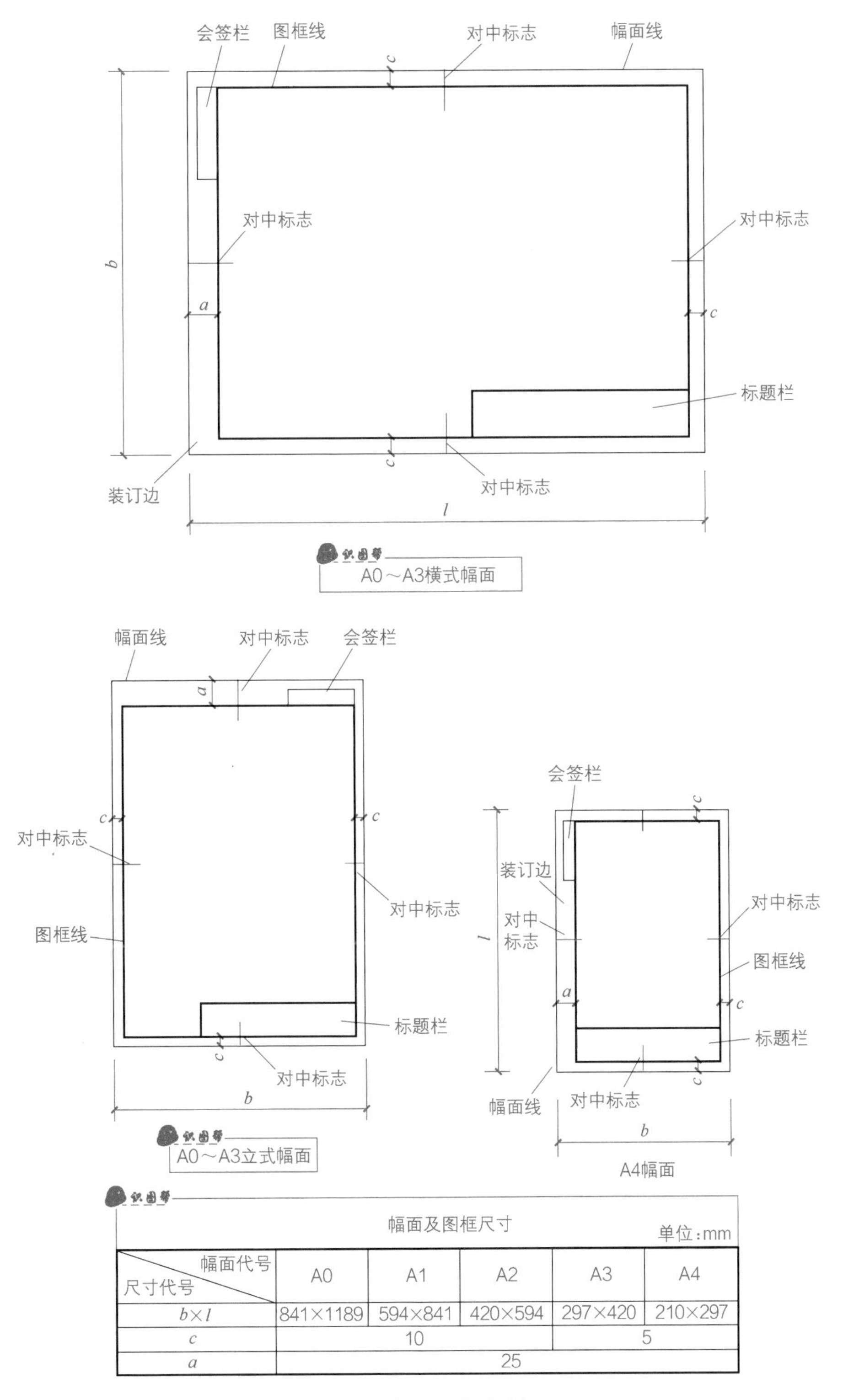

幅面代号 尺寸代号	A0	A1	A2	A3	A4
$b \times l$	841×1189	594×841	420×594	297×420	210×297
c	10			5	
a	25				

图 2-23 **横式幅面与立式幅面**

2.2.3 各种线型与其应用示例

建筑形体的层次关系，也就是体块关系、远近关系可以通过线条的粗细、深浅来表现。图的比例较小时，可以将平面图与剖面图中的剖断面填充灰色或黑色来表达。表达可见部分时，如果要画出表面材质线，也可以用比可见线更细一个等级的线来表达。

各种线型与其示例如图 2-24 所示。

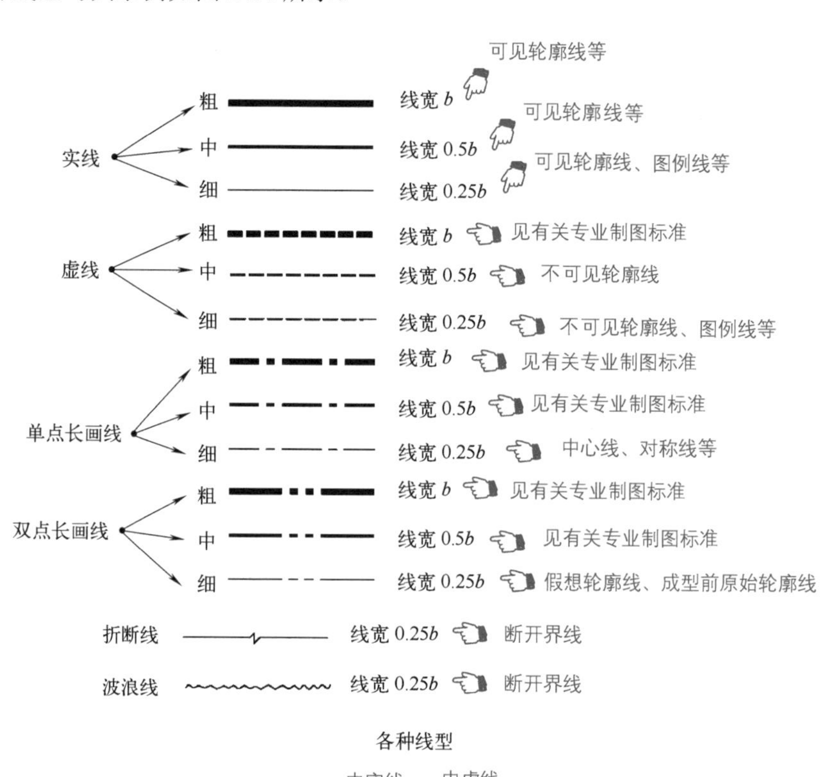

各种线型

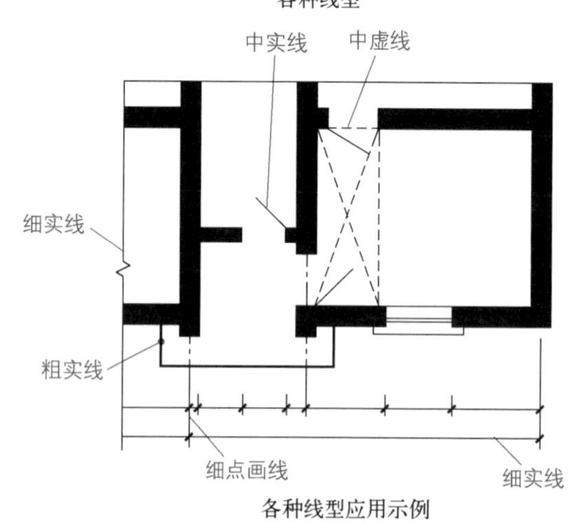

各种线型应用示例

图 2-24 **各种线型与其应用示例**

2.2.4 尺寸的组成

物体的真实大小以图样上所标注的尺寸数值为依据，与图形的大小、绘图的准确度无关。

尺寸的组成：尺寸界线（细实线）、尺寸线（细实线）、尺寸数字、尺寸起止符号等，如图 2-25 所示。

尺寸的单位：如果图样中的尺寸以 mm 为单位时，则尺寸不需要标注计量单位的代号或名称。如果采用其他单位，则必须注明相应计量单位的代号或名称，或者在有关说明中说明。

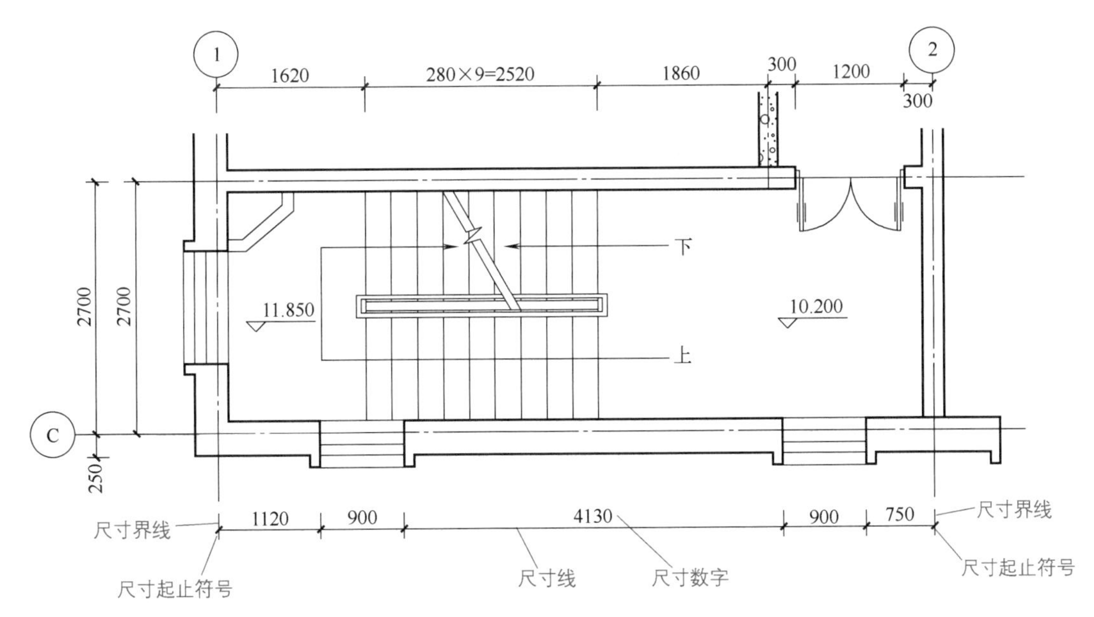

图 2-25 **尺寸的组成**

2.2.5 定位轴线

除了定位轴线以外的网格线均称为定位线，它用于确定模数化构件的尺寸。模数化网格可以采用单轴线定位、双轴线定位，或者二者兼用，具体根据建筑设计、施工、构件生产等条件综合来确定。连续的模数化网格可采用单轴线定位。当模数化网格需加间隔而产生中间区时，可采用双轴线定位。

定位轴线，就是用来确定房屋主要结构或构件的位置及其尺寸的基线。定位轴线间的距离，应符合模数数列的规定。

（1）横向轴线：平行于建筑物宽度方向设置的轴线，用以确定横向墙体、柱、梁、基础的位置。

（2）纵向轴线：平行于建筑物长度方向设置的轴线，用以确定纵向墙体、柱、梁、基础的位置。

（3）附加定位轴线：主要用于次要承重构件处的附加定位。

（4）开间：两相邻横向定位轴线间的距离。

（5）进深：两相邻纵向定位轴线间的距离。

平面定位轴线编号原则：水平方向采用阿拉伯数字，从左向右依次编写；垂直方向采用大写拉丁字母，从下至上依次编写，其中 I 、O、Z 不得使用，避免同 1 、0、2 混淆。

定位轴线如图 2-26 所示。

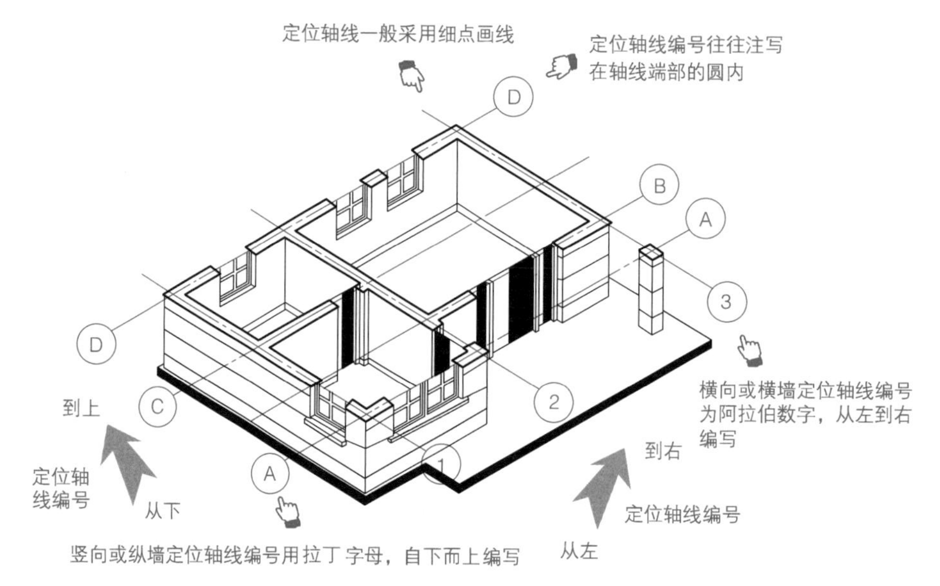

图 2-26 **定位轴线**

2.2.6 比例

比例，是指图上尺寸与实际相对应的尺寸的比值，常用 1 ∶ ×× 表示。

图的比例大小会影响图表达的深度，图比例越大越能表达图的细节。例如，1 ∶ 100 的意思是：图上 1cm 的距离表示实际 100cm，即 1m 的距离。

根据绘图比例的不同，表达的深度也不同。不同的比例，则同一实体图例可能不同。例如在砖墙的构造图中，不同比例的图例不同，如图 2-27 所示。

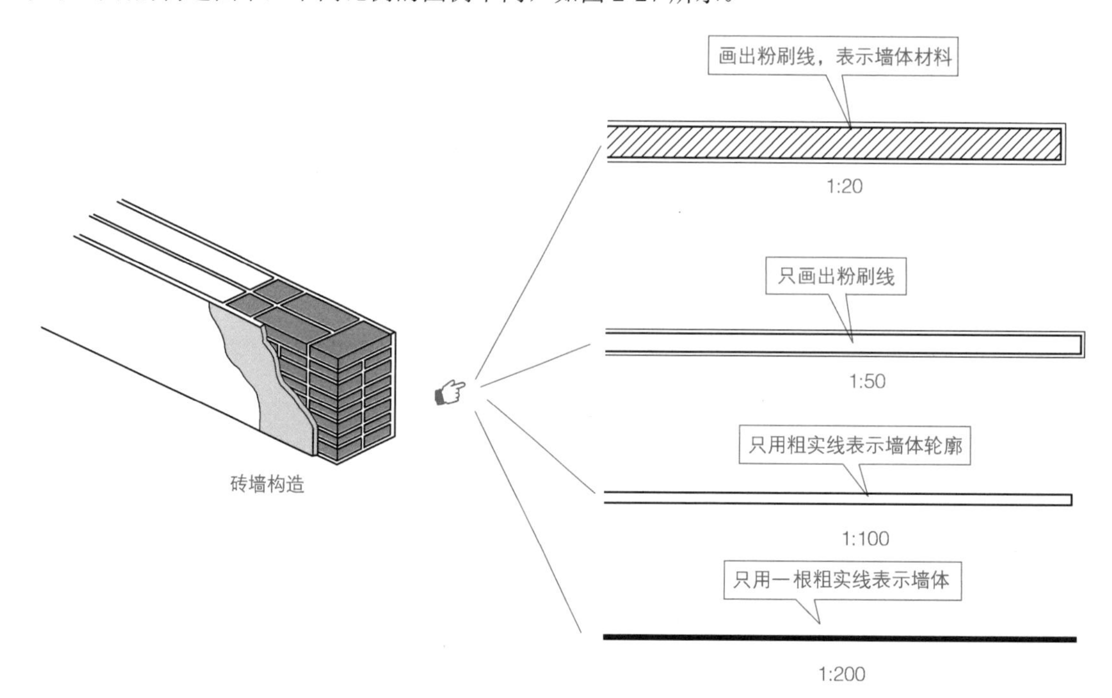

图 2-27 **比例不同深度不同、实体图例不同**

2.2.7 索引符号

索引符号的“圆”一般是用细实线画的。索引符号的形式有多种，例如详图绘制在本张图纸上的详图编号、详图绘制在别张图纸的详图编号、详图绘制在标准图集的详图编号、局部剖切详图索引符号等，如图 2-28 所示。

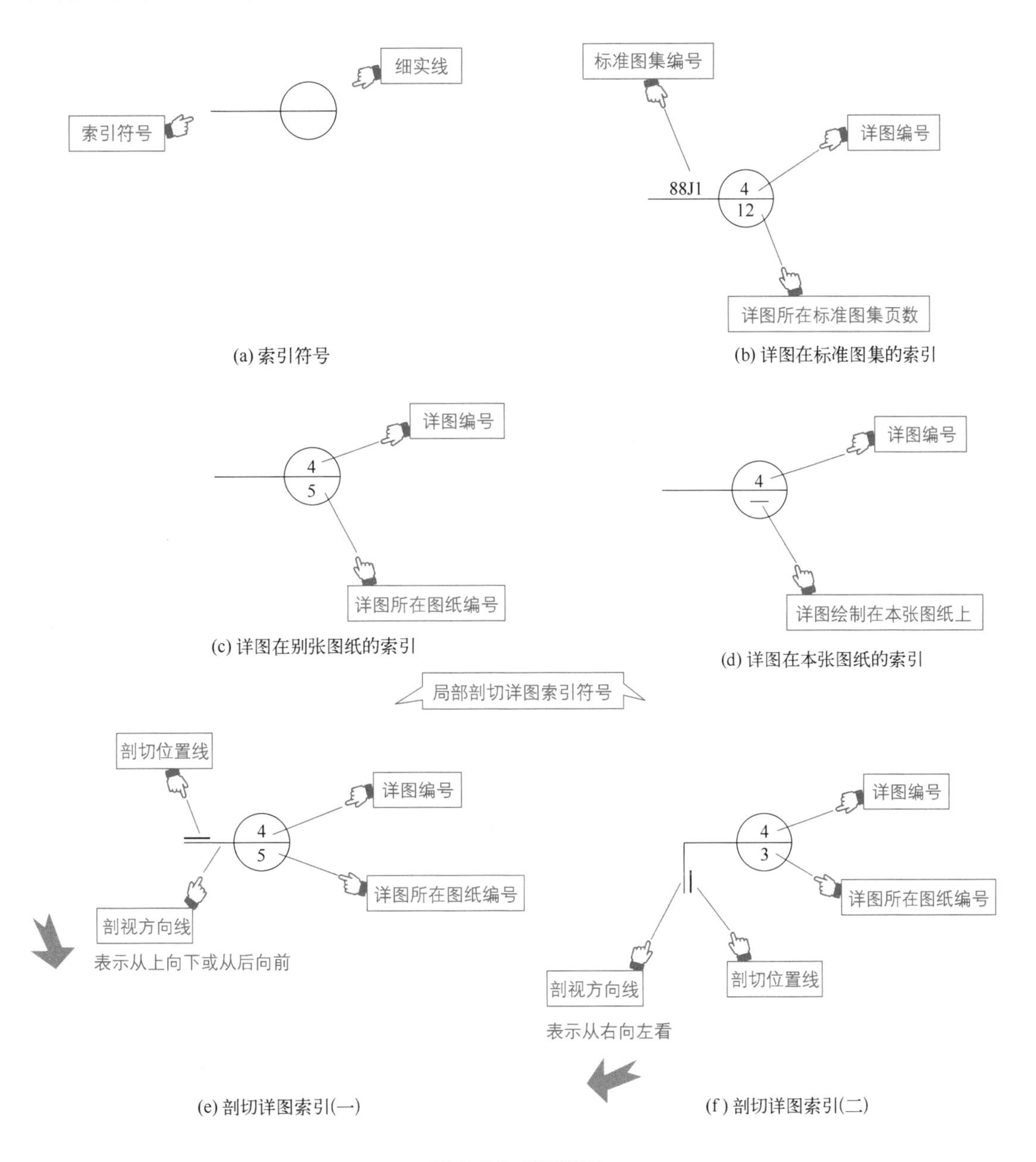

图 2-28 **索引符号**

2.2.8 某钢结构厂房索引符号的识读

某钢结构厂房索引符号的识读如图 2-29 所示。

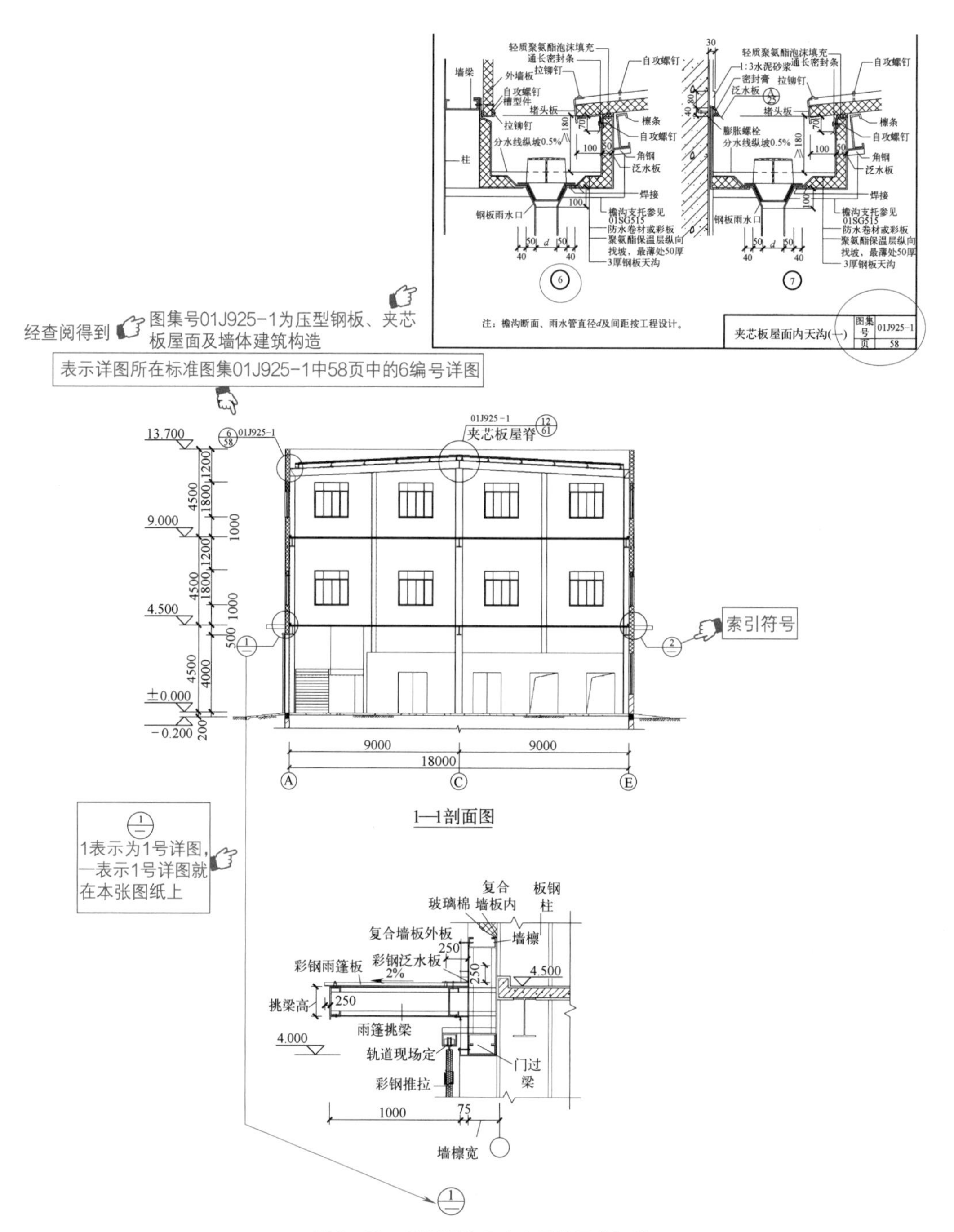

图 2-29　某钢结构厂房索引符号的识读

2.2.9　标高特点与种类

标高，就是标注建筑物某一部位高度的一种尺寸形式。标高符号有个体建筑标高、总平面图标高、绝对标高、相对标高等种类。

（1）绝对标高，就是我国把青岛市附近的黄海海平面作为零点所测定的高度尺寸。

（2）相对标高，就是标高的基准面是根据工程需要而自行选定的。一般把房屋底层室内的主要地面定为相对标高的零点。相对标高分为：建筑标高、结构标高。

标高符号的尖端一般是指到被注高度的位置。

标高特点与种类如图 2-30 所示。

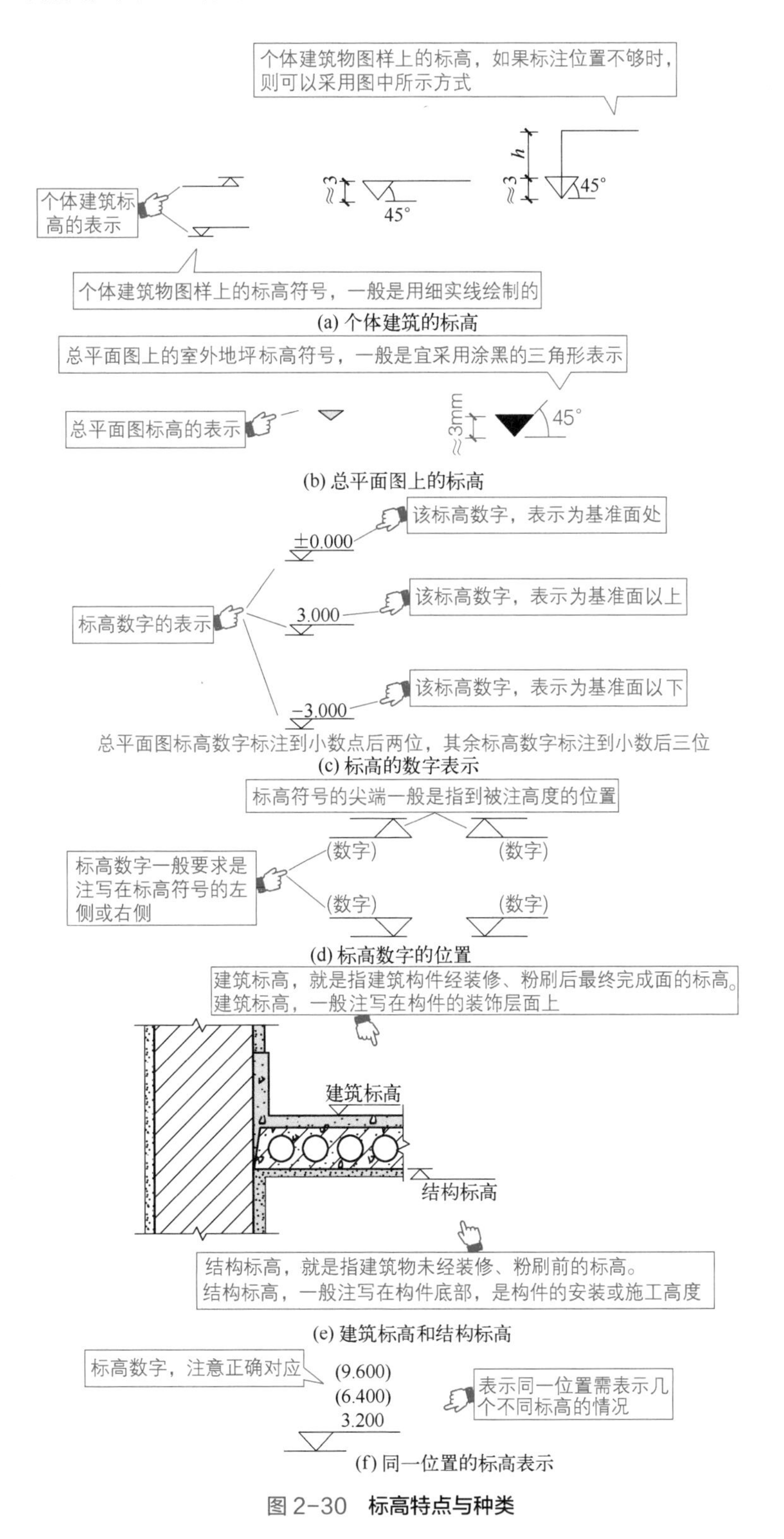

图 2-30 **标高特点与种类**

2.2.10 某别墅建筑标高的识读

某别墅建筑标高的识读如图 2-31 所示。

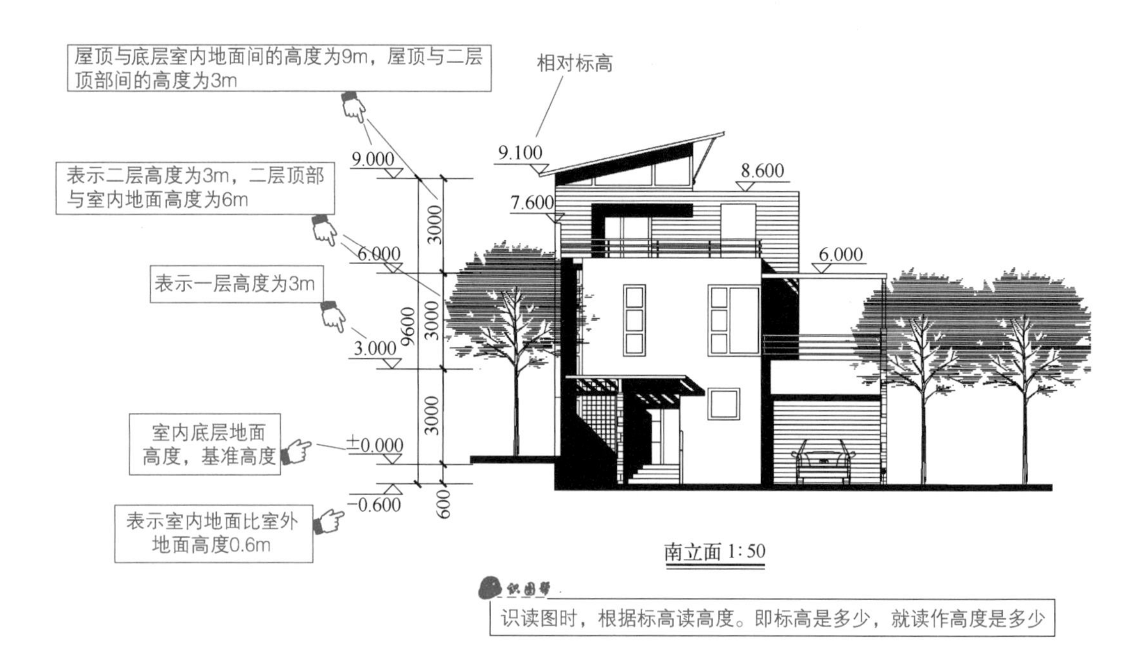

图 2-31 某别墅建筑标高的标高

2.3 建筑剖面图与断面图

2.3.1 剖面图及其数量

剖面图，就是假想用剖切平面剖开物体，将处在观察者与剖切平面间的部分移去，而将其余部分向投影面投射所得的图形。

剖面图中剖切到的轮廓一般是用实线表示的。为了使图形更加清晰，剖面图形中一般不画虚线。

剖切位置线是表示剖切平面的剖切位置的。剖视方向线是表示剖切形体后向哪个方向作投影的。

剖面图的剖切是假想的，所以在剖面图以外的投影图仍是以完整形体为依据的。由于剖切是假想的，所以每次剖切都是在形体保持完整的基础上的剖切。

剖面图的数量，原则是以较少的剖面图来反映尽可能多的内容。具体剖面图的数量选择，通常与形体的复杂程度有关。较简单的形体一般是只画一个即可，较复杂的则会画多个剖面图。

剖面图本身不能反映剖切平面的位置，需要在其他投影图上标出剖切平面的位置与剖切形式。为此，想掌握剖面图的位置，需要阅读其关联图。

剖面图的形成及其数量如图 2-32 所示。

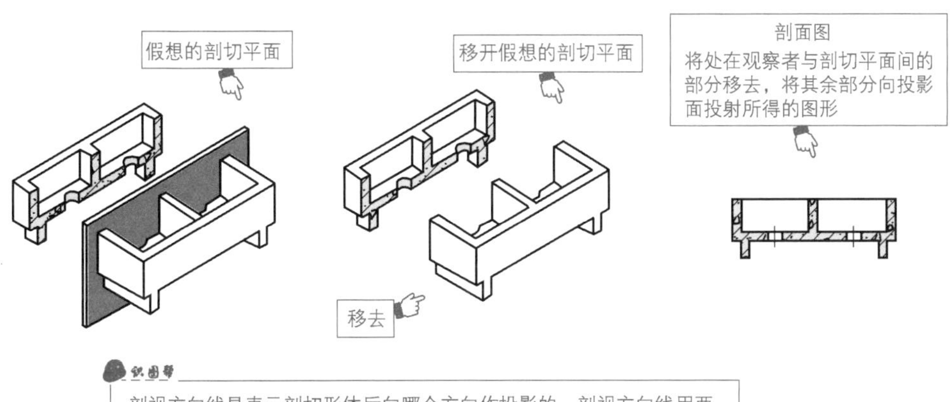

识图帮

剖视方向线是表示剖切形体后向哪个方向作投影的。剖视方向线用两段粗实线绘制。剖面剖切符号不宜与图面上的图线相接触

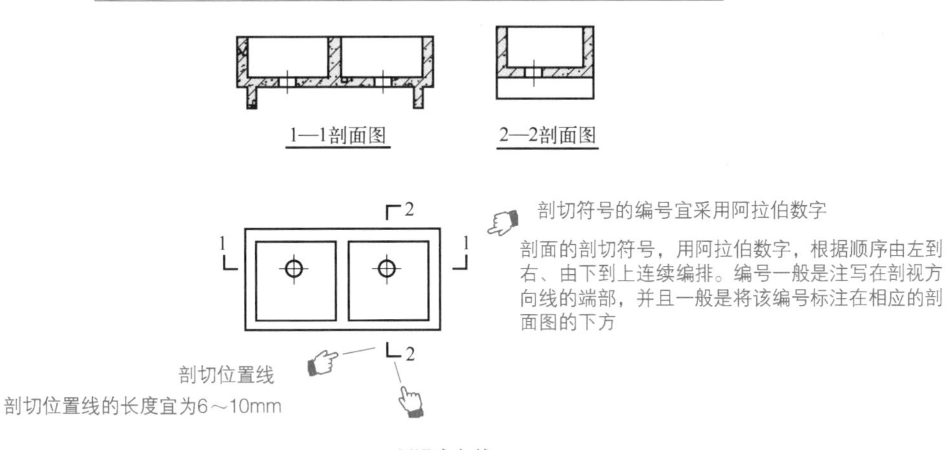

剖视方向线

剖视方向线应垂直于剖切位置线，长度应短于剖切位置线，宜为4～6mm

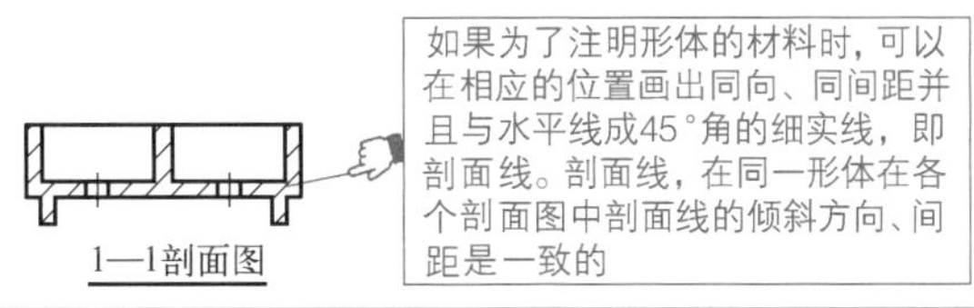

需要转折的剖切位置线，在转折处如与其他图线发生混淆，则会在转角的外侧加注与该符号相同的编号

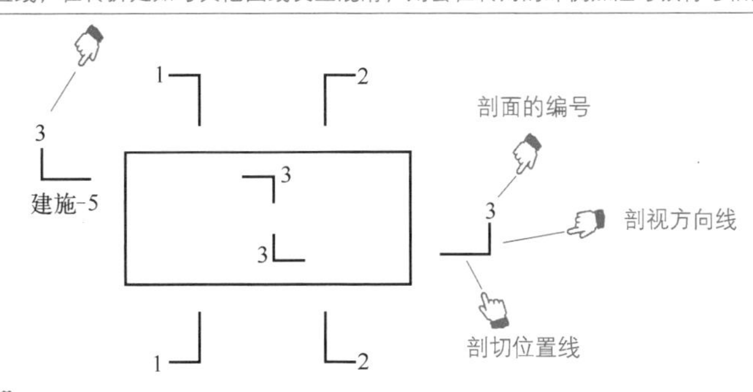

识图帮

通常对下列剖面图不标注剖面剖切符号：通过门、窗洞口位置剖切房屋，所绘制的建筑平面图；通过形体(或构件配件)对称平面、中心线等位置剖切形体，所绘制的剖面图

图2-32 **剖面图的形成及其数量**

2.3.2 建筑剖面图的形成

建筑剖面图主要是表示房屋的内部结构、分层情况、各层高度、楼面构造、地面构造以及各配件在垂直方向的相互关系等内容。

建筑剖面图的剖切位置，一般是选在能够反映内部构造的部位，并且往往是能通过门窗洞口与楼梯间的部位。

剖面图的投影方向及视图名称，一般与平面图上的标注是保持一致的。

建筑剖面图的形成如图 2-33 所示。

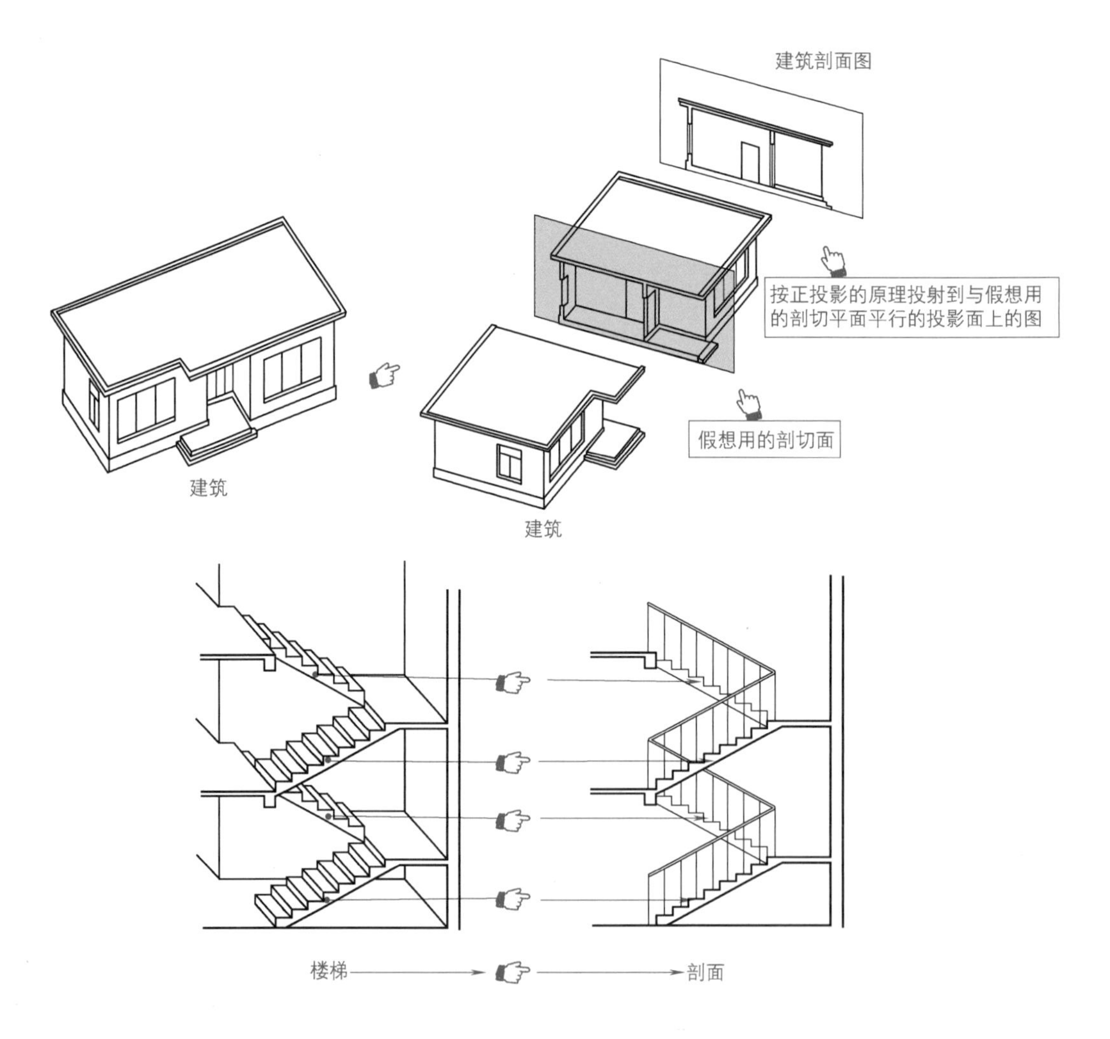

图 2-33 **建筑剖面图**

2.3.3 某建筑剖面图的识读

识读建筑剖面图，应先建立起建筑内部的空间关系。了解建筑屋面的构造、屋面坡度的形成。了解墙体、梁等承重构件的竖向定位关系。了解建筑构件配件间的搭接关系。

某建筑剖面图的识读如图 2-34 所示。

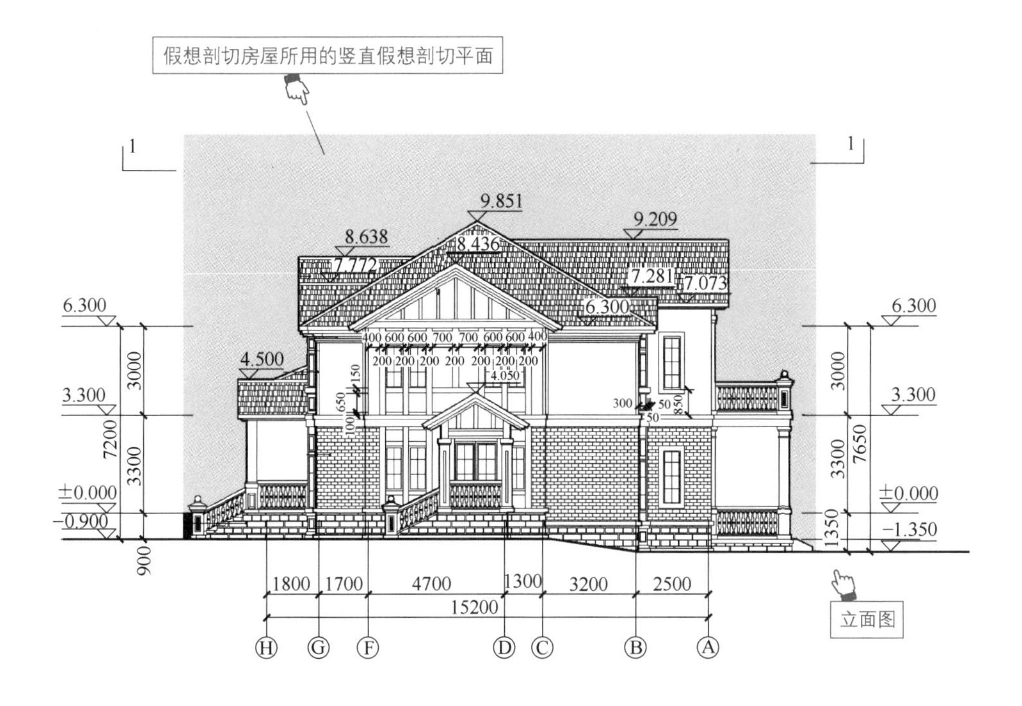

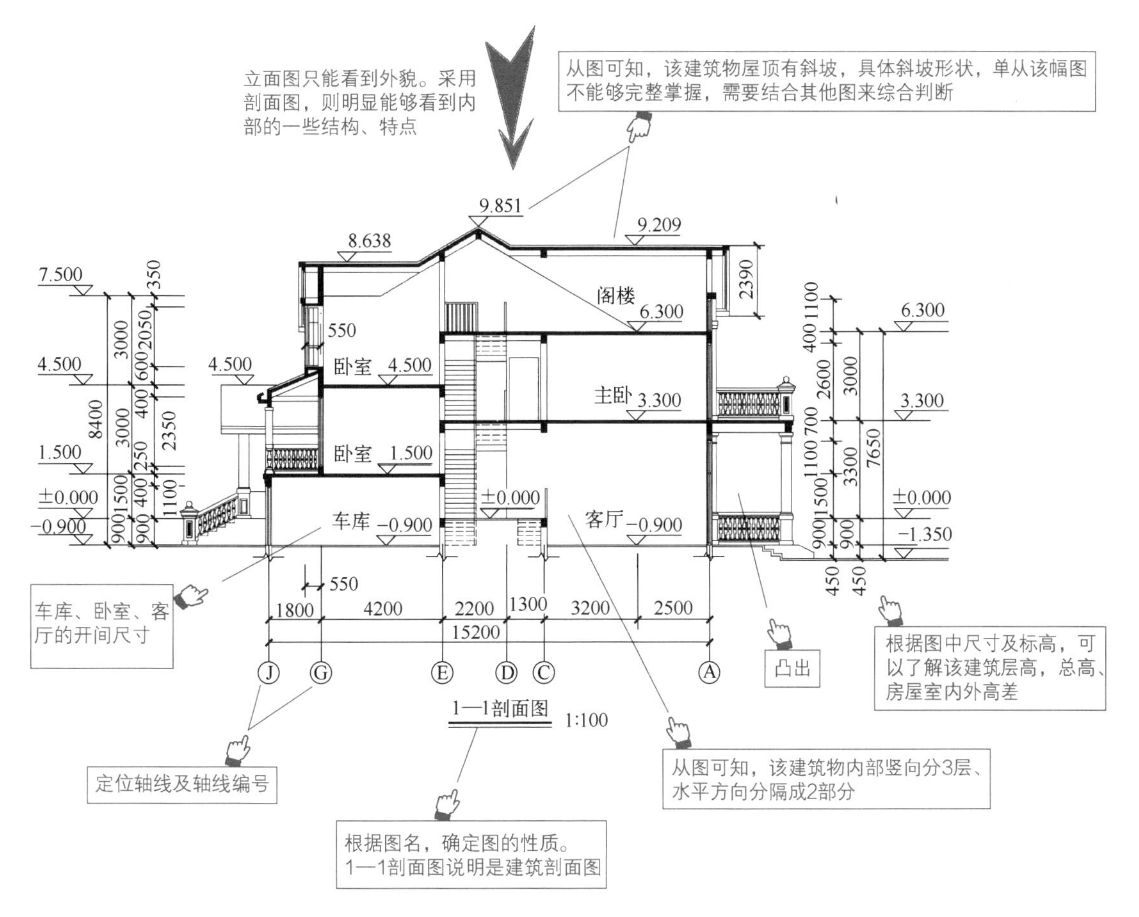

图 2-34 **某建筑剖面图的识读**

2.3.4 剖面图的种类

剖面图的种类有全剖面图、阶梯剖面图、展开剖面图、局部剖面图、分层剖面图等。

（1）全剖面图：就是用一个剖切平面剖切的剖面图。

（2）阶梯剖面图：就是用两个或两个以上互相平行的剖切平面剖切的剖面图。

（3）展开剖面图：就是用两个相交剖切面剖切的剖面图。

（4）局部剖面图：就是用剖切平面局部地剖开物体所得的剖面图。

（5）分层剖面图：就是用几个互相平行的剖切平面分别将物体局部剖开，把几个局部剖面图重叠画在一个投影图上，并且用波浪线将各层的投影分开的剖面图。

（6）半剖剖面图：就是一半画成剖面图，另一半仍保留外形投影图的剖面图。

剖面图的种类如图 2-35 所示。

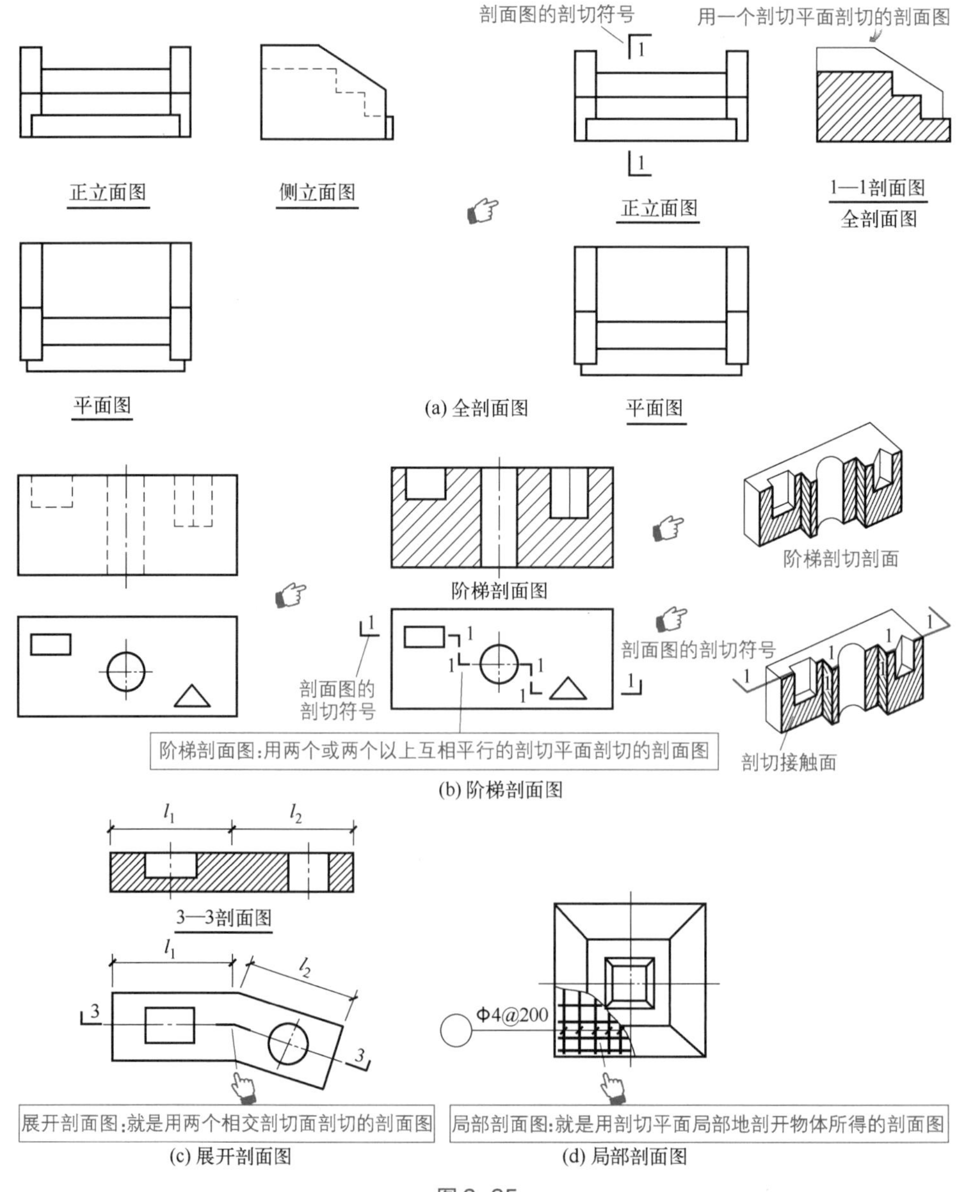

图 2-35

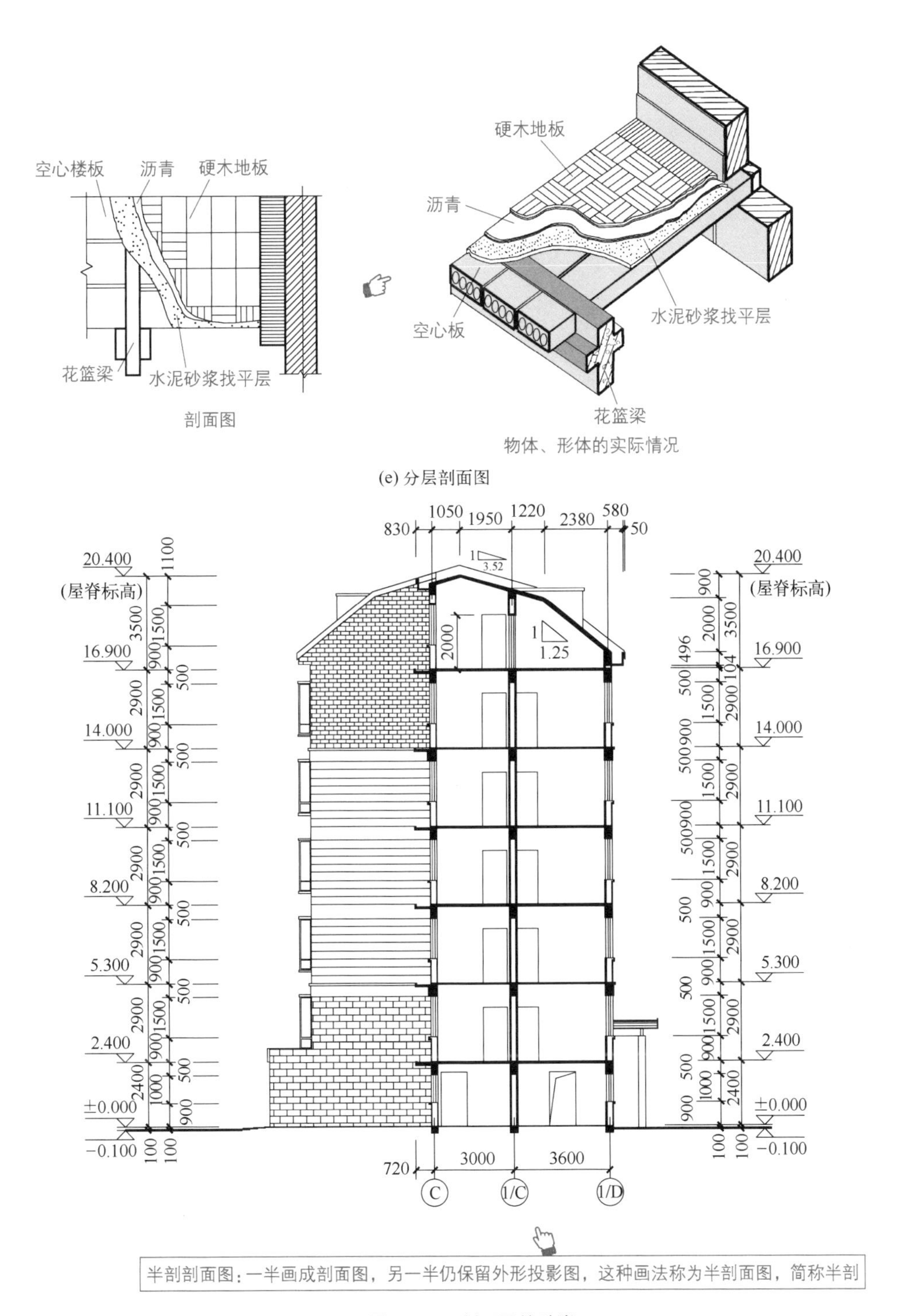

图2-35 **剖面图的种类**

2.3.5 断面图的形成

假想用剖切平面将物体切断，仅画出该剖切面与物体接触部分的图形，并且在该图形内画上相应的材料图例，这样的图形叫作断面图。

剖面图与断面图的关系为：剖面图包含断面图，断面图是剖面图的一部分。

断面图的形成如图 2-36 所示。

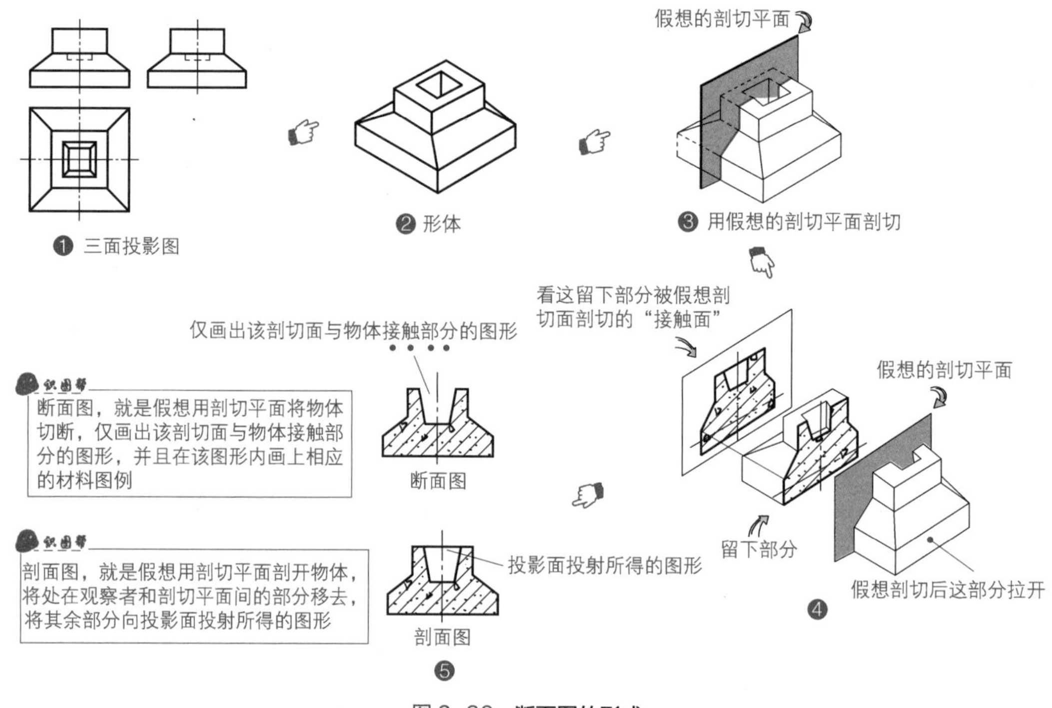

图 2-36 **断面图的形成**

2.3.6 断面图的剖切符号

断面图的剖切符号只用剖切位置线来表示。

断面图的剖切位置线是用粗实线绘制的，长度为 6 ～ 10mm。断面图剖切符号的编号宜采用阿拉伯数字。断面图剖切符号的编号所在的一侧是为该断面的剖视方向。

断面图的剖切符号如图 2-37 所示。

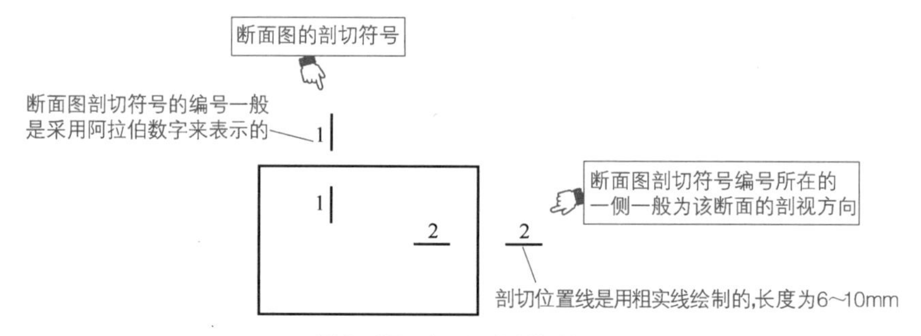

图 2-37 **断面图的剖切符号**

2.3.7 断面图的种类

断面图的种类，分为移出断面图、重合断面图、中断断面图等。

（1）移出断面图，就是将断面图画在物体投影轮廓线之外。

（2）中断断面图，就是将断面图画在物件的中断处。

（3）重合断面图，就是将断面图直接画在形体的投影图上。

断面图的种类如图2-38所示。

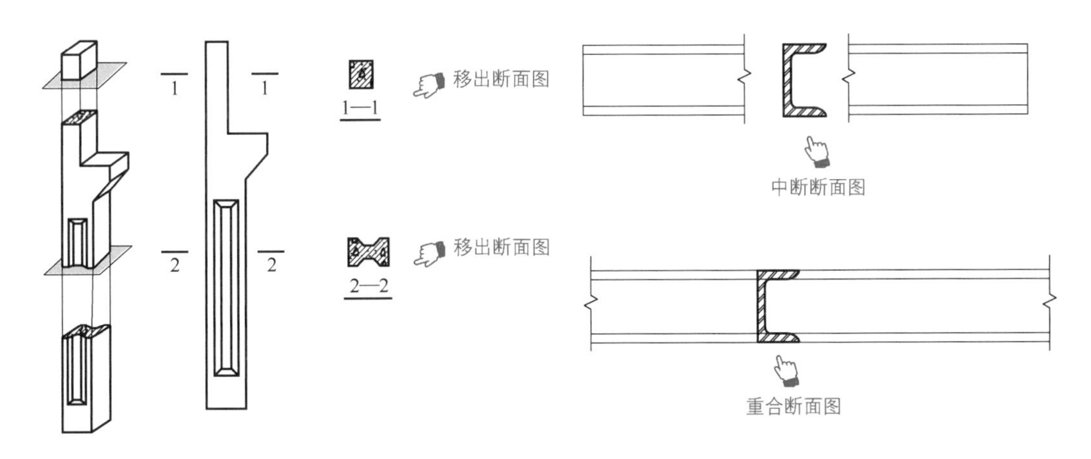

图2-38 断面图的种类

扫码观看视频

建筑施工图的组成与内容实例

2.4 建筑平面图与立面图

2.4.1 房屋建筑图的分类

由于许多建筑物形体大，所以需要根据比例缩小。加上建筑物局部细节多，则还需要根据比例放大。另外，为了能够透彻地理解建筑物，建筑施工图包括建筑总平面施工图、建筑平面施工图、建筑立面施工图、建筑剖面施工图、建筑施工详图等多种类型的图纸。

房屋建筑图的分类，可以根据设计过程分类，还可以根据施工图专业或工种分类。

建筑施工图，简称建施图。结构施工图，简称结施图。设备施工图，简称设施图。

（1）首页图：包括图纸目录、设计总说明等。简单图纸一般省略了该项或将该项并入其总图中。

（2）建筑结构专业图：建筑结构专业图包括基础图、各层顶板的平面图、各层顶板的剖面图、各种构件详图、构件数量表、设计说明等，通过识读建筑结构专业图，可以掌握建筑结构的施工工艺与操作要求等信息。

（3）建筑施工图（建施图）：包括建筑总平面图、建筑平面图、建筑立面图、建筑剖面图、建筑详图等。

（4）结构施工图（结施图）：包括结构平面布置图、各构件结构详图等。

（5）设备施工图（设施图）：包括给水排水、采暖通风、电气等设备的布置平面图及其详图等。

房屋建筑图的分类如图2-39所示。

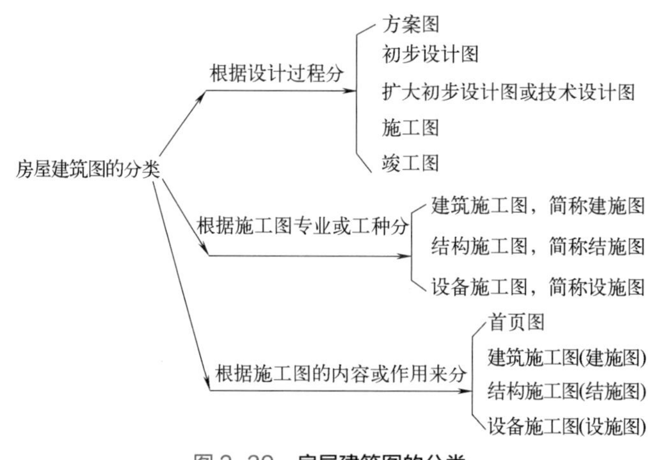

图 2-39 **房屋建筑图的分类**

2.4.2 建筑平面图的形成和图名

沿各层的门、窗洞口（常离本层楼、地面大约 1.2m，在上行的第一个梯段内）的水平剖切面，将建筑剖开成若干段，并且将其用直接正投影法投射到水平面的剖面图，就是相应层平面图。各层平面图只是相应“段”的水平投影。

平面图实际上是水平剖面图，因此，该图要画剖切到的部位（用粗实线等表示），也要画投影到的构造（用中实线、细实线等表示）。

建筑平面图通常以层次来命名，例如底层平面图、二层平面图、三层平面图等。

常见的建筑平面图有楼层平面图、屋顶平面图等。楼层平面图，又可以分为地下室平面图、底层平面图、中间层平面图或标准层平面图、顶层平面图等。

如果中间各层平面组合、结构布置、构造情况等完全相同，则只画一个具有代表性的平面图，该图就是标准层平面图。

顶层平面图，就是将建筑通过其顶层门窗洞口水平剖开，把剖切面以下到屋面的部分，直接正投影投射到 H 面，所形成的剖面图。屋顶平面图，是从建筑物上方向下所做的平面投影，主要表现屋面排水情况、屋顶的形状和尺寸、凸出屋面的构造位置等。

建筑平面图的形成和图名如图 2-40 所示。

2.4.3 多层建筑平面图的形成

多层建筑平面图包括的内容如下。

（1）地下室平面图：表示房屋建筑地下室的平面形状、各房间的平面布置、楼梯布置等情况。

（2）底层（一层）平面图：表示房屋建筑底层的布置情况。在底层平面图上往往还反映了室外可见的台阶、散水、花台、花池等情况。另外，底层平面图上还往往标注了剖切符号、指北针等。房屋的朝向，可以通过底层平面图中的指北针来了解。

（3）中间层平面图：表示房屋建筑中间各层的布置情况，还往往画出本层的室外阳台、下一层的雨篷、下一层的遮阳板等情况。

（4）顶层平面图：表示房屋建筑最上面一层的平面图的布置情况。

（5）屋顶平面图：表示建筑物屋面的布置情况、排水方式。例如屋面排水的方向、坡度、雨水管的位置、上人孔位置、其他建筑配件的位置等。

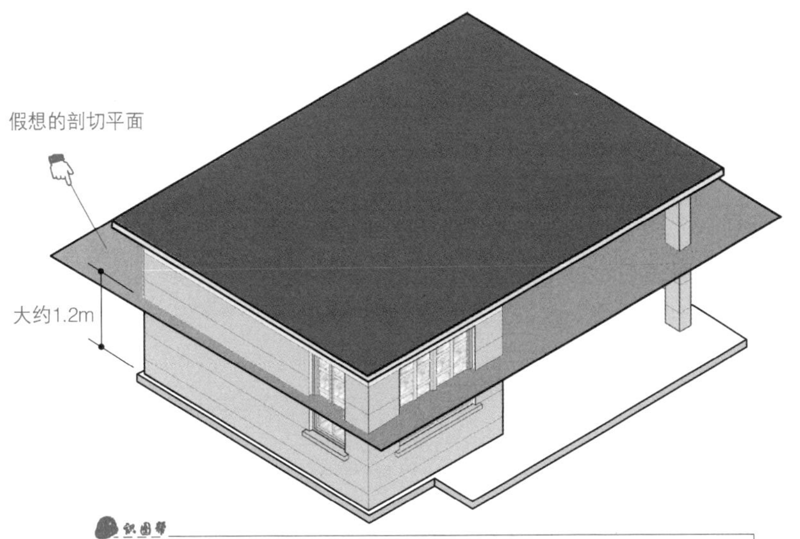

沿各层的门、窗洞口(常离本层楼、地面大约1.2m,在上行的第一个梯段内)的水平剖切面，将建筑剖开成若干段，并且将其用直接正投影法投射到水平面的剖面图，就是相应层平面图

(a) 平面图的形成

建筑平面图可以反映建筑某一平面的形状、房间的位置、形状、大小、用途、相互关系，墙位置、柱位置、尺寸、材料、形式，各房间门位置、窗位置和开启形式等，门厅、走道、楼梯、电梯等交通联系设施的位置、形式、 走向等（一层）

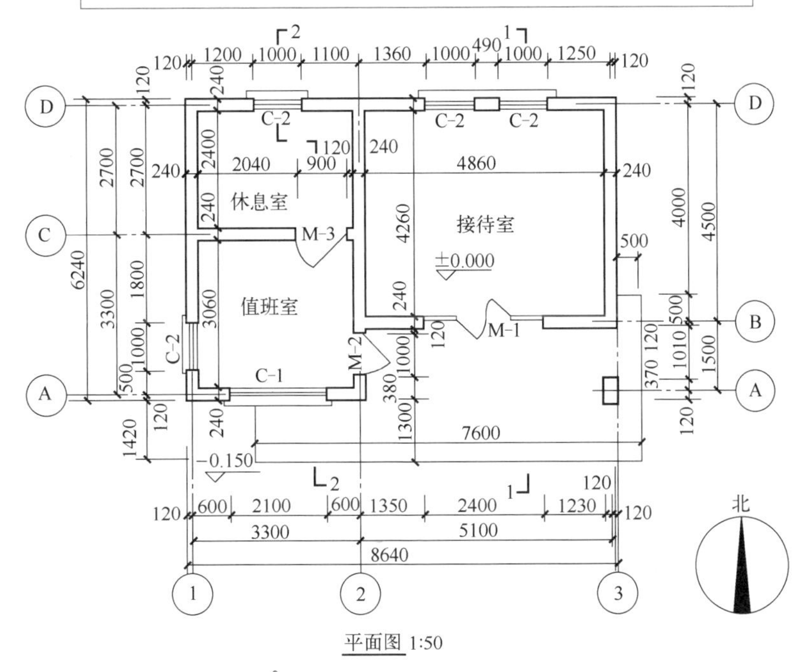

建筑平面图可以反映阳台、雨篷、室内台阶、卫生器具、水池等其他设施、构造（中间层）等属于本层的建筑构造、设施，高窗、隔板、吊柜等用虚线

(b) 平面图示例

图 2–40

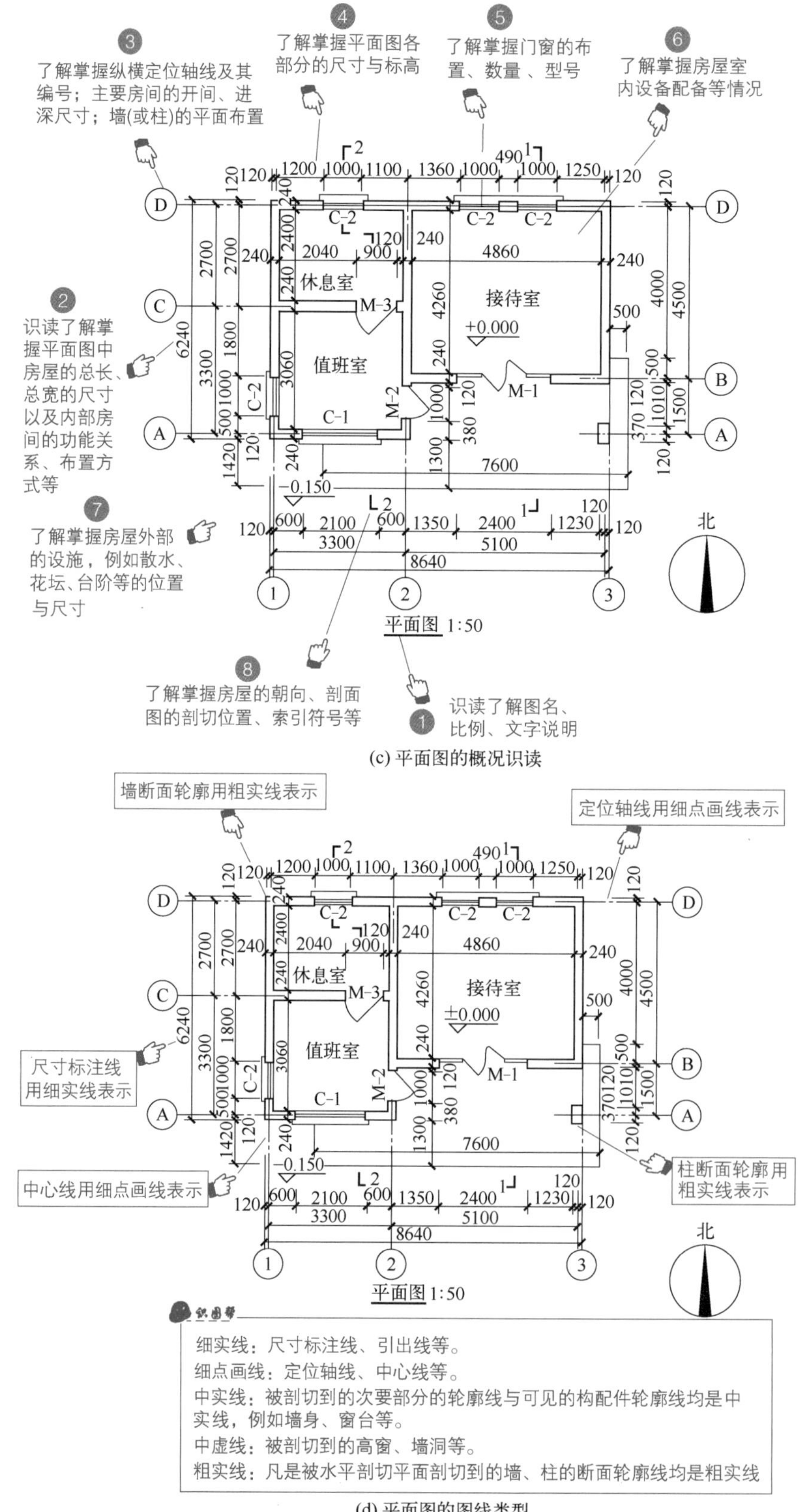

了解掌握纵横定位轴线及其编号；主要房间的开间、进深尺寸；墙(或柱)的平面布置
了解掌握平面图各部分的尺寸与标高
了解掌握门窗的布置、数量、型号
了解掌握房屋室内设备配备等情况
识读了解掌握平面图中房屋的总长、总宽的尺寸以及内部房间的功能关系、布置方式等
了解掌握房屋外部的设施，例如散水、花坛、台阶等的位置与尺寸
了解掌握房屋的朝向、剖面图的剖切位置、索引符号等
识读了解图名、比例、文字说明
休息室
接待室
值班室
±0.000
−0.150
北
平面图 1:50
(c) 平面图的概况识读
墙断面轮廓用粗实线表示
定位轴线用细点画线表示
尺寸标注线用细实线表示
中心线用细点画线表示
柱断面轮廓用粗实线表示
平面图 1:50
识图帮
细实线：尺寸标注线、引出线等。
细点画线：定位轴线、中心线等。
中实线：被剖切到的次要部分的轮廓线与可见的构配件轮廓线均是中实线，例如墙身、窗台等。
中虚线：被剖切到的高窗、墙洞等。
粗实线：凡是被水平剖切平面剖切到的墙、柱的断面轮廓线均是粗实线
(d) 平面图的图线类型

图 2-40

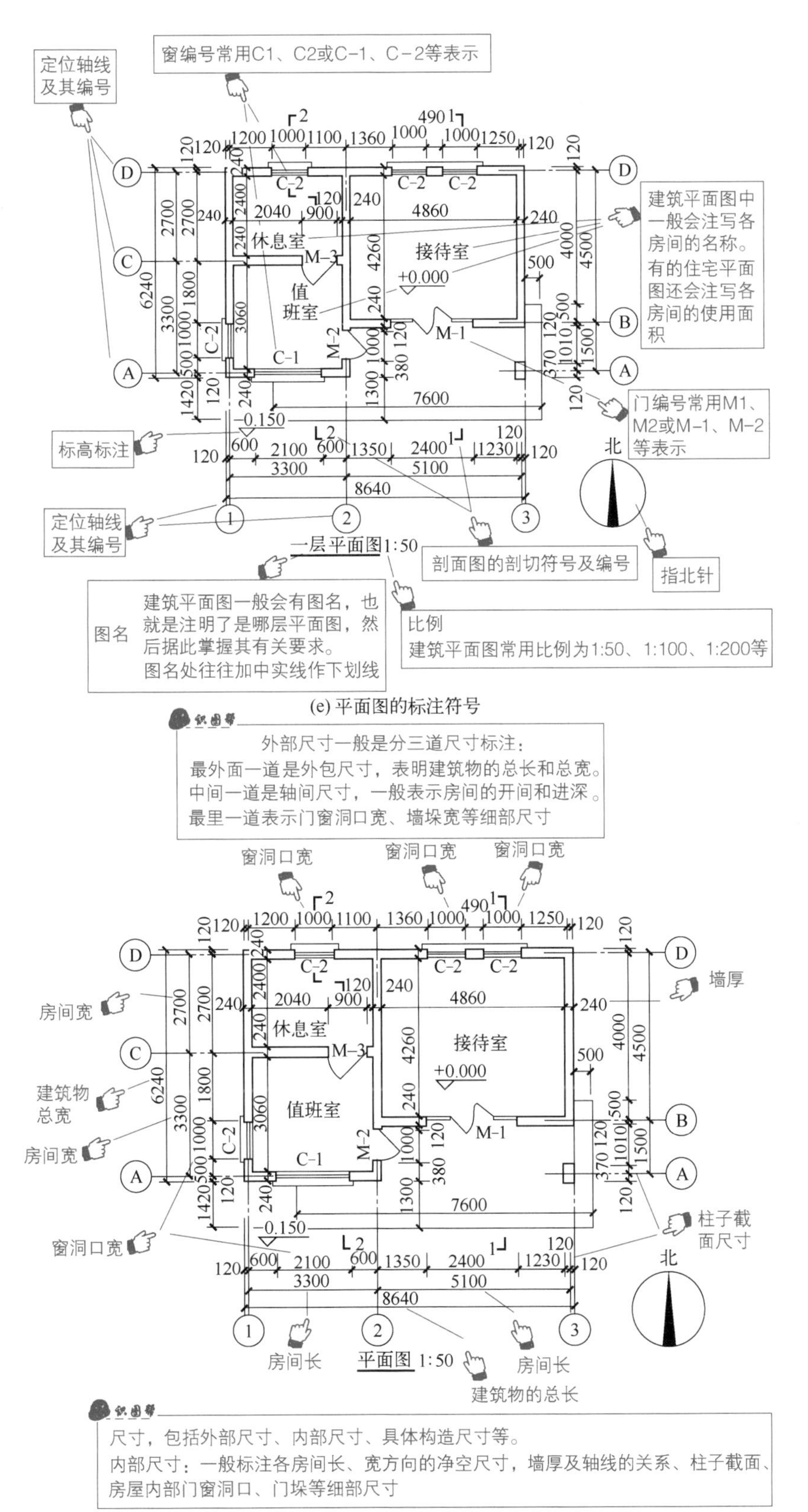

(f) 平面图的尺寸识读

图 2-40　**建筑平面图的形成和图名**

平面图与剖面图，均是建筑物的剖切视图。平面图与剖面图的区别主要为剖切面方向、位置不同。因此，平面图与剖面图的图线画法是一致的。平面图与剖面图的剖断线一般用粗线表示，可见线一般是用细线表示的，并且粗细的对比一般也较为强烈，以使区别明显。

多层建筑平面图的形成如图 2-41 所示。

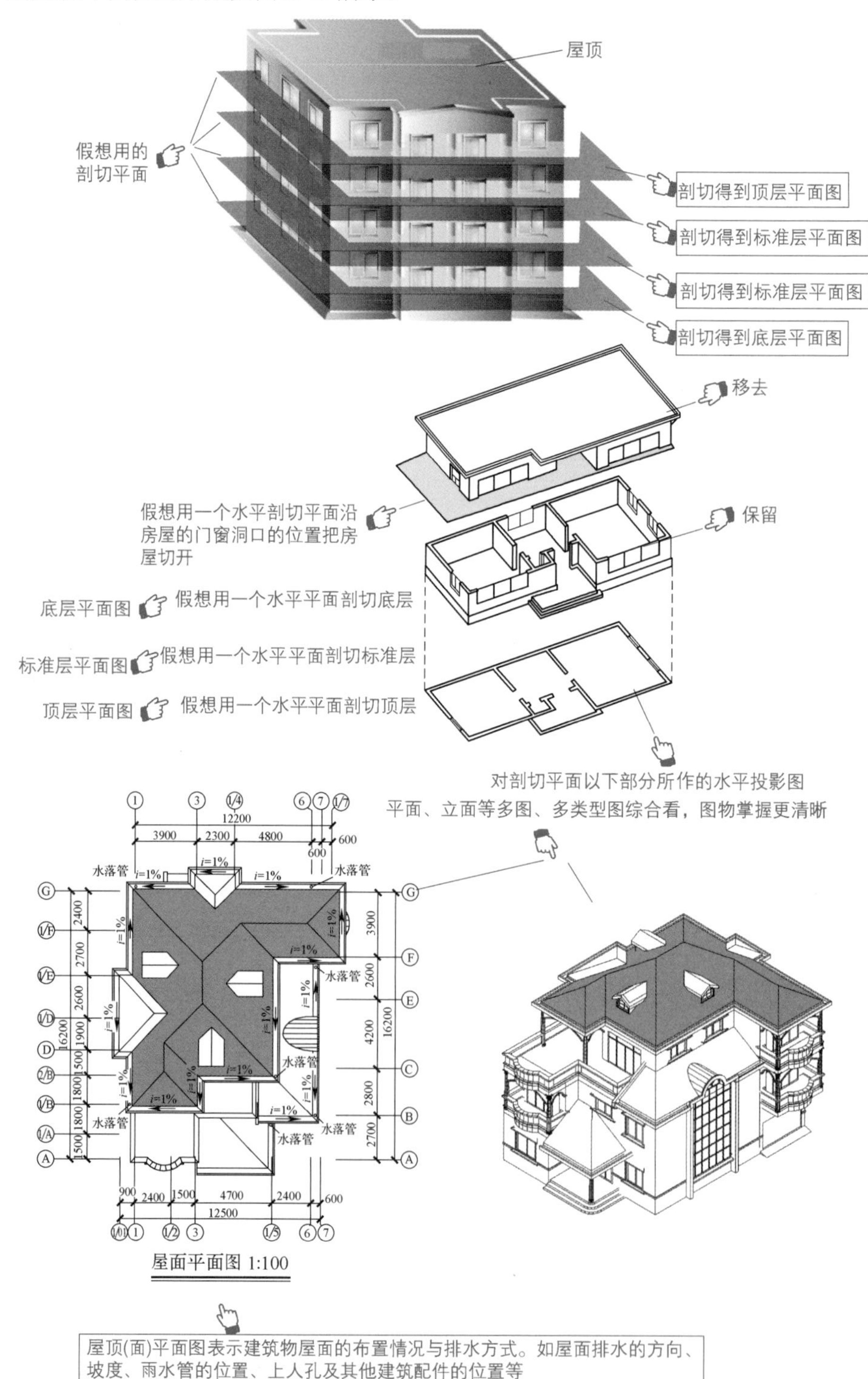

图 2-41 多层建筑平面图的形成

2.4.4 某建筑屋顶平面图图线的识读

某建筑屋顶平面图图线的识读如图 2-42 所示。

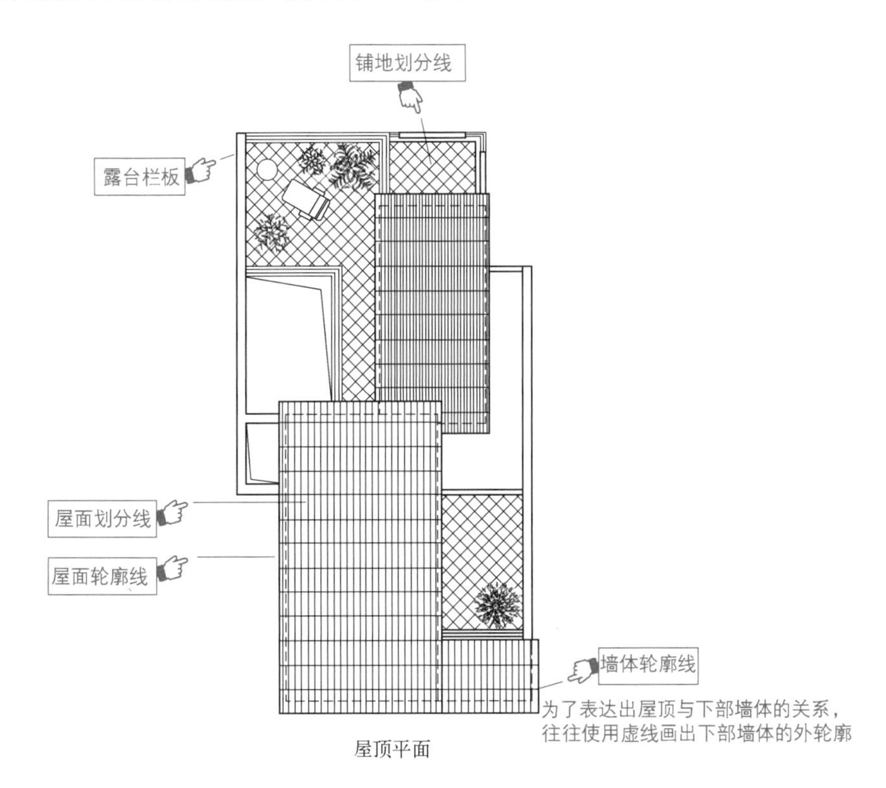

图 2-42 **某建筑屋顶平面图图线的识读**

2.4.5 某建筑屋顶平面图的识读

某建筑屋顶平面图的识读如图 2-43 所示。

（1）从常识上可知，屋顶具有承重作用、围护作用、装饰建筑立面等作用。该屋顶也具有这些功能。

（2）从图中可以看出，屋顶采用了 3 个老虎窗，有利于采光、自然通风。老虎窗的布置位置、边界线从图中可以确定。老虎窗的宽度、具体样式、高度，则需要结合其他图再进一步综合确定。

（3）从图中文字标注可以看出，屋顶边缘设置水落管。水落管附近坡度标注 i=1%，也就是需要做 1% 的排水坡度。

扫码观看视频

门、窗的图例
与图样

2.4.6 门的图例

门代号为 M，例如 M1、M2、M-1、M-2 等。往往同一规格的门均各编一个号，以便统计和列门窗表。

门的图例如图 2-44 所示。

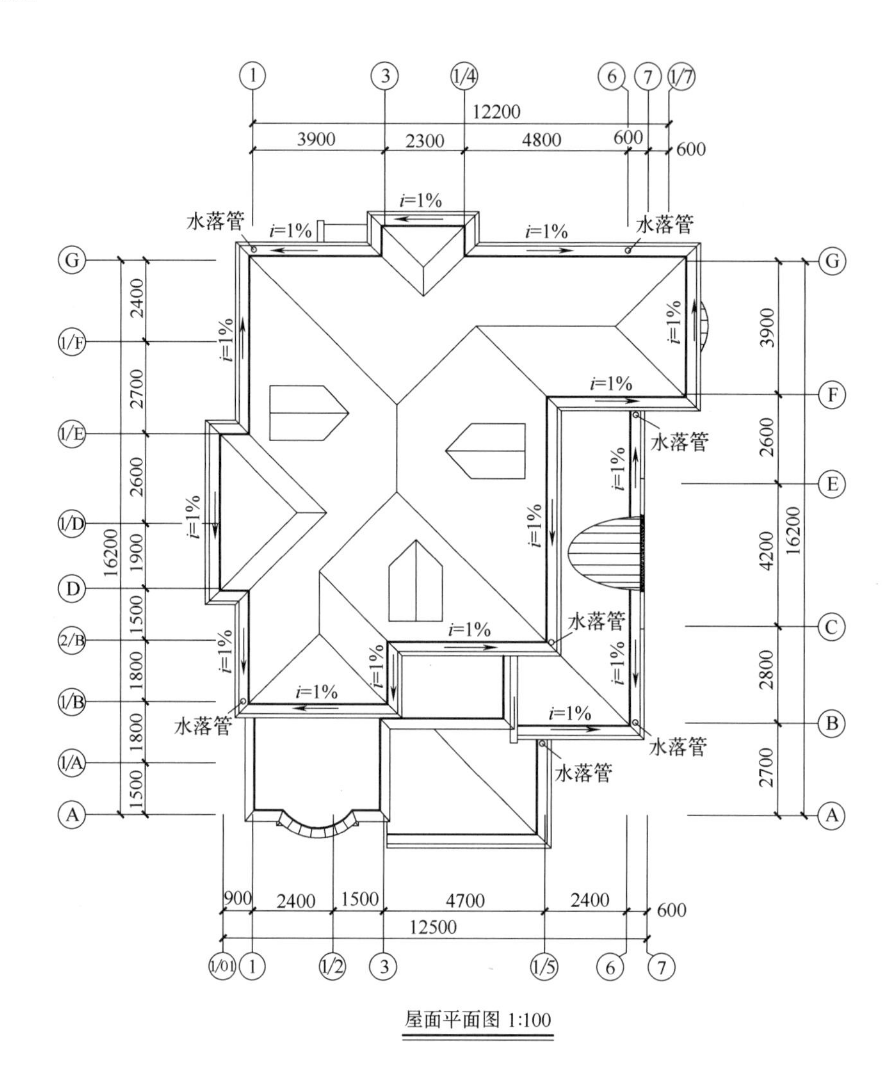

图 2-43　**某建筑屋顶平面图的识读**

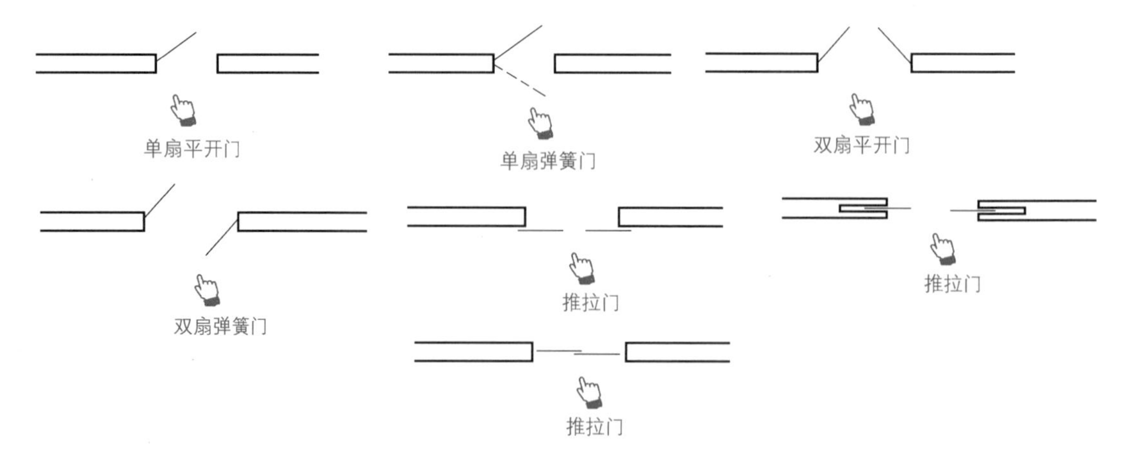

图 2-44

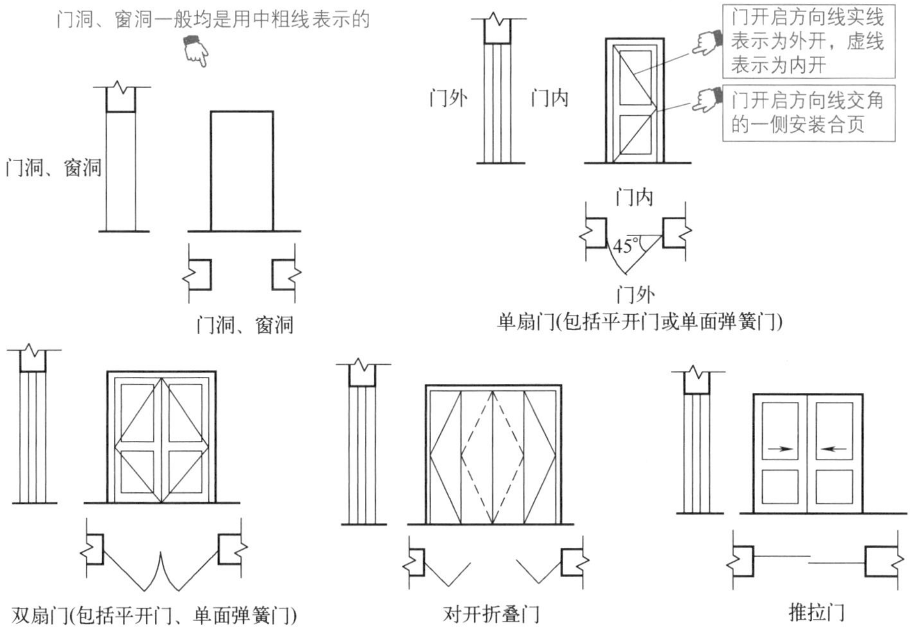

门洞、窗洞一般均是用中粗线表示的

门洞、窗洞

门洞、窗洞

门外 门内

门开启方向线实线表示为外开，虚线表示为内开

门开启方向线交角的一侧安装合页

门内

45°

门外

单扇门(包括平开门或单面弹簧门)

双扇门(包括平开门、单面弹簧门)

对开折叠门

推拉门

图 2-44 **门的图例**

2.4.7 窗的图例

窗的代号为 C。例如 C1、C2、C-1、C-2 等。往往同一规格的窗均各编一个号，以便统计和列门窗表。

窗的图例如图 2-45 所示。

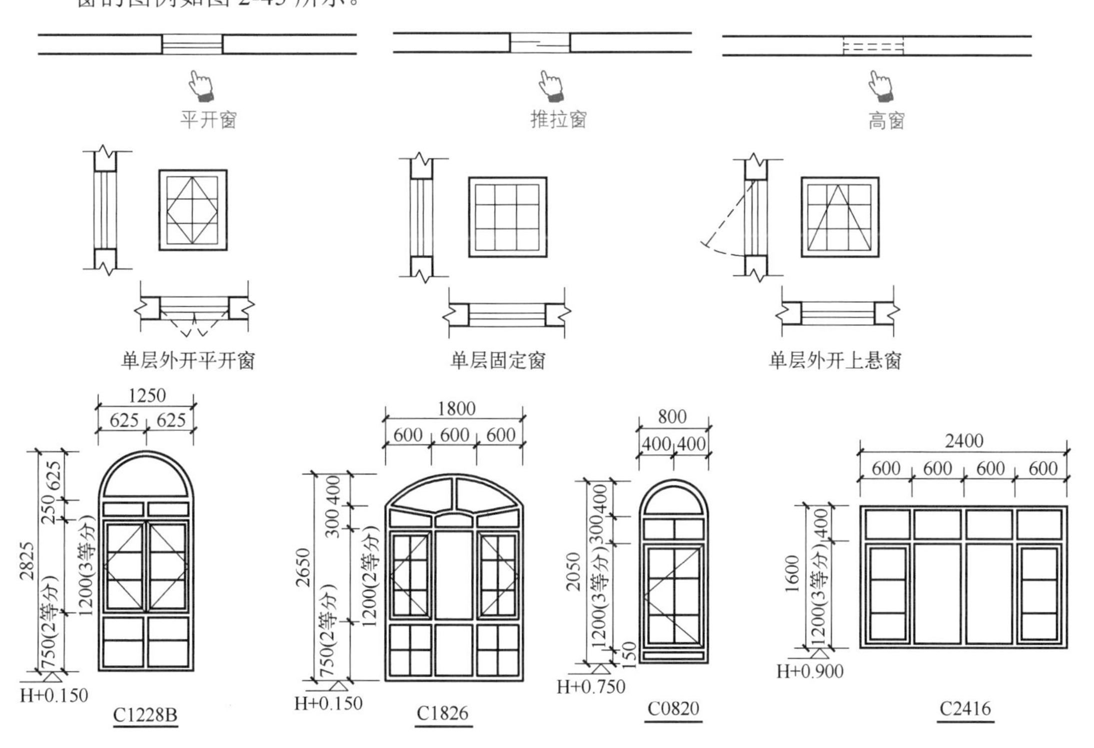

图 2-45

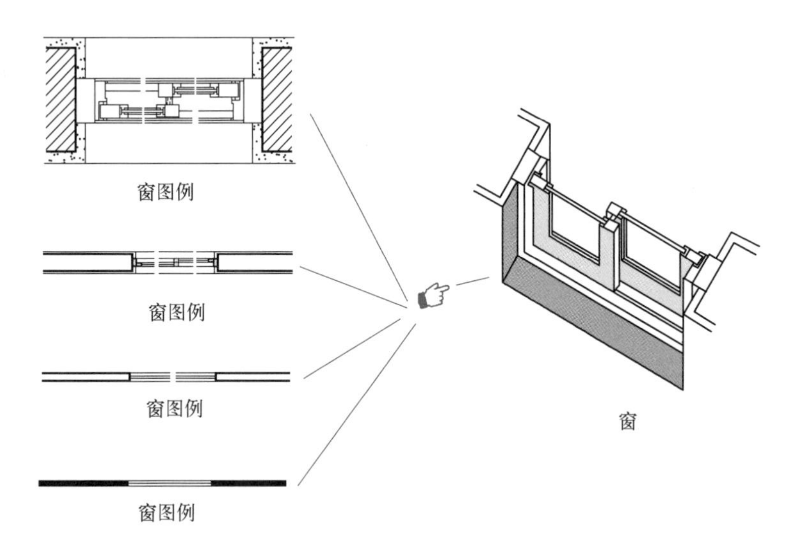

图 2-45 **窗的图例**

2.4.8 建筑立面图的形成

建筑立面图是在与房屋立面平行的投影面上所作的正投影图。

建筑立面图常见的命名方式为：以朝向命名，以正、背、侧命名，以定位轴线命名。

立面图可以反映建筑外形，室内的构造与设施一般均不画出。因此，如果想掌握室内的构造与设施，则还需要识读其他相关图纸。

建筑立面图按建筑墙面的特征命名：正立面图（入口所在墙面）、背立面图、侧立面图。

建筑立面图按各墙面的朝向命名：东立面图、西立面图、南立面图、西南立面图等。

建筑立面图按建筑两端定位轴线编号命名：①～⑩立面图等。

建筑立面图不能将门窗、建筑细部详细表示出来，这类图上往往只是画出其基本轮廓，或者用规定的图例加以表示。因此，想掌握细节，则还需要识读其他相关图纸。

建筑立面图的形成如图 2-46 所示。

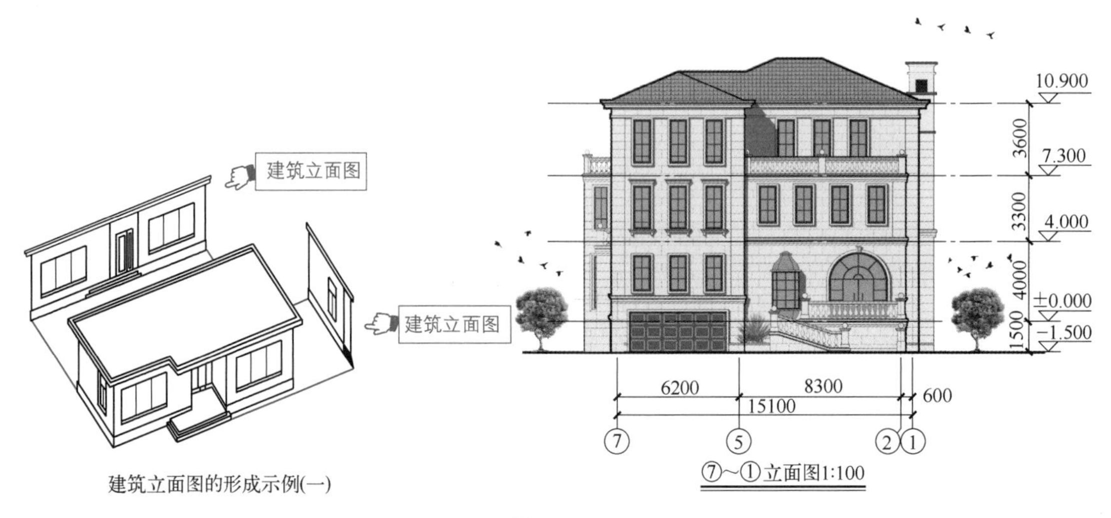

图 2-46

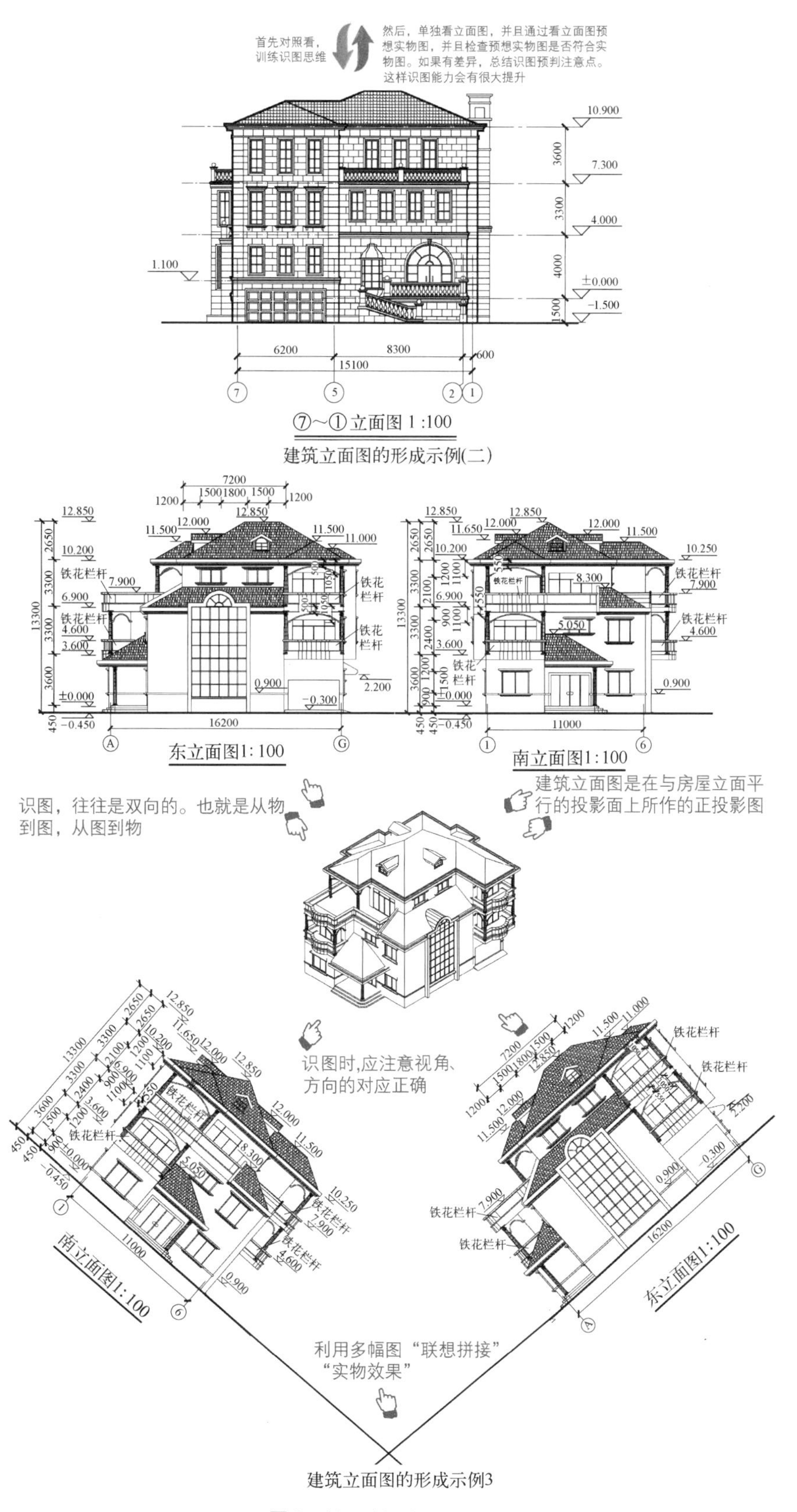

图 2-46 建筑立面图的形成

2.4.9 某别墅建筑立面图的识读

某别墅建筑立面图的识读如图 2-47 所示。

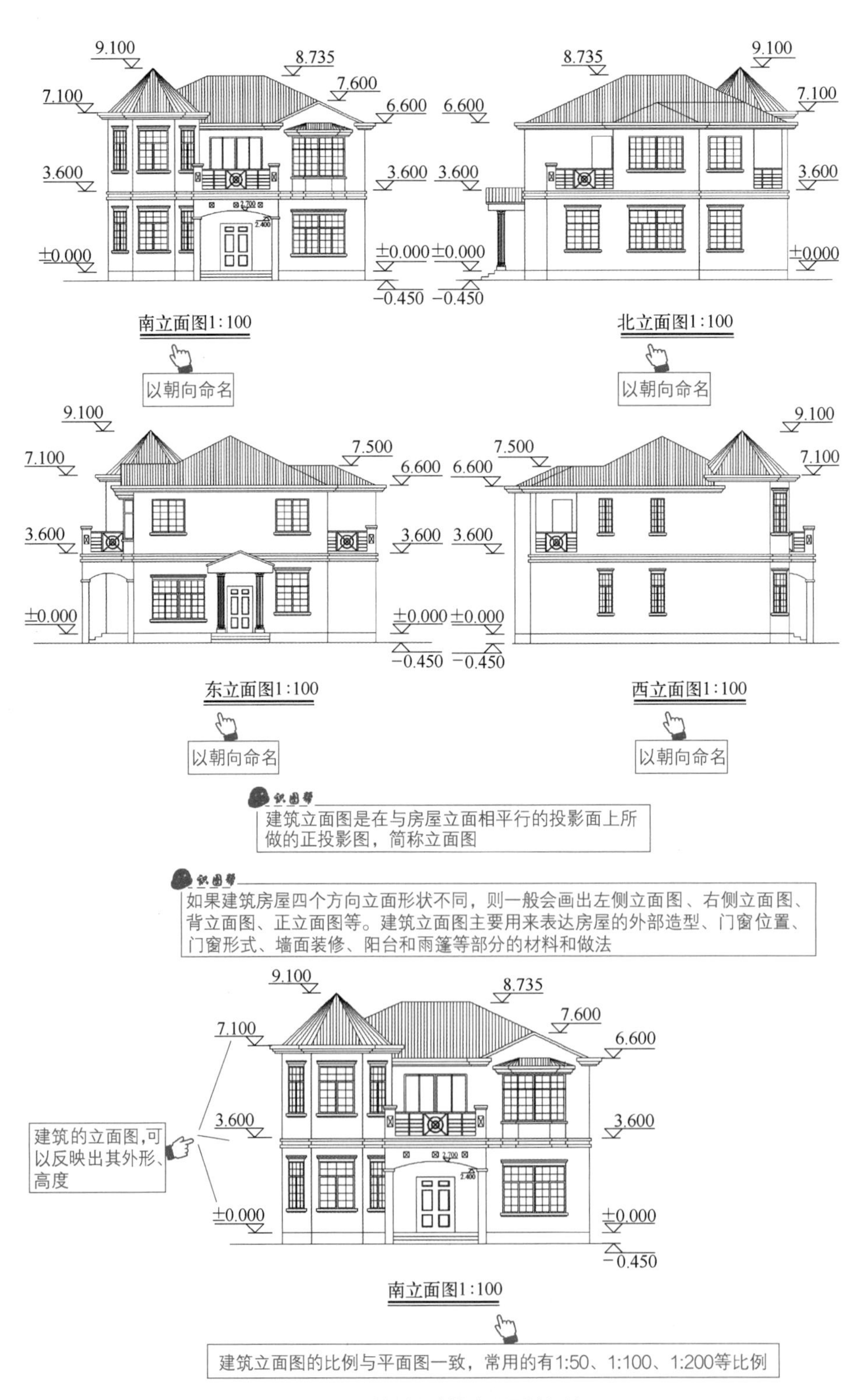

图 2-47 某别墅建筑立面图的识读

（1）把这几幅图全部看一遍，发现该住宅的这4幅立面图均是采用1∶100的比例绘制的。

（2）把这几幅图全部看一遍，发现该住宅的南立面图是建筑物的主要立面，其反映该建筑的外形特征与装饰风格，同时南立面图体现出的是大门正面的效果。

（3）从立面图的标高、门窗等特点，均可以反映该建筑是独栋别墅，而且是两层的别墅。

（4）如果配合建筑平面图，则可以进一步掌握其室内空间的布局情况。

（5）从立面图图上，可以看出该别墅左右立面不对称，大门前有台阶，二层设有阳台。

（6）从立面图图上，可以看出该别墅采用坡屋面。

（7）从立面图图上，可以看出室内外地坪标高、±0.000标高、二层地坪标高、坡屋面各节点标高等。此房屋室外地坪比室内±0.000低0.45m。

（8）住宅楼的北立面图、东立面图，表达了各向的体量与外形，窗的位置与形状。

（9）从立面图图上，可以看出门窗有的相同，有的是不同的，具体需要结合其他图清晰确定。例如门窗大样图。

（10）从立面图图上，可以看出立面凹凸变化，主要涉及阳台、屋檐、窗台、屋顶、雨篷、挑梁、外檐沟等凹凸。

2.4.10 某高层办公楼立面图的识读

某高层办公楼立面图的识读如图2-48所示。

（1）从立面图图上可以看出该建筑层数为地上有十层。

（2）从该立面图图上可以看出该建筑左右是对称布局的。

（3）从该立面图图上看不出标高、看不出外立面装修要求，但是可以大概看出整栋建筑的窗户布局特点。

立面图1

图2-48

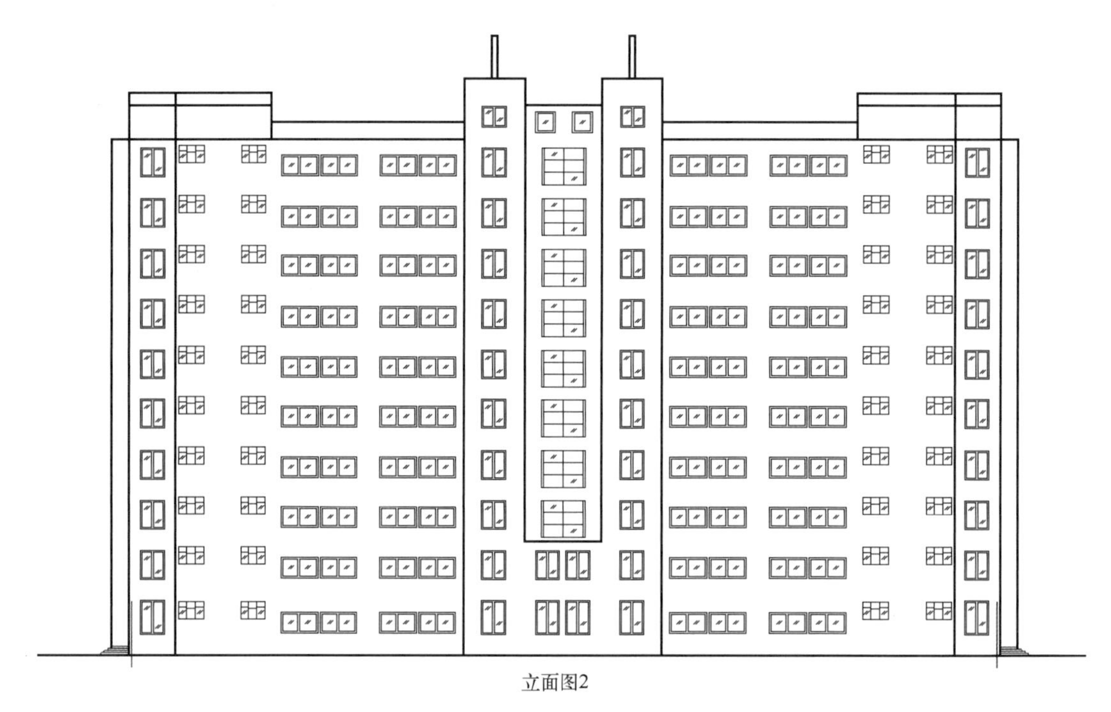

图 2-48 **某高层办公楼立面图的识读**

2.4.11 楼层、屋面结构平面图

楼层结构平面图与屋面结构平面图，在结构平面布置、表示方法上基本相同。

楼层结构平面图的图示内容往往包括每层的梁、板、柱、墙等承重构件的平面布置。识图时，可以掌握各构件在房屋中的位置以及它们间的构造关系。

楼层结构平面图，是现场安装或制作构件的施工依据。

多层建筑的楼层结构平面图的表示方法，一般是分层绘制楼层结构平面图。如果各中间层构件的类型、大小、数量、布置相同时，则往往只画出这一标准层的楼层结构平面图。

如果多层建筑的楼层平面是对称的，则有的图会采用对称画法，也就是一半画屋顶结构平面图，另一半画楼层结构平面图。

楼梯间、电梯间往往会有详图，在一些平面图上会用相交的对角线来表示。

当铺设预制楼板时，可用细实线分块画出板的铺设方向。

当现浇板配筋简单时，可直接在结构平面图中标明钢筋的弯曲、配置情况。识图时，掌握注明编号、规格、直径、间距等信息。当配筋复杂或不便表示时，可以用对角线表示现浇板的范围。

梁一般是用粗点画线表示其中心位置，并注明梁的代号。圈梁、门窗过梁等一般会编号并且标注。如果结构平面图中不能表达清楚时，则可会另绘其平面布置图，则识图时需要识读其他相关图。

梁垫一般用 LD 表示，就是当梁搁置在砖墙或砖柱上时，为了避免墙或柱被压坏，设置一个钢筋混凝土垫。雨篷一般用 YP 表示，图线一般以细实线来表示。圈梁常用 QL 表示，图线一般以粗虚线、粗实线表示。

识读结构平面布置图时，墙、柱，一般是画出它们的平面轮廓线。梁一般表示为L，以粗实线表示。

楼板结构平面图如图2-49所示。

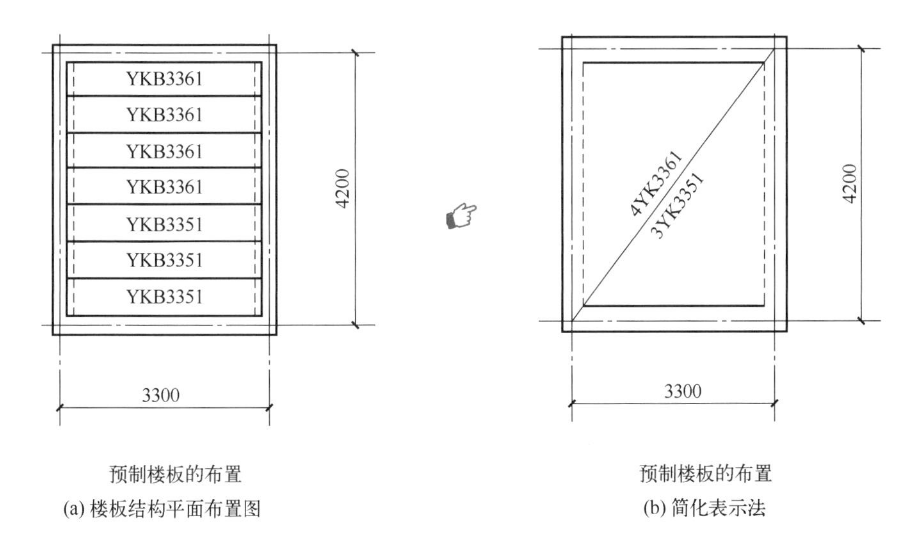

预制楼板的布置
(a) 楼板结构平面布置图

预制楼板的布置
(b) 简化表示法

图2-49 **楼板结构平面图**

YKB—预应力空心楼板；33—板的标志长度为3300mm；6—板的标志宽度为600mm；1—板的荷载等级为1级

2.5 总平面图

2.5.1 总平面图的内容

建筑总平面图，是将新建工程四周一定范围内的新建、拟建、原有建筑物、拆除建筑物、构筑物连同其周围的地形、地物状况用水平投影方法和相应的图例所绘出的图样在基地范围内的总体布置图。

总平面图表达的内容：新建房屋的位置、朝向、与原有建筑物的关系以及周围道路、绿化、给水、排水、供电条件等方面的情况。总平面图具体内容包括图线、比例、图例、坐标、尺寸、等高线、风向频率玫瑰图等。

总平面图的用途：作为新建房屋施工定位、土方施工、设备管网平面布置依据，作为安排在施工时进入现场的材料和构件、配件的堆放场地、构件预制的场地以及运输道路的布置依据。

在总平面图中，新建建筑物一般是用粗实线表示的。

管线综合图中，管线一般是用粗实线表示的。

总平面图上标注的尺寸，一般是以“m”为单位，并且往往保留两位小数。

总平面图识读的内容如图2-50所示。

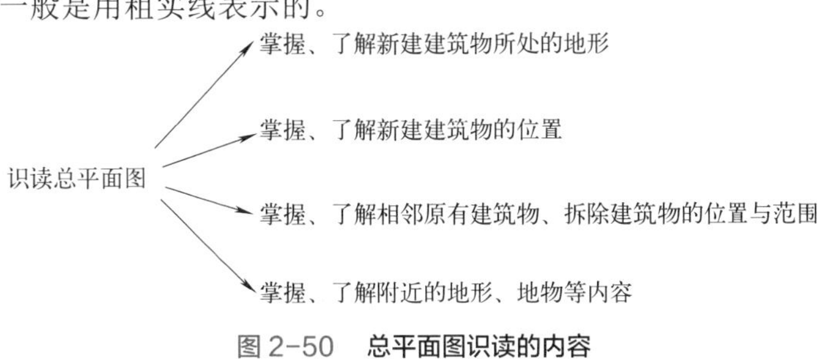

图2-50 **总平面图识读的内容**

2.5.2 总平面图的特点

总平面图一般是根据规定的比例绘制的。因此，识读总平面图时，注意总平面图给的比例信息。总平面图常用的比例为1 ∶ 500、1 ∶ 1000、1 ∶ 2000、1 ∶ 5000等。具体工程中，由于国土局等有关单位提供的地形图比例常为1 ∶ 500。因此，建筑总平面图的常用绘图比例为1 ∶ 500。

总平面图，往往用一条粗虚线来表示用地红线，所有新建拟建房屋不得超出该红线并应满足消防、日照等规范要求。建筑红线，就是以各地方国土管理部门提供给建设单位的地形图为蓝图，在蓝图上用红色标示的划定的土地使用范围界线。任何建筑物在设计与施工中均不能超过该线。

道路与绿化，就是主体的配套工程。从道路布置了解建成后的人流方向和交通情况；从绿化设计可以看出建成后的环境绿化状况。

总平面图中的建筑密度、容积率、绿地率、建筑占地、停车位、道路布置等，往往需要满足有关规范与要求。识读总平面图时，可以结合有关规范、要求来掌握相关信息。

通过识读总平面图，可以以其为依据，掌握新建房屋的施工定位、土方施工、设备管网平面布置信息，并掌握安排进入现场的材料构件、配件的堆放场地，构件预制场地，运输道路状况。

另外，总平面图也是绘制水、暖、电等管线总平面图、施工总平面图的依据。为此，识读图时，可以将建筑专业图与总平面图结合起来看。

总平面图的图线用法如图2-51所示，详述如下。

（1）粗实线：新建建筑物的可见轮廓线。

（2）细实线：原有建筑物、构筑物、道路、围墙等的可见轮廓线。

（3）中虚线：计划扩建建筑物、构筑物、预留地、道路、围墙、运输设施、管线的轮廓线。

（4）单点长画细线：中心线、对称线、定位轴线。

（5）折断线：与周边的分界。

（6）坐标网格：一般以细实线表示，并且常画成100m×100m或50m×50m的方格网。

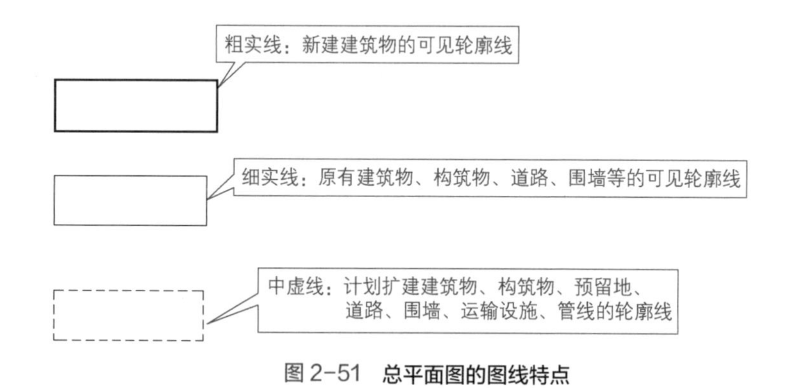

图2-51 总平面图的图线特点

2.5.3 总平面图的图例

总平面图是用正投影的原理绘制的，图形主要以图例的形式表示。

常用总平面图图例采用《总图制图标准》(GB/T 50103—2010)中采用的图例，如果图中采用规范中没有的图例，则一般会在总平面图下面详细说明。

总平面图的图例如图 2-52 所示。

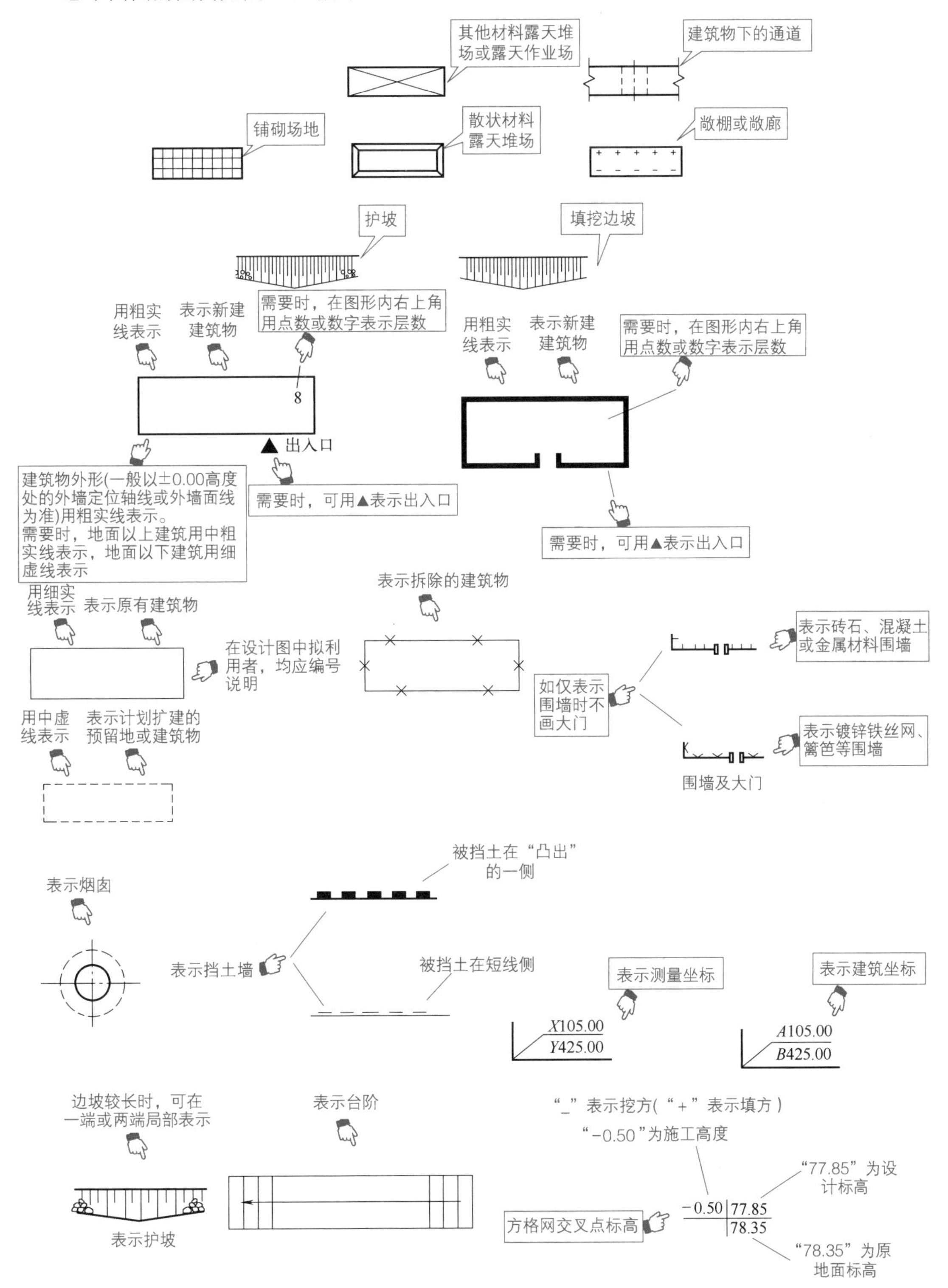

图 2-52

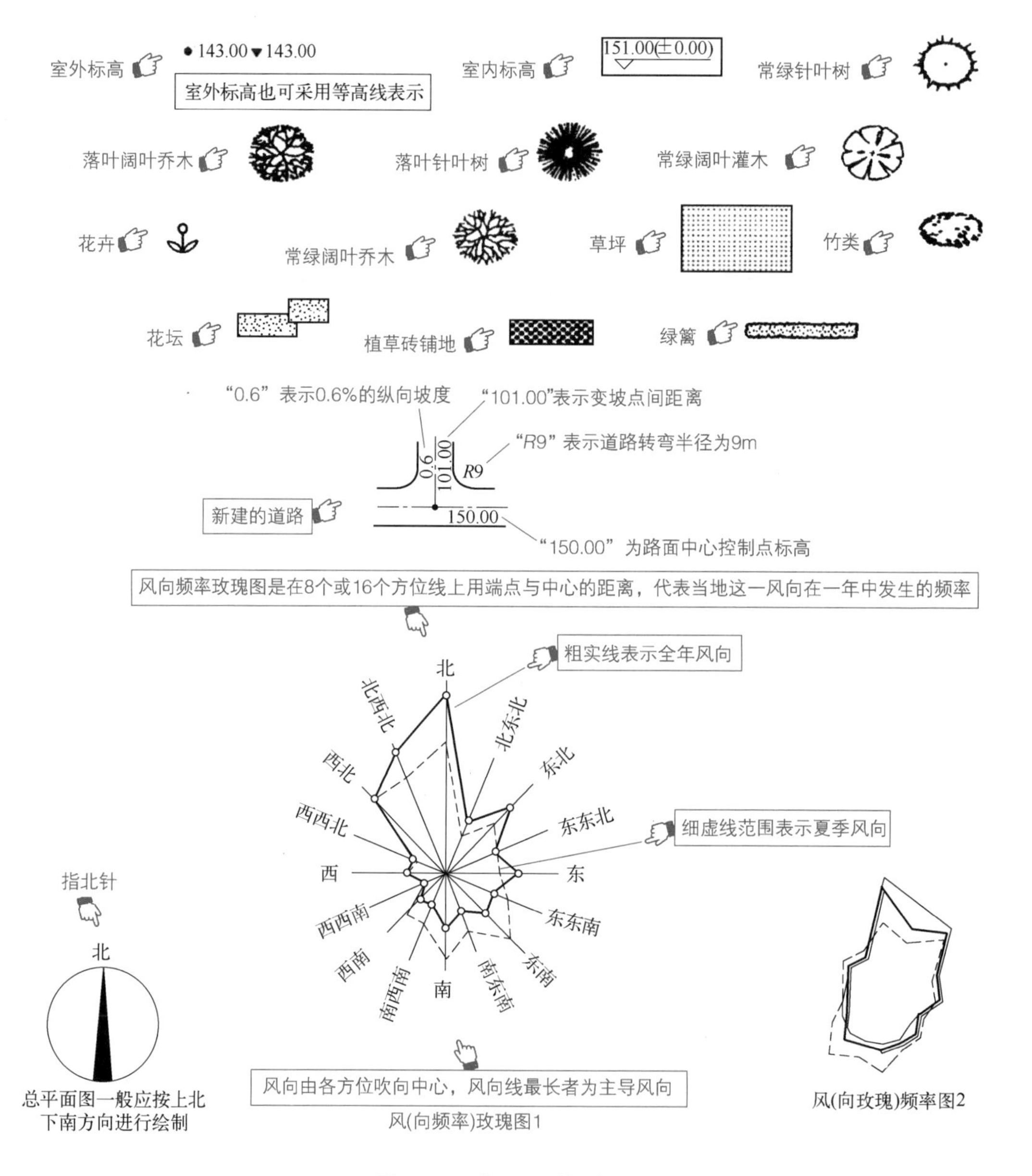

图 2-52　**总平面图的图例**

2.5.4　某总平面图坐标标注的识读

总平面图坐标标注的识读如图 2-53 所示。

2.5.5　某总平面图的识读

表示建筑物位置的坐标，宜标注其三个角的坐标。建筑物、构筑物平面两方向与测量坐标网不平行时常用。*A* 轴相当于测量坐标中的 *X* 轴，*B* 轴相当于测量坐标中的 *Y* 轴，选适当位置作为坐标原点。

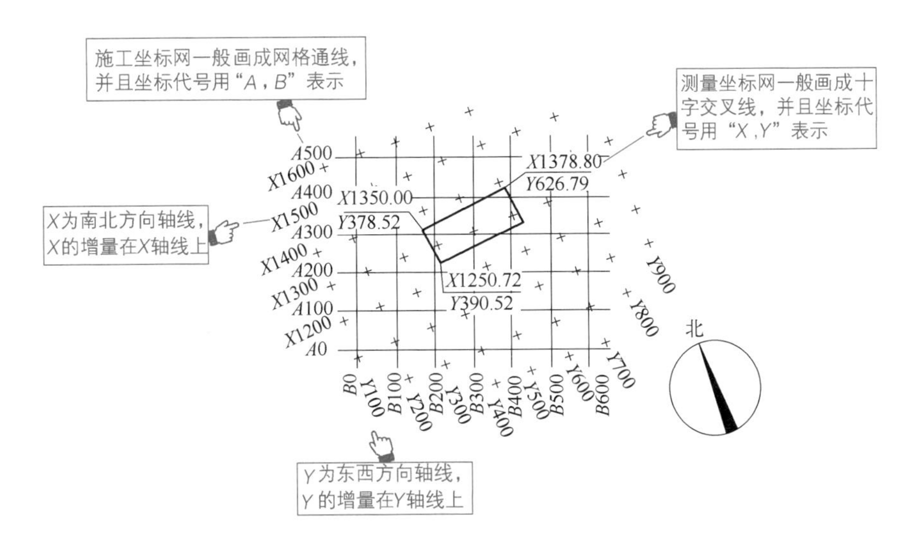

图 2-53　**总平面图坐标标注的识读**

用原有并保留的建（构）筑物的相对尺寸对新建建筑定位，从而掌握新建建（构）筑物的总长和总宽。

识读总平面图需要掌握的信息如下。

（1）掌握、了解该地区的地形情况，看图中的等高线、室内地面上表面标高。

（2）掌握、了解建筑物位置的坐标，看图中的测量坐标、施工坐标。

（3）总平面图上用风向频率玫瑰图表示建筑物的朝向，箭头所指的方向为北向，风玫瑰图中细实线表示全年的风向，虚线表示 7、8、9 三个月份的夏季风向。

（4）掌握、了解新建建筑物的位置，看图中的施工坐标。

（5）掌握、了解新建建筑的位置，看图中的测量坐标、看图中的新建建筑与原有建筑或道路中心线的距离。

（6）道路交通及绿化情况。新建建筑的侧面叫作什么街或什么路，或者有什么建筑。

（7）不同方向两栋新建建筑物间的最近距离、最远距离等。

（8）新建建筑室内外的高差等。

（9）掌握、了解地形高低，看图中的新建室内标高、绝对标高、室外地坪标高等。

（10）掌握、了解新建房屋的平面轮廓、大小和定位依据，看图中的尺寸、格网、坐标等。

某总平面图的识读如图 2-54 所示。

2.5.6　某图书馆建筑总平面图的识读

某图书馆建筑总平面图的识读如图 2-55 所示。

（1）从该图图名等信息可知，该总平面图为图书馆建筑的总平面图。

（2）从该图指北针等信息可知，基地为南北向，主导风向为夏季风。

（3）从该图北面文字与图例等信息可知，图书馆北面为城市主干道，靠近城市中心区，地处繁华地带。

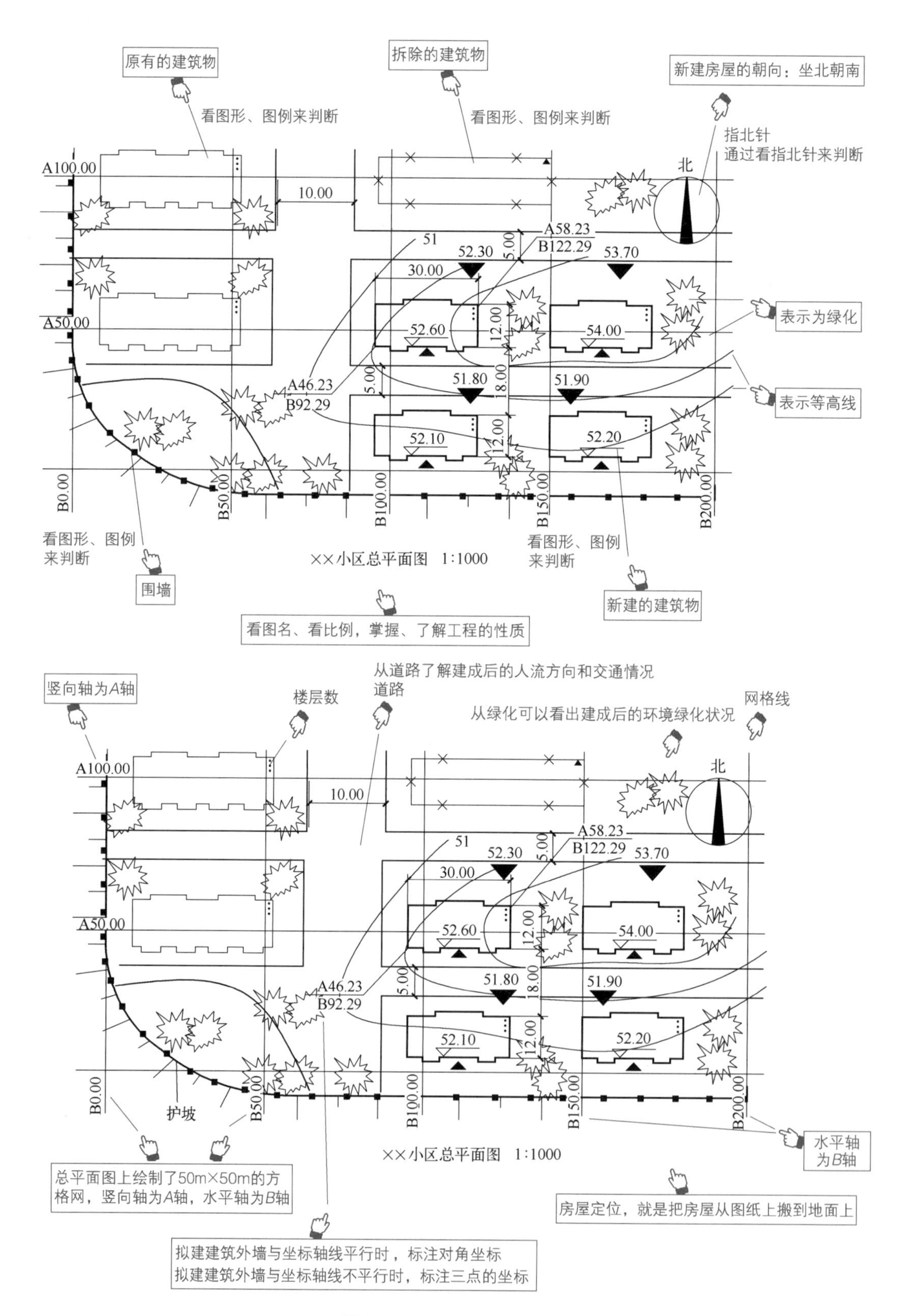

图 2-54 **某总平面图的识读**

（4）从该图文字数据 5F 等信息可知，该图书馆的总体设计为 5 层。

（5）从该图上信息可知，主入口在北面，面向城市主干道，交通流线清晰，为出入提供了舒适的环境。

（6）从该图上信息可知，北面、南面均有绿化带，东面、西面均有成片绿化林。

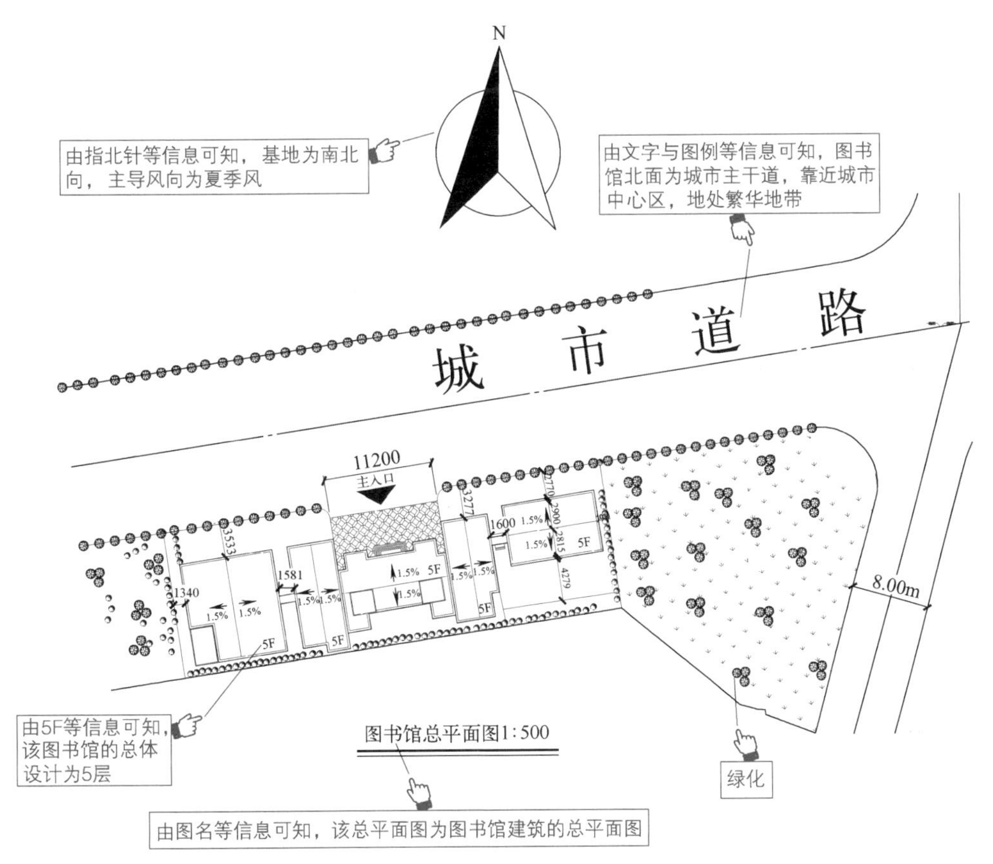

图 2-55 某图书馆建筑总平面图的识读

第 3 章
结构施工图常识

3.1 基础与常识

3.1.1 结构施工图的作用与内容

建筑结构施工图，是表达房屋承重构件的布置、形状、大小、材料、构造以及其相互关系的图样。

建筑结构施工图，可以反映出其他专业（给排水、暖通、电气等）对结构的要求。

建筑结构施工图，主要用来作为施工放线、开挖基槽、支模板、绑扎钢筋、设置预埋件、浇捣混凝土、安装梁、安装板、安装柱等构件，以及编制预算与施工组织计划等的依据。

一般建筑结构图纸是由主要构造图纸组成的，并且应标注各分部分项的做法以及所用材料、尺寸等要求。

结构施工图包含的以下内容，如图 3-1 所示。

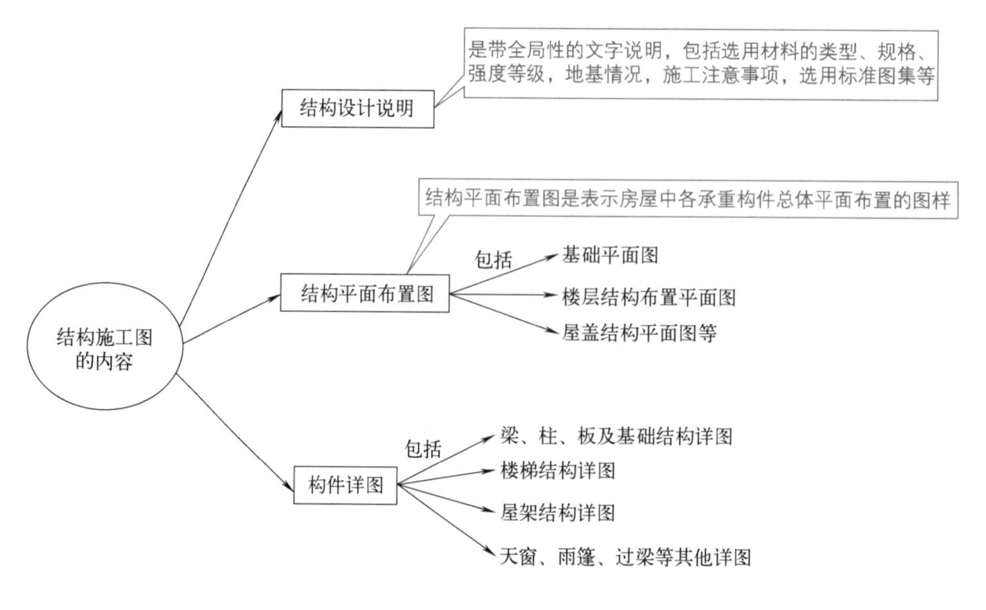

图 3-1

节点大样
……
结构总说明
楼梯大样
……
基础布置图
屋面板配筋图
承台配筋图
结构施工图包含的一些内容
各层板配筋图
地梁布置图
楼梯屋面梁配筋图
各层柱布置图
屋面梁配筋图
各层柱配筋图
各层梁配筋图

图 3-1 **结构施工图包含的一些内容**

识图轻松会

看图前，先记下这三大口诀：

（1）先看全局基本轮廓图；再看局部详细图。

（2）建施结施结合看，设备图纸参照看，图样说明对照看。

（3）图纸从上到下看，从左到右看，由外向内看，由大向小看，由粗向细看。

3.1.2 建筑结构施工图线宽与线型

建筑结构施工图线宽与线型、应用如图 3-2 所示。

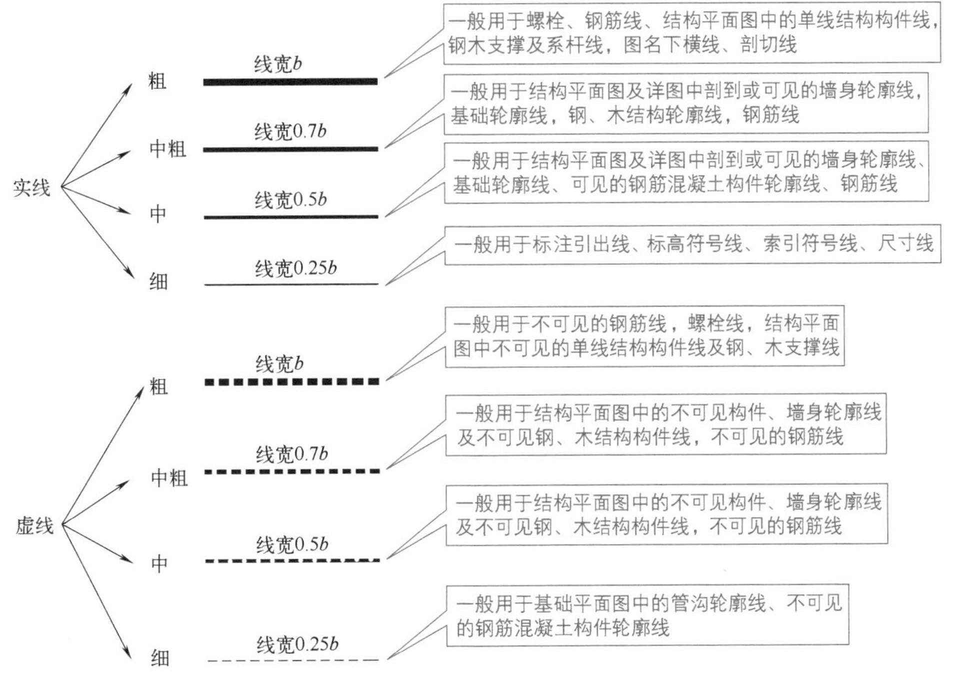

图 3-2

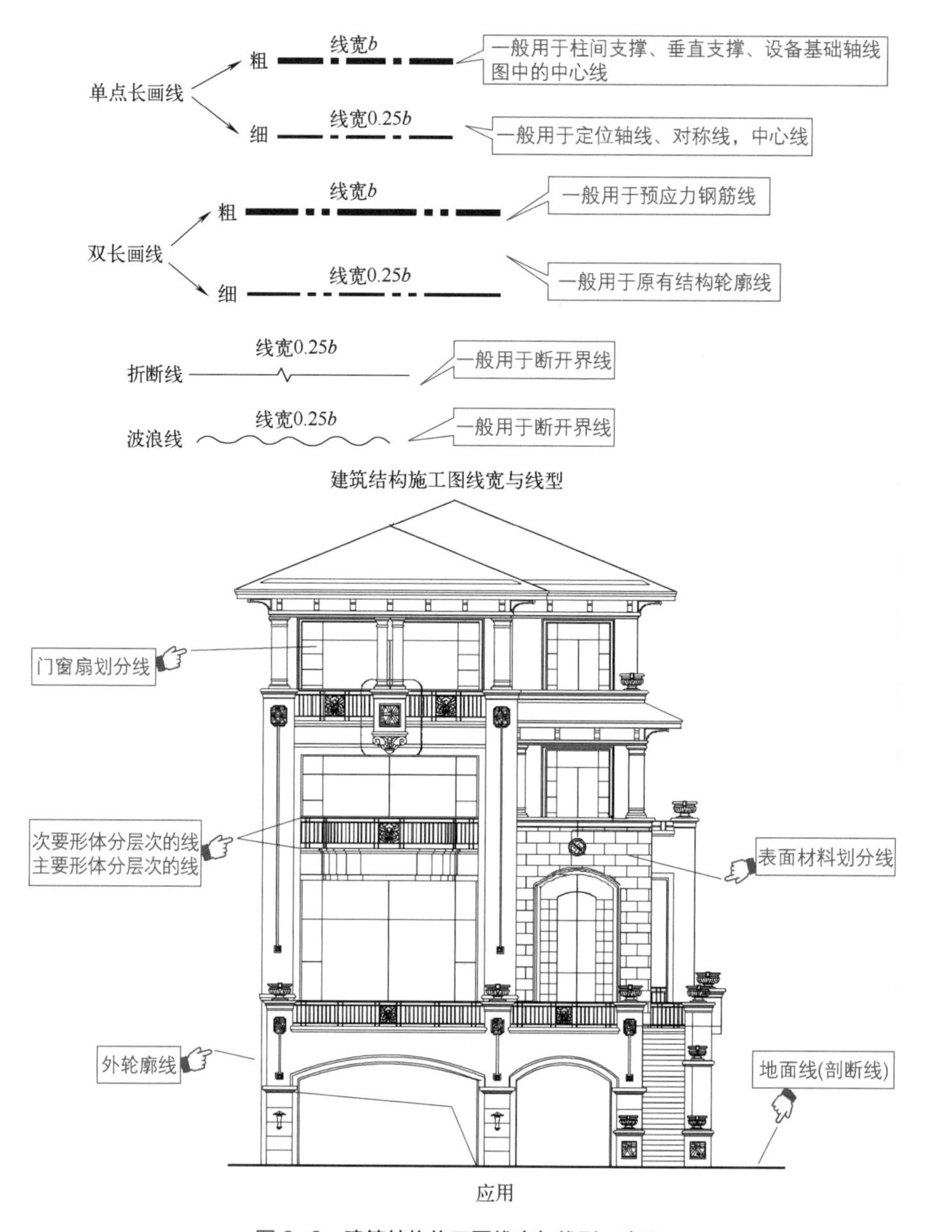

图 3-2 **建筑结构施工图线宽与线型、应用**

识图轻松会

建筑结构平面布置图：主要表示构件的布置、定位。常见构件的线型如下。

（1）楼面板：常用细实线表示。

（2）墙体：常用中实线表示。

（3）不可见墙体：常用虚线表示。

（4）剖切到的柱子：常涂黑表示。

（5）钢筋：常用粗实线表示。

（6）梁：常用细实线，也可用单线（粗点画线）表示。

3.1.3 常用构件代号

图纸上的构件名称一般是用代号来表示的，这是制图的要求，也是实际的需要。为此，图纸上的构件名称采用文字名称的很少，往往是代号。识读图时，则必须了解代号的构件名称。许多代号都是构件中文名称声母的组合。

构件的型号或编号，一般是在代号后采用阿拉伯数字标注，这也可能是构件的顺序号。构件的顺序号常采用不带角标的阿拉伯数字连续编排。

采用标准、通用图集中的构件时，一般也是采用该标准、图集中规定的代号或型号注写。因此，提前了解一些标准、图集中规定的代号或型号注写，则具体识图时会更轻松。

常用构件代号见表3-1。

表3-1 常用构件代号

名称	代号	名称	代号	名称	代号
暗柱	AZ	过梁	GL	水平支撑	SC
板	B	基础	J	梯	T
槽形板	CB	基础梁	JL	天窗端壁	TD
车挡	CD	空心板	KB	天窗架	CJ
承台	CT	框架	KJ	天沟板	TGB
垂直支撑	CC	框架梁	KL	托架	TJ
单轨吊车梁	DDL	框架柱	KZ	屋架	WJ
挡土墙	DQ	框支梁	KZL	屋面板	WB
挡雨板或檐口板	YB	连系梁	LL	屋面框架梁	WKL
地沟	DG	梁	L	屋面梁	WL
吊车安全走道板	DB	梁垫	LD	阳台	YT
吊车梁	DL	檩条	LT	雨篷	YP
盖板或沟盖板	GB	楼梯板	TB	预埋件	M
刚架	GJ	楼梯梁	TL	折板	ZB
钢筋骨架	G	密肋板	MB	支架	ZJ
钢筋网	W	墙板	QB	柱	Z
构造柱	GZ	圈梁	QL	柱间支撑	ZC
轨道连接	DGL	设备基础	SJ		

有的图纸中，需要区别上述构件的材料种类时，则会在构件代号前加注材料代号，并且会在图纸中加以说明。

预应力钢筋混凝土构件的代号，一般要求在构件代号前加注“Y-”，例如Y-DL表示预应力钢筋混凝土吊车梁。

3.1.4 常用比例与可用比例

图纸一般会根据图样的用途，被绘物体的复杂程度，优先选择常用比例，如果特殊情况下也会选用可用比例。

如果构件的纵向、横向断面尺寸相差悬殊时，有的图纸会在同一详图中的纵向、横向选用不同的比例来绘制。轴线尺寸与截面尺寸也会选用不同的比例来绘制。

对于实际的识读，还是看图纸给出的比例以及注意不同图可能使用不同的比例。

常用比例与可用比例如图 3-3 所示。

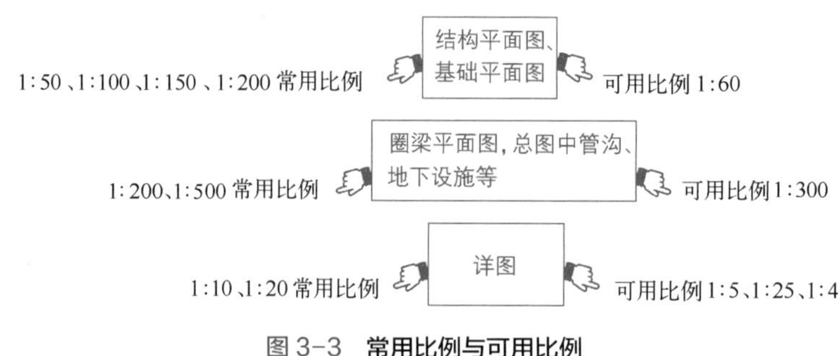

图 3-3 常用比例与可用比例

3.2 说明与图

3.2.1 结构设计总说明

结构设计总说明，具体的图纸可能会有差异。结构设计总说明一般包括的内容如下。

（1）本工程结构设计的主要依据。当看到这条说明时，如果识图者了解、掌握这些主要依据，理解图纸的表达时会产生共鸣与默契，识图会更清楚更明白。

（2）设计 0.000 标高所对应的绝对标高值。

（3）图纸中标高、尺寸的单位。这条说明使识图者掌握图纸的标高、尺寸的单位。看到尺寸数据时，一定要确定尺寸数据的单位。不然，单位不同的后果会很严重。

（4）建筑结构的安全等级、设计使用年限，混凝土结构的耐久性要求与砌体结构施工质量控制等级。

（5）建筑场地类别、地基的液化等级、建筑抗震设防类别，抗震设防烈度（设计基本地震加速度及设计地震分组）、钢筋混凝土结构的抗震等级。简单来说，就是有关抗震的要求与特点。

（6）人防工程的抗力等级。

（7）扼要说明有关地基概况，对不良地基的处理措施与技术要求、抗液化措施与要求、地基土的冰冻深度、地基基础的设计等级。简单来说，就是有关地基的要求与特点。

（8）采用的设计荷载，包含风荷载、雪荷载、楼屋面允许使用荷载、特殊部位的最大使用荷载标准值。简单来说，就是有关荷载的要求与特点。

（9）所选用结构材料的品种、规格、性能、相应的产品标准。为钢筋混凝土结构时，一般会说明受力钢筋的保护层厚度、锚固长度、搭接长度、接长方法、预应力构件的锚具种类、预留孔道做法、施工要求及锚具防腐措施等。还会说明对某些构件或部位的材料提出的特殊要求。

（10）对水池、地下室等有抗渗要求的建（构）筑物的混凝土，说明抗渗等级，需做试漏的提出具体要求。施工期间存在上浮可能时，一般会提出抗浮措施。

（11）采用的通用做法与标准构件图集；如果有特殊构件需作结构性能检验时，应指出检验的方法与要求。

（12）施工中应遵循的施工规范与注意事项。

识图轻松会

结构设计总说明，一般每一单项工程会编写一份结构设计总说明。对于多项工程宜编写统一的结构施工图设计总说明。如果是简单的小型单项工程，则设计总说明中的内容可分别写在基础平面图与各层结构平面图上。也就是说，识图当遇到小型单项工程，其设计总说明可能要在基础平面图与各层结构平面图上去看。

识读建筑结构施工图的第一步，就是首先要熟读建筑结构总说明，从中了解与掌握建筑高度、建筑物层高、结构形式、基础类型、主要结构材料、特点等要求。

识读图的技巧：看目录，知整体；读说明，不草率。

3.2.2 结构平面图与结构布置图

结构平面图，就是表示建筑物室外地面以上各层平面承重构件（例如梁、板、柱、墙、门窗过梁、圈梁等）布置的图样，一般包括楼层结构平面图、屋顶结构平面图。

现浇整体式楼结构布置图：整体式钢筋混凝土楼盖一般由板、次梁、主梁构成，三者整体现浇在一起。该类图一般是直接画出构件的轮廓线表示主梁、次梁和板的平面布置以及它们与墙柱的关系。有时该类图会画出梁板的重合剖面，并且注明梁板的标高。一些平面尺寸不大或局部的现浇楼盖，常把板的钢筋布置、预留孔洞的位置一同画在结构布置图上。

结构平面图的一些构件识读的举例如下：

L××-×:“L”表示梁，横线前的“××”表示梁的轴线跨度，横线后的“×”表示梁能承受的荷载等级。如L57-3，表示该梁的轴线跨度为5700mm，能够承受3级荷载。L-1（240×350）：该梁编号为1，240表示宽度为240mm，350表示高度为350mm。

GLA4101：表示A型过梁，厚240mm，洞口宽1000mm，1级荷载。

3Y-KB3952：表示3块长3.9m、宽0.5m的2级预应力空心板。Y-KB表示预应力空心楼板。

XYP-l: YP表示雨篷、1表示雨篷编号，X表示现浇。

扫码观看视频

楼层结构平面图的识读

3.2.3 楼层结构平面图的形成

楼层结构平面图，就是假想用一个水平的剖切平面沿楼板面将房屋剖开后所作的楼层水平投影。

楼层结构平面图，是用来表示每层的梁、板、柱、墙等承重构件的平面布置。通过识图楼层结构平面图，可以掌握各构件在房屋中的位置以及它们间的构造关系。楼层结构平面图，可以作为现场安装或制作构件的施工依据。

平面识图需要关注的八大要素如下。

（1）切记，需要看清图各图层、比例、文字说明。

（2）切记，需要看清纵横定位轴线、编号，不得弄混。

（3）对房屋的平面形状、总尺寸，需要做到心中有数。

（4）局部房间的布置、用途、相关联系，均需要密切关注。

（5）门窗的布置、数量、型号，需要做到心中有数。

（6）房屋的开间、进深、细部尺寸、室内外标高数据，需要精细地去看。

（7）房屋细部构造、设备配置等情况，需要有一定了解。

（8）剖切位置、索引符号，需要明白，找好关联。

3.2.4 楼层结构平面图的表示方法

多层建筑，一般是分层绘制楼层结构平面图。如果各层构件的类型、大小、数量、布置相同时，则只是提供标准层的楼层结构平面图。这种情况，识读标准层的楼层结构平面图，也就相当于识读各层结构的平面图。但是，识读楼层结构平面图时，一定需要注意说明等是否介绍了不同之处。

平面对称的建筑物、构筑物，则可能提供的是对称画法的图，即一半是屋顶结构平面图，另一半是楼层结构平面图。

楼梯间和电梯间，往往会另提供详图，仅在平面图上用相交对角线表示。

铺设预制楼板时，图纸常用细实线分块画出板的铺设方向。

现浇板配筋简单的，可直接在结构平面图中表明钢筋的弯曲、配置情况，并且注明编号、规格、直径、间距等信息。配筋复杂或不便表示的，则用对角线表示现浇板的范围。

梁的中心位置往往是用单点粗点画线来表示的，并且一般会注明梁的代号。

圈梁、门窗过梁等有编号。如果结构平面图中不能够表达清楚时，则会另绘其平面布置图，这时，应通过识读其平面布置图来了解清楚。

图 3-4 **标准层的外观**

楼层、屋顶结构平面图的比例，一般与建筑平面图相同，即常用 1 ∶ 100 或 1 ∶ 200 的比例。

楼层、屋顶结构平面图中一般用中实线表示剖切到或可见的构件轮廓线，用虚线表示不可见构件的轮廓线。

楼层结构平面图的尺寸，一般只标注开间、进深、总尺寸、个别地方容易弄错的尺寸。楼层结构平面图的定位轴线的画法、尺寸、编号往往与建筑平面图是一致的。

标准层的外观如图 3-4 所示。

3.2.5 结构平面图的特点

结构平面图的特点如下。

（1）一般建筑的结构平面图，往往有各层结构平面图、屋面结构平面图。因此，识图要学会结合不同图来进行。

（2）识图结构平面图，应掌握梁、柱、承重墙、定位轴线的位置、定位尺寸标高、编号等。

（3）有预制板的，则需要掌握预制板的跨度方向、板号、数量、板底标高以及预留洞大小与位置。

（4）掌握预制梁、洞口过梁的位置、型号以及梁底标高等。

（5）有现浇板的，需要掌握板厚、板面标高、配筋、预留孔规格与位置、埋件规格与位置、已定设备基础规格与位置等施工要求与特点。配筋，往往另外有现浇楼面模板图、配筋图。预留孔、埋件、设备基础复杂时，也会放大另绘图纸。

（6）有圈梁时，则需要掌握圈梁位置、圈梁编号、圈梁标高。有的图纸是用小比例绘制单线平面示意图来表示的。

（7）楼梯间在有的图纸上是用斜线绘制注明编号与所在详图号。识图时，则根据注明的编号与详图号找到相关图进行识图。

（8）电梯间，往往会绘制机房结构平面布置（楼面与顶面）图，并且会注明梁板编号、板的厚度、配筋、预留洞大小与位置、板面标高、吊钩平面位置与详图等。

（9）屋面结构平面布置图内容与楼层平面类差不多。当结构找坡时，往往会标注屋面板的坡度、坡向、坡向起终点处的板面标高。当屋面上有留洞或其他设施时，往往会绘出其位置、尺寸与详图，女儿墙或女儿墙构造柱的位置、编号及详图。

（10）当选用标准图中节点或另绘节点构造详图时，往往会在平面图中注明详图索引号。预知详图，则根据详图索引号找到相关图仔细识图。

（11）单层空旷房屋，往往会绘制构件布置图及屋面结构布置图，包括构件布置定位轴线、墙、柱、过梁、门樘、雨篷、柱间支梁、柱间连系梁等的布置、编号、构件标高、详图索引号与有关说明等。屋面结构布置图，往往会绘制定位轴线、屋面结构构件的位置及编号、支撑系统布置及编号、预留孔洞的位置与尺寸、节点详图索引号、有关说明等。

3.2.6 楼层与屋顶结构平面图的主要内容

楼层结构平面图的主要内容如下。

（1）图名、比例。

（2）与建筑平面图相一致的定位轴线、编号。

（3）墙、柱、梁、板等构件的位置、代号、编号。

（4）预制板的跨度方向、数量、型号或编号，预留洞的大小及位置。

（5）轴线尺寸及构件的定位尺寸。

（6）详图索引符号、剖切符号。

（7）文字说明。

屋顶结构平面图，是表示屋面承重构件平面布置的图，其图示内容、表达方法与楼层结构平面图基本相同。

混合结构的房屋，根据抗震、整体刚度的需要，一般会在适当位置设置圈梁，并且圈梁是用粗实线表示的，在适当位置会提供断面的剖切符号，以便与圈梁断面图对照阅读。圈梁平面图的比例可小些（1 ∶ 200），并且一般会标注出定位轴线间的距离尺寸。

JIANZHU SHITU QINGSONGHUI

建 筑 识 图 轻 松 会

Part 2

识图不求人　实战你也会

第4章 混凝土结构施工图的识读

4.1 混凝土结构基础与常识

4.1.1 钢筋混凝土基本知识

混凝土，就是由水泥、砂子、石子、水根据一定比例拌合，经过浇捣、养护硬化后形成的一种人造材料。

钢筋混凝土，就是配有钢筋的混凝土。素混凝土，就是没有配置钢筋的混凝土。

钢筋混凝土构件，就是用钢筋混凝土制成的梁、板、柱、基础等构件，其分为定型构件、非定型构件等种类。

定型构件，可以直接引用标准图或通用图，只要在图纸上写明选用构件所在标准图集或通用图集的名称、代号即可。为此，想要提高识图技能，需要提前知道一些标准图集或通用图集。

自行设计的非定型构件，一般会提供构件详图。

钢筋混凝土构件，还可以分为现浇钢筋混凝土构件、预制钢筋混凝土构件、普通钢筋混凝土构件、预应力钢筋混凝土构件等种类。

混凝土与混凝土构件如图 4-1 所示。

图 4-1　混凝土与混凝土构件

4.1.2 建筑混凝土结构框架

高层混凝土结构，就是 10 层及 10 层以上或高度大于 28m 的住宅混凝土建筑以及房屋高度大于 24m 的其他民用混凝土建筑。一般认为层数或高度达不到高层建筑结构范围的建筑结构属于多层房屋结构（单层除外）。根据结构构件所用材料的不同，多高层建筑混凝土结构的类型主要有：钢筋混凝土结构、型钢或钢管混凝土、钢 - 混凝土混合结构等。多高层混凝土结构体系常用的有：框架结构体系、剪力墙结构体系、框架 - 剪力墙（ 筒体）结构体系、筒体结构体系等。框架 - 剪力墙结构适宜建造 10 ～ 20 层的建筑。框架 - 核心筒结构适宜建造 10 ～ 50 层的建筑。

抗震等级是确定结构构件抗震设计的标准，一般会根据设防烈度、结构类型、房屋高度采用不同的抗震等级，并且应符合相应的计算和构造措施要求。

一般现浇钢筋混凝土房屋抗震等级分为四级，其中一级抗震要求最高。

建筑混凝土结构框架如图 4-2 所示。

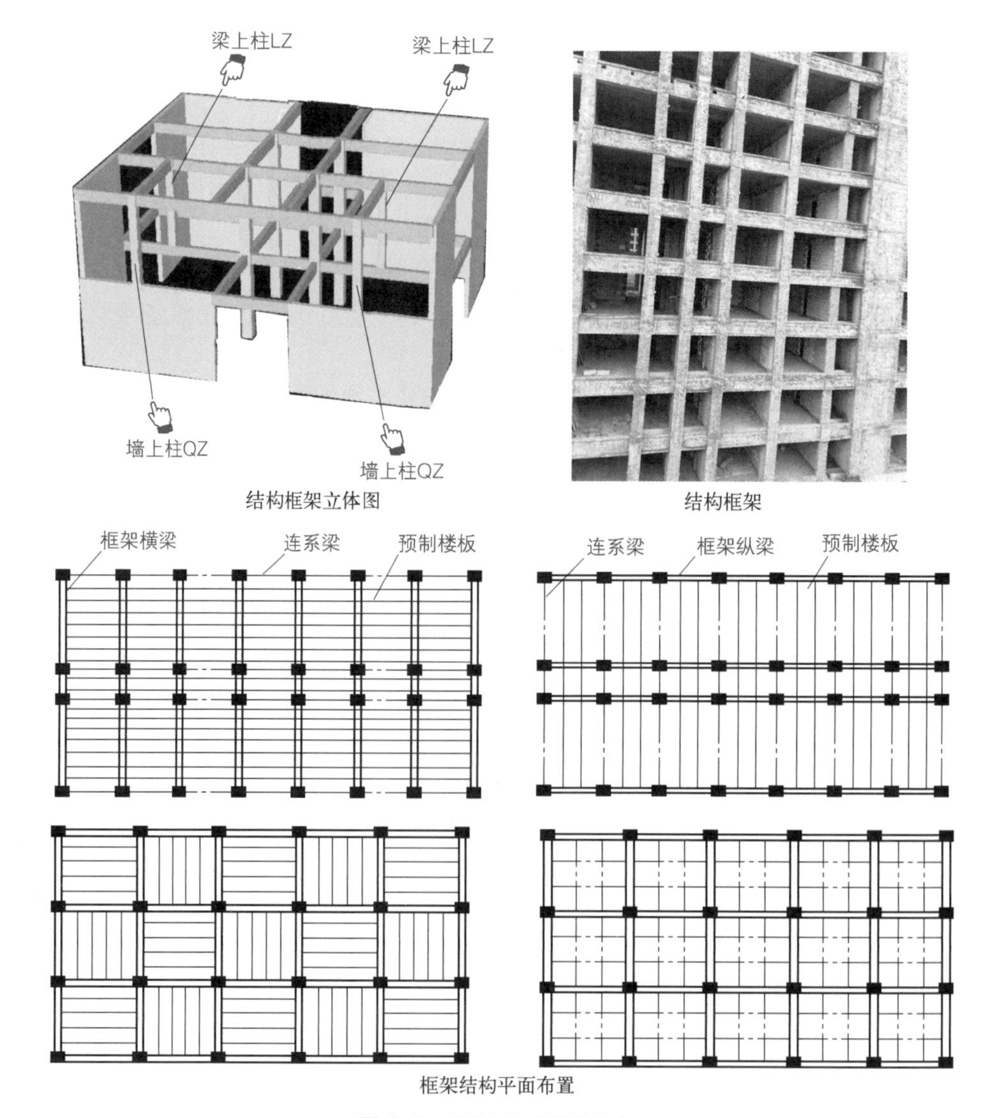

图 4-2 建筑混凝土结构框架

4.1.3 框架的简图

框架结构由梁、柱及其节点组成。框架简图的表示方法为：各构件用单线杆件表示，各单线杆件代表构件形心轴线所在的位置。现浇整体式框架的节点一般简化成刚节点，柱与基础连接一般也简化为刚接形式。

框架的简图如图 4-3 所示。

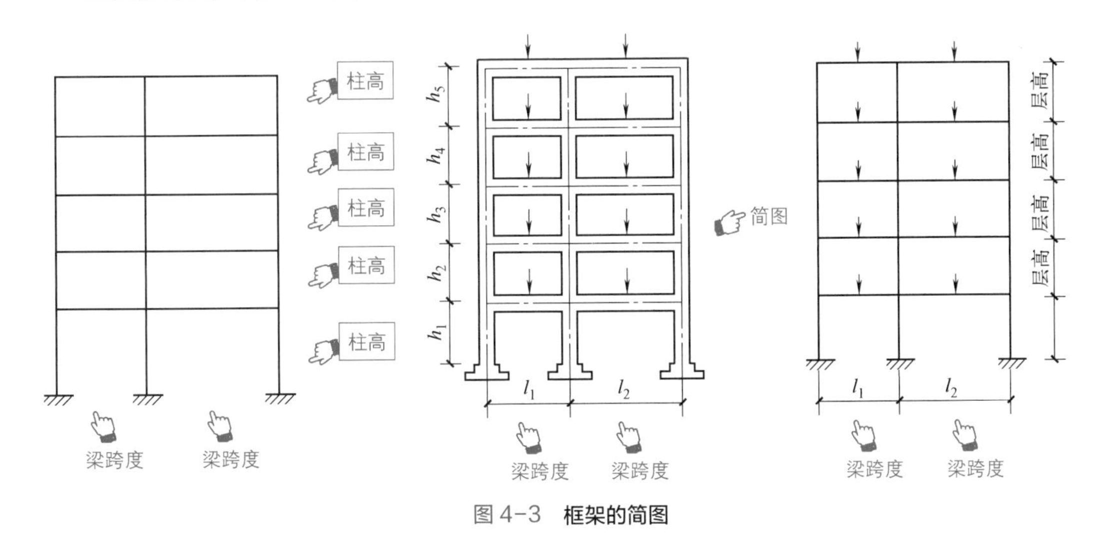

图 4-3　**框架的简图**

4.1.4 某混凝土框架结构的识读

某混凝土框架结构的识读如图 4-4 所示。

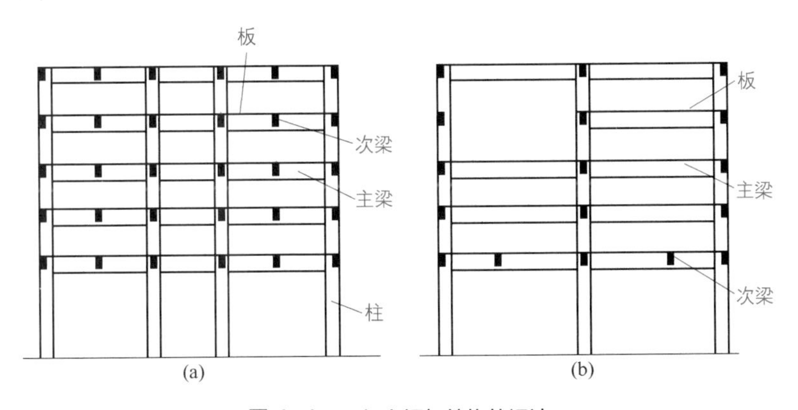

图 4-4　**混凝土框架结构的识读**

（1）通过图 4-4（a）可知，该图柱网布置情况是：柱布置于建筑物两端及中间。柱距、柱高、边跨、中间跨的具体数据该图没有提供。

（2）通过图 4-4（b）可知，该图柱网布置情况是：柱布置于建筑物两端及中间。柱距、柱高、边跨、中间跨的具体数据该图没有提供。

（3）通过图 4-4（a）可知，该图各层框架边主梁中间设有次梁。由图 4-4（b）可知，底层框架主梁中间设有次梁，其他层框架主梁中间没有设次梁。

（4）通过看图4-4可知，该建筑物设有板，并且放置在梁上。

（5）通过看图4-4可知，该建筑物采用边框架梁+中框架梁的形式。

4.1.5 某内廊式柱网的识读

某内廊式柱网的识读如图4-5所示。

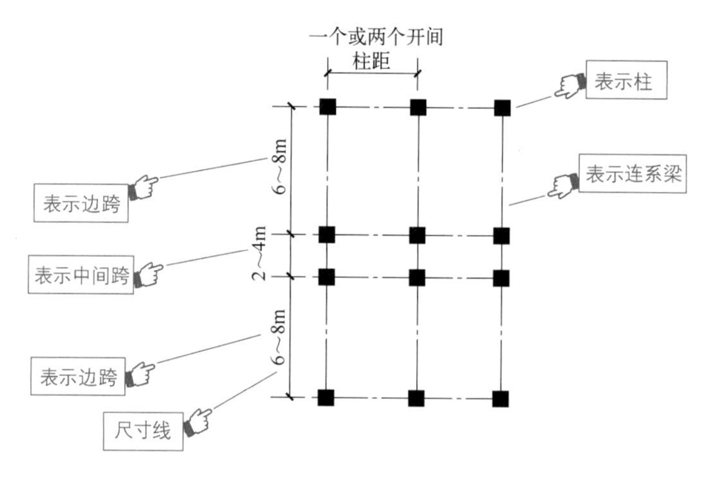

图4-5 **某内廊式柱网的识读**

（1）为便于识图，在原图上进行了图解标注识读。

（2）通过看图可知，该图属于内廊式柱网。内廊式柱网常用尺寸包括边跨、中间跨、柱距等。

（3）通过看图可知，该内廊式柱网的边跨为6～8m、中间跨为2～4m。柱距为一个开间柱距2～4m，两个开间柱距6～8m。

4.1.6 常用的钢筋

常用的钢筋如图4-6所示。

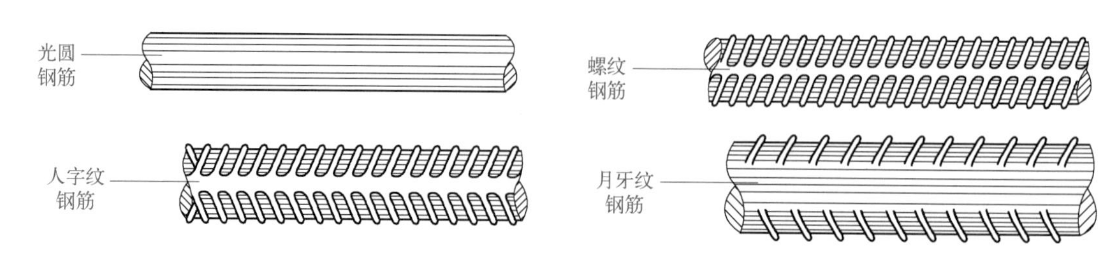

图4-6 **常用的钢筋**

4.1.7 钢筋的弯钩

钢筋的弯钩，有标准的半圆弯钩、箍筋封闭式、箍筋开口式、箍筋抗扭式等，如图4-7所示。

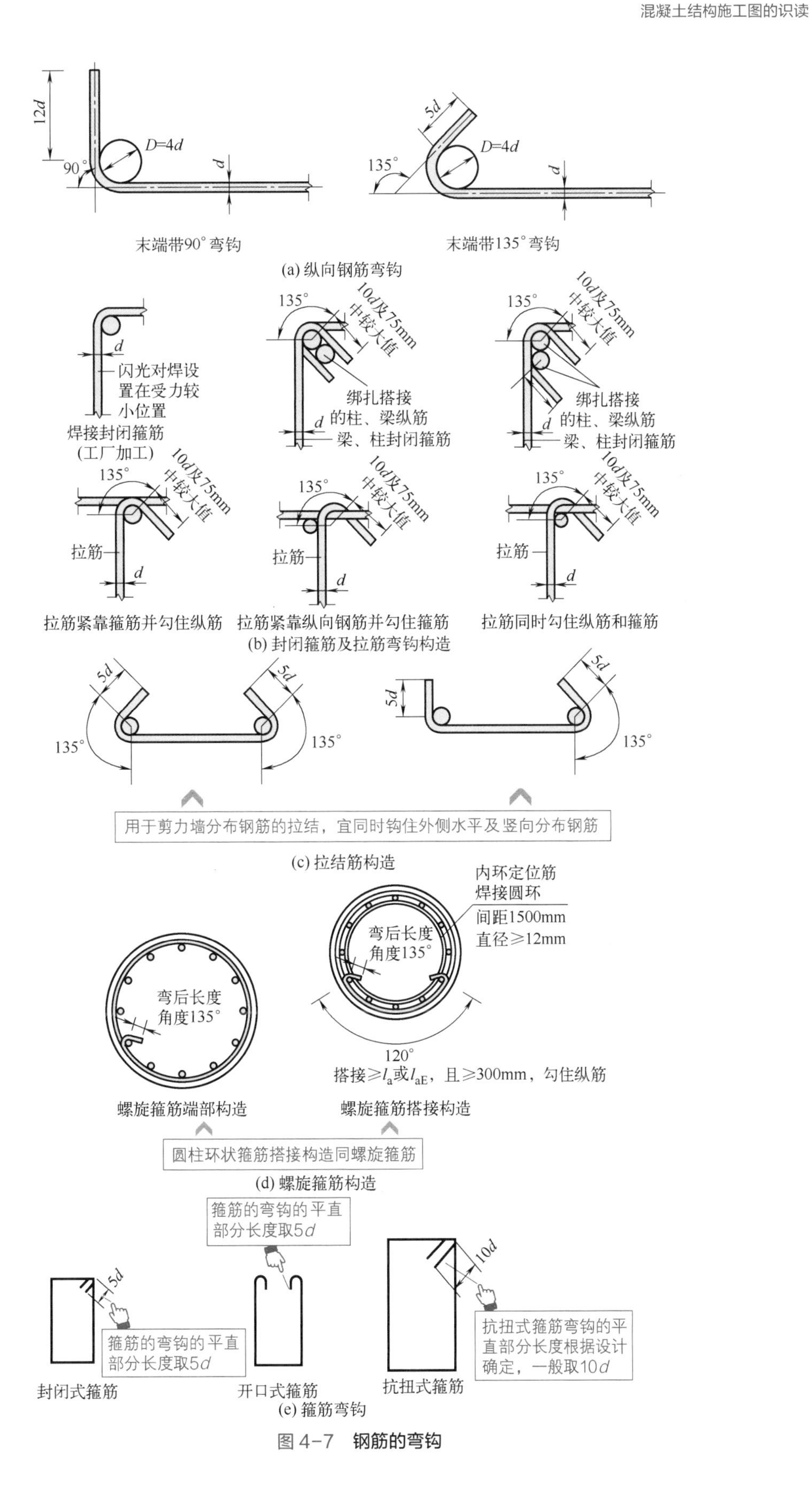
12d
90°
D=4d
d
末端带90°弯钩
5d
135°
D=4d
d
末端带135°弯钩
(a) 纵向钢筋弯钩
d
闪光对焊设置在受力较小位置
焊接封闭箍筋(工厂加工)
135°
10d及75mm中较大值
绑扎搭接的柱、梁纵筋
d
梁、柱封闭箍筋
135°
10d及75mm中较大值
绑扎搭接的柱、梁纵筋
d
梁、柱封闭箍筋
135°
10d及75mm中较大值
拉筋
d
135°
10d及75mm中较大值
拉筋
d
135°
10d及75mm中较大值
拉筋
d
拉筋紧靠箍筋并勾住纵筋
拉筋紧靠纵向钢筋并勾住箍筋
拉筋同时勾住纵筋和箍筋
(b) 封闭箍筋及拉筋弯钩构造
5d
5d
135°
135°
5d
5d
135°
用于剪力墙分布钢筋的拉结，宜同时钩住外侧水平及竖向分布钢筋
(c) 拉结筋构造
内环定位筋焊接圆环
间距1500mm
直径≥12mm
弯后长度角度135°
弯后长度角度135°
120°
搭接≥l_a或l_{aE}，且≥300mm，勾住纵筋
螺旋箍筋端部构造
螺旋箍筋搭接构造
圆柱环状箍筋搭接构造同螺旋箍筋
(d) 螺旋箍筋构造
箍筋的弯钩的平直部分长度取5d
5d
箍筋的弯钩的平直部分长度取5d
10d
抗扭式箍筋弯钩的平直部分长度根据设计确定，一般取10d
封闭式箍筋
开口式箍筋
抗扭式箍筋
(e) 箍筋弯钩

图4-7 钢筋的弯钩

4.1.8 钢筋的名称和作用

钢筋混凝土构件：用钢筋混凝土制成的梁、板、柱、基础等构件称为钢筋混凝土构件。

钢筋混凝土结构：全部用钢筋混凝土构件承重的结构称为钢筋混凝土结构。

钢筋的保护层：为了使钢筋在构件中不被锈蚀，加强钢筋与混凝土的黏结力，在各种构件中的受力筋外面，必须要有一定厚度的混凝土。

钢筋的名称和作用，如图 4-8 所示。

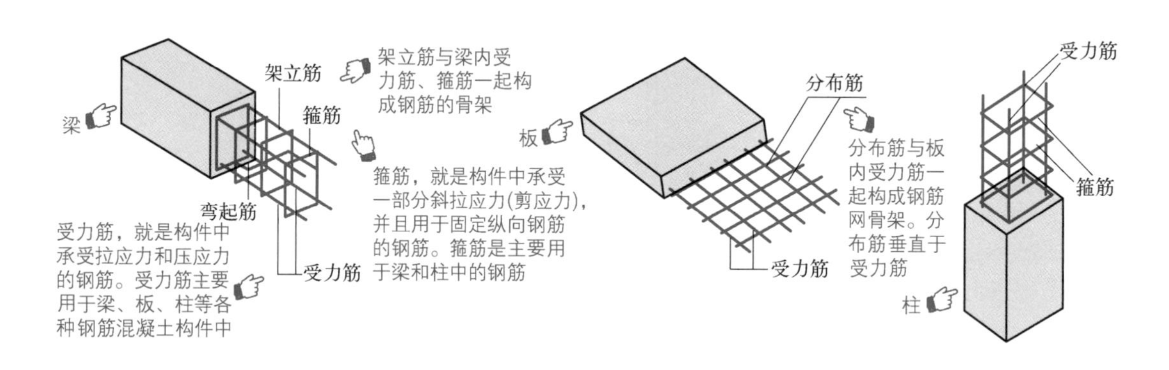

图 4-8 钢筋的名称和作用

4.1.9 一般钢筋图例的识读

一般钢筋图的图例，包括钢筋横断面、无弯钩的钢筋端部、带半圆形弯钩的钢筋端部、带直钩的钢筋端部、带丝扣的钢筋端部、无弯钩的钢筋搭接、带半圆弯钩的钢筋搭接、带直钩的钢筋搭接、花篮螺栓钢筋接头、机械连接的钢筋接头等，如图 4-9 所示。

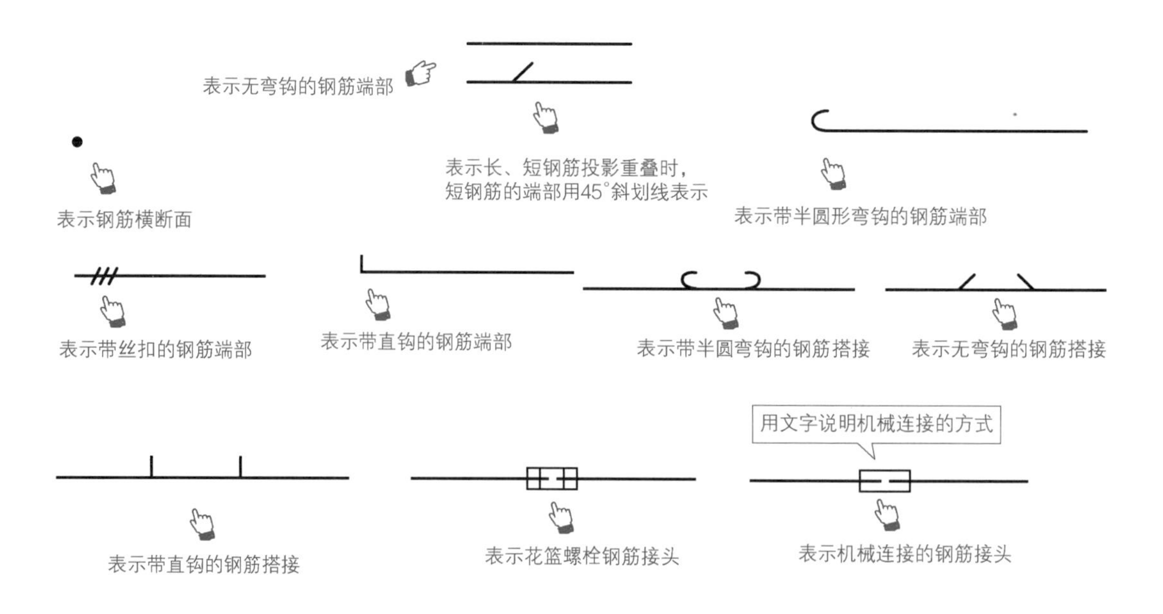

图 4-9 一般钢筋图例

4.1.10 钢筋代号的识读

钢筋的种类有 HPB300、HRB335 等，其代号如图 4-10 所示。

图 4-10 钢筋代号

扫码观看视频
模板图的实例与识读

4.1.11 模板图

钢筋混凝土构件详图是加工制作钢筋、浇筑混凝土的依据，其内容包括模板图、配筋图、钢筋表、文字说明等。

模板图，主要表明钢筋混凝土构件的外形以及预埋铁件、预留钢筋、预留孔洞的位置。另外，还有各部位尺寸、标高、构件与定位轴线的位置关系等。

常说的另外一种模板图，就是现浇构件模板图、预制构件模板图等。具体模板类型图有组合钢模板图、夹板模板图、木模板图、滑升模板图、定型钢模板图、砖地模图、砖胎模图、长线台混凝土地模图等。

现浇构件模板需要支撑。支撑包括钢支撑、木支撑等类型。

建筑模板如图 4-11 所示。

(a) 建筑模板的应用

图 4-11

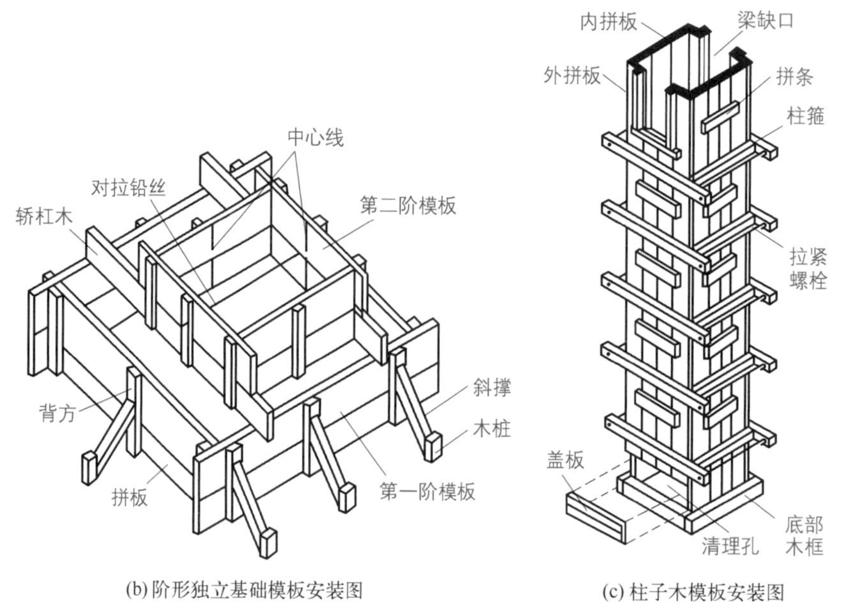

(b) 阶形独立基础模板安装图　　(c) 柱子木模板安装图

图 4-11　**建筑模板**

扫码观看视频

配筋

4.1.12　配筋图

配筋图，往往包括立面图、断面图、钢筋详图，主要表示构件内部各种钢筋的位置、直径、形状、数量等。

（1）立面图，主要表示构件内钢筋的形状及其上下排列位置。

（2）断面图，主要表示构件内钢筋的上下和前后配置情况以及箍筋形状等。

（3）钢筋详图，主要表示构件内钢筋的形状。

钢筋的应用与配筋图如图 4-12、图 4-13 所示。

图 4-12

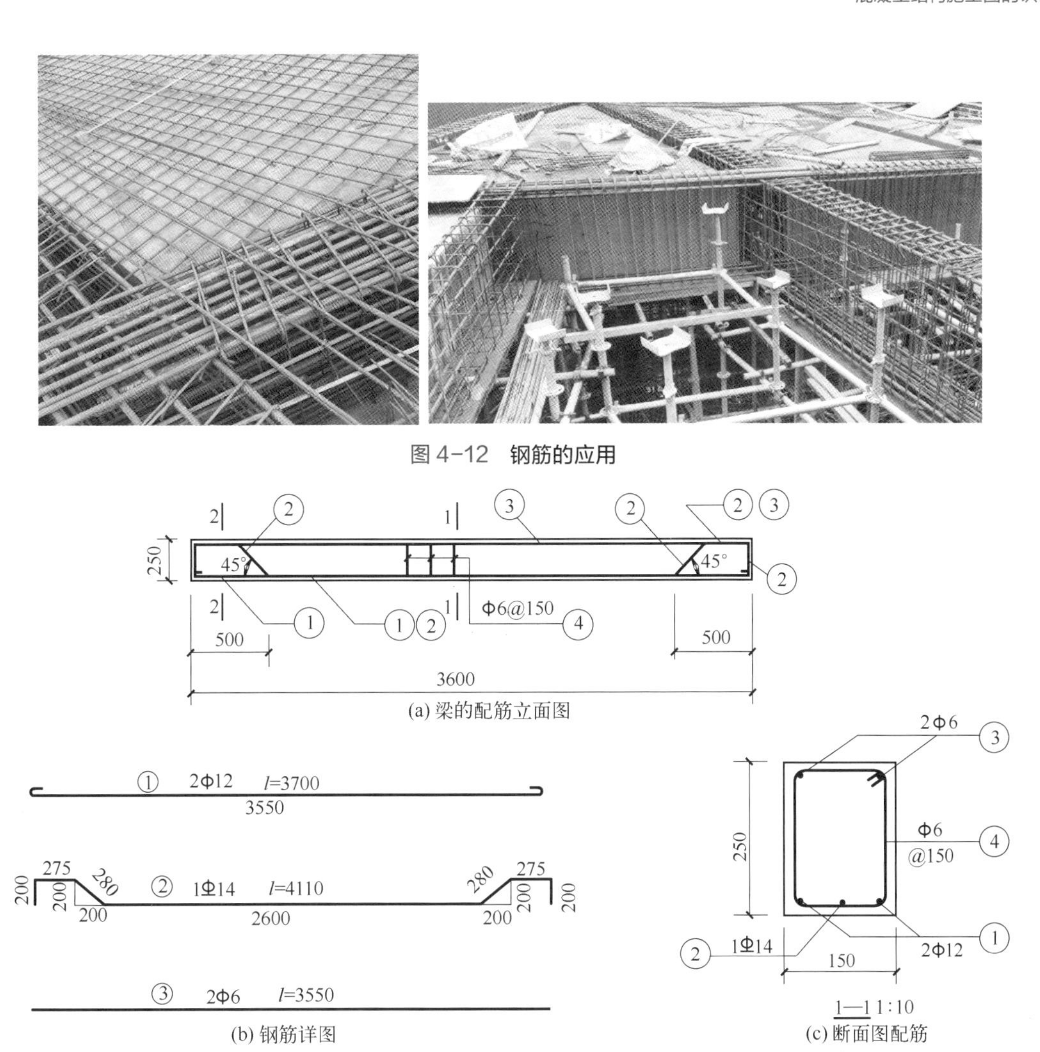

图 4-12 钢筋的应用

图 4-13 配筋图

4.1.13 钢筋表

钢筋表，可以呈现构件名称、构件数、钢筋编号、钢筋规格、简图、长度、每件根数、总长、累计重量等。

编制预算、统计钢筋用料、计算钢筋用量、了解施工做法等，都需要参看钢筋表。

钢筋表如图 4-14 所示。

钢筋表

编号	规格	简图	单根长度/mm	根数	总长/m	重量/kg
①	Φ12		3700	2	7.40	7.53
②	Φ14		4110	1	4.11	4.96
③	Φ6		3550	2	7.10	1.58
④	Φ6		700	24	16.80	3.75

图 4-14 钢筋表

4.1.14 传统配筋图与配筋平法图的对比

传统配筋图与平法图的对比如图 4-15 所示。

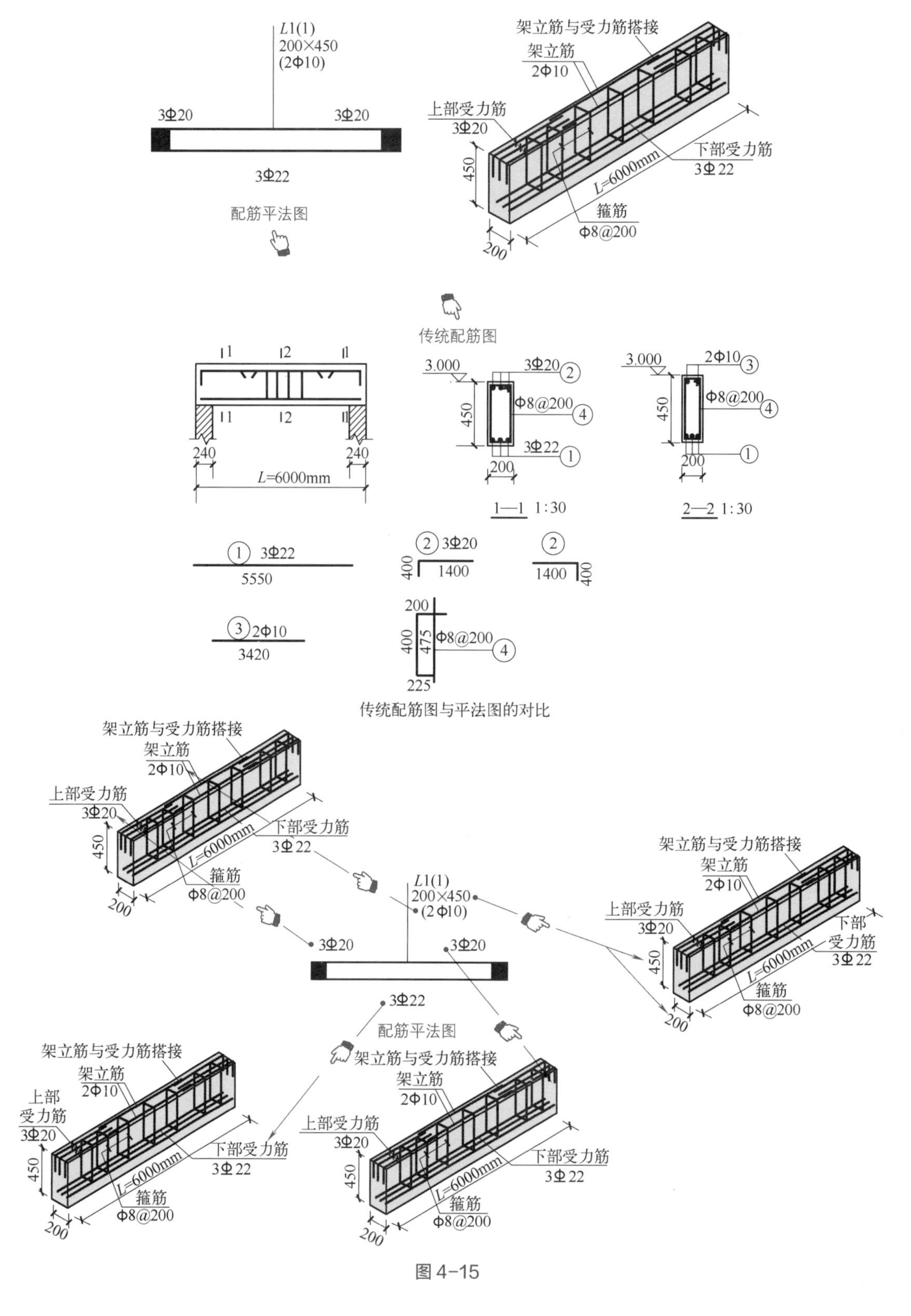

图 4-15

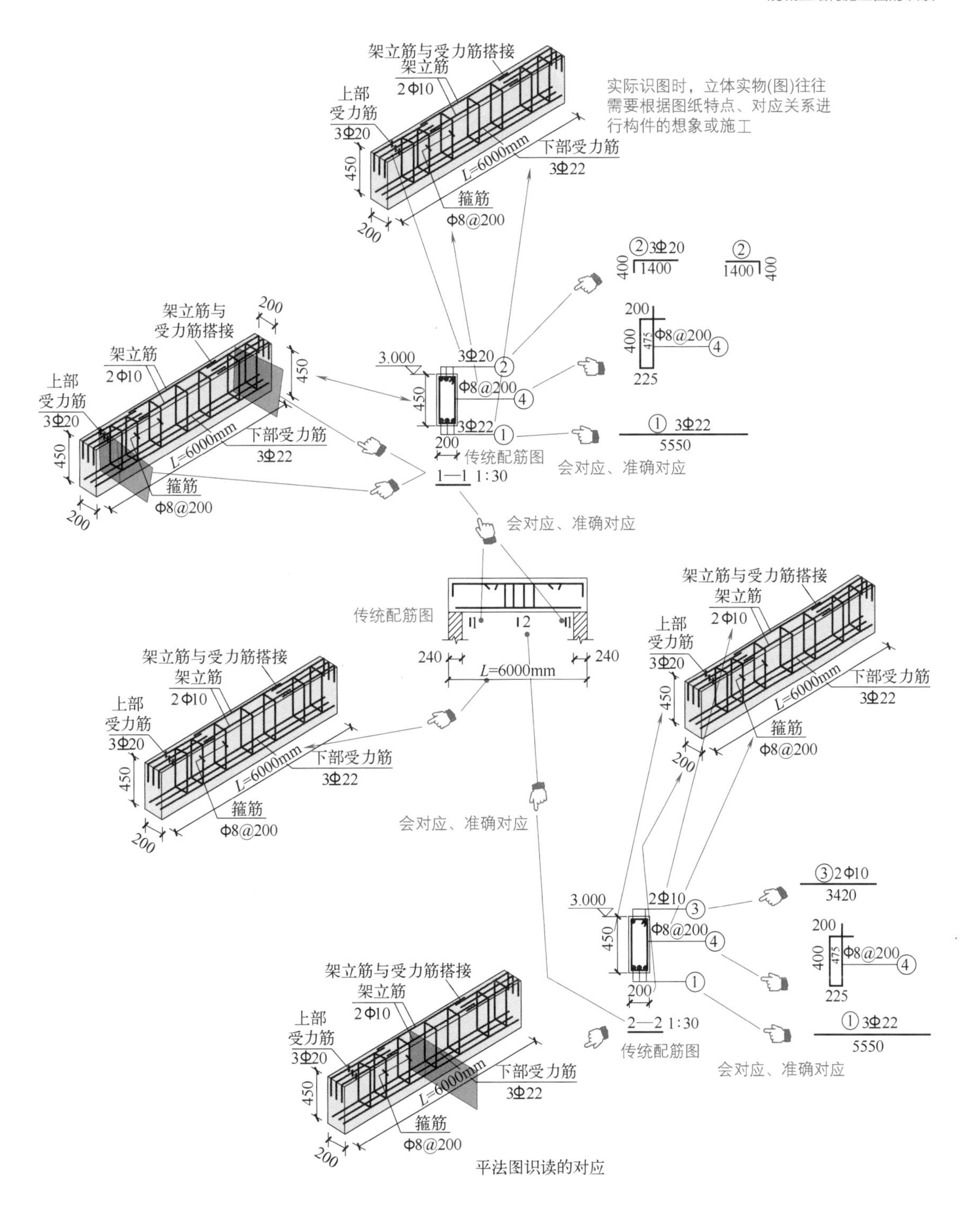

图 4-15 **传统配筋图与平法图的对比**

4.1.15 钢筋混凝土构件详图表示法

钢筋混凝土构件详图表示方法如下。

（1）钢筋混凝土构件详图，一般是采用正投影并视构件混凝土为透明体，以重点表示钢筋的配置情况的图。

（2）断面图的数量，一般是根据钢筋的配置来确定的，并且凡是钢筋排列有变化的地方，均应提供断面图，以便更进一步掌握有关信息。

（3）构件中的钢筋一般是统一编号，并且在立面图、断面图中标注出一致的钢筋编号、直径、数量、间距等。

（4）单根钢筋详图，一般是由上而下，用同一比例排列在梁立面图的下方，与之对齐。

4.1.16 钢筋混凝土构件详图的内容

钢筋混凝土构件详图的内容如下。

（1）构件名称、代号、比例。

（2）构件的定位轴线及其编号。

（3）构件的形状、尺寸、预埋件代号及布置。

（4）构件内部钢筋的布置。

（5）构件的外形尺寸、钢筋规格、构造尺寸、构件底面标高。

（6）施工说明。

4.1.17 钢筋混凝土现浇构件详图

识读钢筋混凝土现浇构件详图应掌握的内容与技巧如下。

（1）掌握有关纵剖面、横剖面、长度、定位尺寸、断面尺寸、标高、配筋、梁和板的支座。

（2）现浇的预应力混凝土构件，往往还绘有预应力筋定位图、锚固要求。因此，还需要结合其他图来识图。

（3）如果有需要，有的图纸会增设墙体立面图。

（4）当钢筋较复杂不易表示清楚时，可以将钢筋分离绘出。

（5）对构件受力有影响的预留洞、预埋件，往往会注明其位置、尺寸、标高、洞边配筋、预埋件编号等信息。

（6）曲梁或平面折线梁，一般会增绘平面图，必要时还会绘展开详图。因此，对于曲梁或平面折线梁的识图，不仅涉及钢筋混凝土现浇构件详图的识图，还会涉及平面图、展开详图的识图。

（7）一般的现浇结构的梁、柱、墙，可以采用“平面整体表示法”绘制。标注文字较密时，纵、横向梁往往分两幅平面图绘制。为此，需要了解“平面整体表示法”的特点，以便识图理解更透彻。

（8）总说明、特别说明、附加说明等文字，均需要仔细阅读，对识图会有帮助的。

4.1.18 钢筋混凝土预制构件详图

识读钢筋混凝土预制构件详图应掌握的内容与技巧如下。

（1）构件模板图，往往会表示模板尺寸、轴线关系、预留洞位置尺寸、预埋件位置尺寸、预埋件编号、必要的标高等。后张预应力构件往往会表示预留孔道的定位尺寸，张拉端、锚固端信息等。

（2）构件配筋图，往往会表示钢筋形式的纵剖面、箍筋直径与间距。配筋复杂的图，往往会将非预应力筋分离绘出。横剖面往往会注明断面尺寸、钢筋规格、位置、数量等。

（3）形状简单，规则的现浇或预制构件，可用列表法绘制。

4.1.19 节点构造详图

识读节点构造详图应掌握的内容与技巧如下。

（1）对于现浇钢筋混凝土结构，往往要求绘制节点构造详图。这些节点构造详图，有的可以采用标准设计通用详图集中的节点构造详图。为此，应对一些标准设计通用详图进行了解，以便识图技能的提升。

（2）预制装配式结构的节点，梁、柱与墙体锚拉等详图要求绘出平面、剖面，并且注明相互定位关系、构件代号、连接材料、附加钢筋（或埋件）的规格、型号、性能、数量。另外，注明连接方法、对施工安装有关要求、对后浇混凝土的有关要求等。对于这类绘图有要求的图纸，掌握了其要求，则识读这一类图就可以举一反三、触类旁通。

4.2 平法表达形式与注写方式

4.2.1 现浇钢筋混凝土构件平法表达形式

现浇钢筋混凝土构件平面整体设计，即平法。平法图，是一套完整的结构设计图。

平法的表达形式，就是把结构构件的尺寸、配筋等，根据平面整体表示方法制图规则，整体直接地表达在各类构件的结构平面布置图上，然后与标准构造详图相配合表示。

4.2.2 平法设计的注写方式

平面布置图上，往往表示出各构件尺寸、配筋方式等信息。

平法设计的注写方式，分为平面注写方式、列表注写方式、截面注写方式等。

根据平法设计绘制的结构施工图，往往会将所有柱、墙、梁构件进行编号，并且用表格或其他方式注明各结构层楼（地）面标高、结构层高、相应的结构层号等信息。

4.3 混凝土基础

4.3.1 基础平面图的识图

条形基础图，往往包括基础平面图、基础详图。独立基础图，往往包括平面图、垂直断面图。

识读基础平面图应掌握的内容与技巧如下。

（1）看基础定位轴线，可以掌握其主要结构位置。试想如果结构位置搞错了，问题就严重了。定位轴线，往往有横向轴线、纵向轴线，并且常有几条。为了不弄混、不弄错，需要取名和编号。识图时，也就清晰了。

（2）识图基础图时，往往需要掌握基础构件（包括承台、基础梁等）的位置、尺寸、底标高、构件编号。这些信息往往可以从图中掌握。

（3）基础底标高不同时，可以通过底标高的标注以及放坡示意来判断与掌握。

（4）识图基础图时，往往需要掌握结构承重墙与墙垛、柱的位置与尺寸、编号。这些信息往往可以从图中掌握。建筑物、构筑物为混凝土结构时，该项可以另绘平面图。这时，欲掌握信息与要求，自然需要看另绘的平面图，而不是苦苦在这一张原图上寻找答案。该种图纸，往往还注明了断面变化关系尺寸。

（5）识图基础图时，往往需要掌握地沟、地坑、已定设备基础的平面位置、尺寸、标高。无地下室时 ±0.000 标高以下的预留孔与埋件的位置、尺寸、标高。

（6）识图基础图一般还需要掌握沉降观测要求与测点布置（有的有附测点构造详图）。

（7）识图基础图时，应仔细阅读说明。往往需要掌握基础持力层与基础进入持力层的深度，地基的承载能力特征值，基底及基槽回填土的处理措施与要求以及对施工的有关要求等。

（8）桩基图，往往需要掌握桩位平面位置与定位尺寸，说明桩的类型和桩顶标高、入土深度、桩端持力层及进入持力层的深度，成桩的施工要求、试桩要求和桩基的检测要求（如果先做试桩时，则一般会单独先绘制试桩定位平面图），注明单桩的允许极限承载力值。

（9）当采用人工复合地基时，一般会绘出复合地基的处理范围与深度，置换桩的平面布置及其材料和性能要求、构造详图；注明复合地基的承载能力特征值与压缩模量等有关参数和检测要求。

（10）当复合地基是另由有设计资质的单位设计时，主体设计方一般会明确提出对地基承载力特征值和变形值的控制要求。

基础的图例如图 4-16 所示。

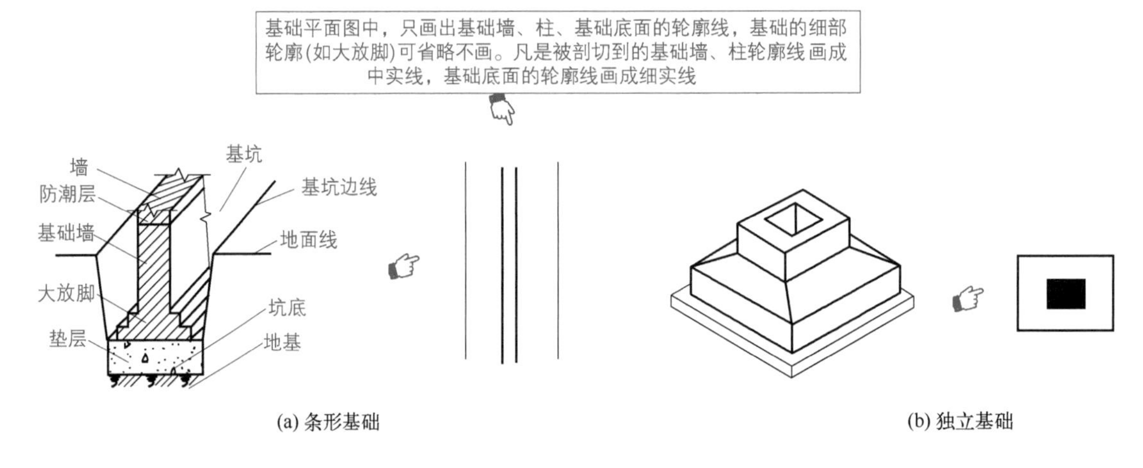

图 4-16 **基础的图例**

4.3.2 基础常见的编号

基础常见的编号形式如图 4-17 所示。

独立基础编号

类型	基础底板截面形状	代号	序号
普通独立基础	阶形	DJ_J	××
	坡形	DJ_P	××
杯口独立基础	阶形	BJ_J	××
	坡形	BJ_P	××

条形基础梁及底板编号

类型		代号	序号	跨数及有无外伸
基础梁		JL	××	(××)端部无外伸
条形基础底板	坡形	TJB_P	××	(××A)一端有外伸
	阶形	TJB_J	××	(××B)两端有外伸

说明：条形基础通常采用坡形截面或单阶形截面。

梁板式筏形基础构件编号

构件类型	代号	序号	跨数及有无外伸
基础主梁(柱下)	JL	××	(××)或(××A)或(××B)
基础次梁	JCL	××	(××)或(××A)或(××B)
梁板筏基础平板	LPB	××	

平板式筏形基础构件编号

构件类型	代号	序号	跨数及有无外伸
柱下板带	ZXB	××	(××)或(××A)或(××B)
跨中板带	KZB	××	(××)或(××A)或(××B)
平板式筏基础平板	BPB	××	

说明：
1.(××A) 为一端有外伸,(××B)为两端有外伸，外伸不计入跨数。
2.平板式筏形基础平板，其跨数及是否有外伸分别在 X、Y 两向的贯通纵筋之后表达。图面从左至右为X向，从下至上为Y向

基础相关构造类型与编号

构造类型	代号	序号	说明
基础联系梁	JLL	××	用于独立基础、条形基础、桩基承台
后浇带	HJD	××	用于梁板、平板筏基础、条形基础等
上柱墩	SZD	××	用于平板筏基础
下柱墩	XZD	××	用于梁板、平板筏基础
基坑(沟)	JK	××	用于梁板、平板筏基础
窗井墙	CJQ	××	用于梁板、平板筏基础
防水板	FBPB	××	用于独基、条基、桩基加防水板

说明：1.基础联系梁序号:(××)为端部无外伸或无悬挑,(××A)为一端有外伸或有悬挑,(××B)为两端有外伸或有悬挑。
2.上柱墩位于筏板顶部混凝土柱根部位，下柱墩位于筏板底部混凝土柱或钢柱柱根水平投影部位，均根据筏形基础受力与构造需要而设

图 4-17　**基础常见的编号**

4.3.3　基础平面图的形成与特点

识读建筑结构施工图的第一步，是看总说明。识读建筑结构施工图的第二步，则是看基础平面布置图。

基础平面图，就是假想用一个水平面沿房屋底层室内地面附近将整幢建筑物剖开后，移去上层的房屋和基础周围的泥土向下投影所得到的水平剖面图。

基础平面图中，可以只画出基础墙、柱、基础底面的轮廓线。基础的细部轮廓（如大放脚）可省略不画。因此，在有的基础平面图中看不到基础的细部轮廓。

基础平面图中中实线与细实线的应用有所不同。基础底面的轮廓线一般是用细实线画成的。凡被剖切到的基础墙、柱轮廓线，一般是用中实线画成的。

基础平面图中采用的比例、材料图例与建筑平面图是相同的。

基础平面图中往往会注出与建筑平面图相一致的定位轴线编号、轴线尺寸。

基础墙上留有管洞时，一般用虚线表示其位置。其具体做法、尺寸，往往是另用详图来

表示的。因此，从平面图到详图，从详图到平面图，轮回几次结合识图是常见的识图技巧。

基础平面图的尺寸有内部尺寸、外部尺寸之分，识图时应注意。外部尺寸，往往只标注定位轴线的间距与总尺寸。内部尺寸，往往标注各道墙的厚度、柱的断面尺寸和基础底面的宽度等。

基础平面图中，往往还有各断面图的剖切符号、编号。因为基础宽度、墙厚、大放脚、基底标高、管沟的做法各不相同，所以往往会以不同的断面图来表示。

扫码观看视频

基础平面图的识读

4.3.4 基础平面图的主要内容

基础平面图的主要内容如下。

（1）图名、比例。

（2）纵横向定位轴线、编号、轴线尺寸。

（3）基础墙、柱的平面布置。基础底面形状、大小及其与轴线的关系。

（4）基础梁的位置、代号。

（5）基础编号、基础断面图的剖切位置线、编号。

（6）施工说明，包括所用材料的强度等级、防潮层做法、设计依据、施工注意事项等。

条形基础平面图尺寸注法：注明基础的大小尺寸和定位尺寸。

基础平面图的主要内容如图 4-18 所示。

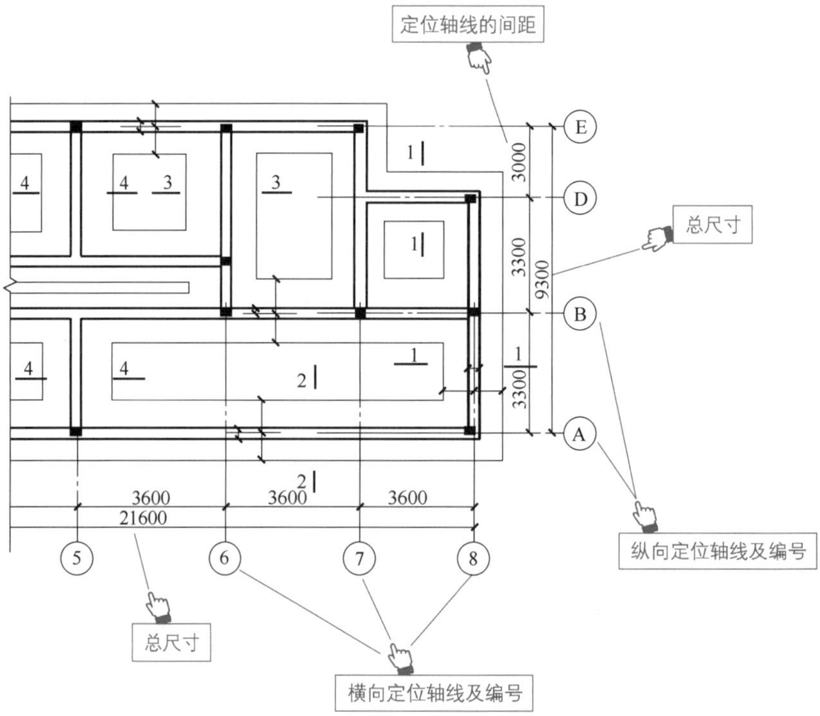

识图帮

识读条形基础平面图，可以掌握基槽未回填土时基础平面布置的情况，其一般采用房屋室内地面下方的一个水平剖面图来表示

图 4-18

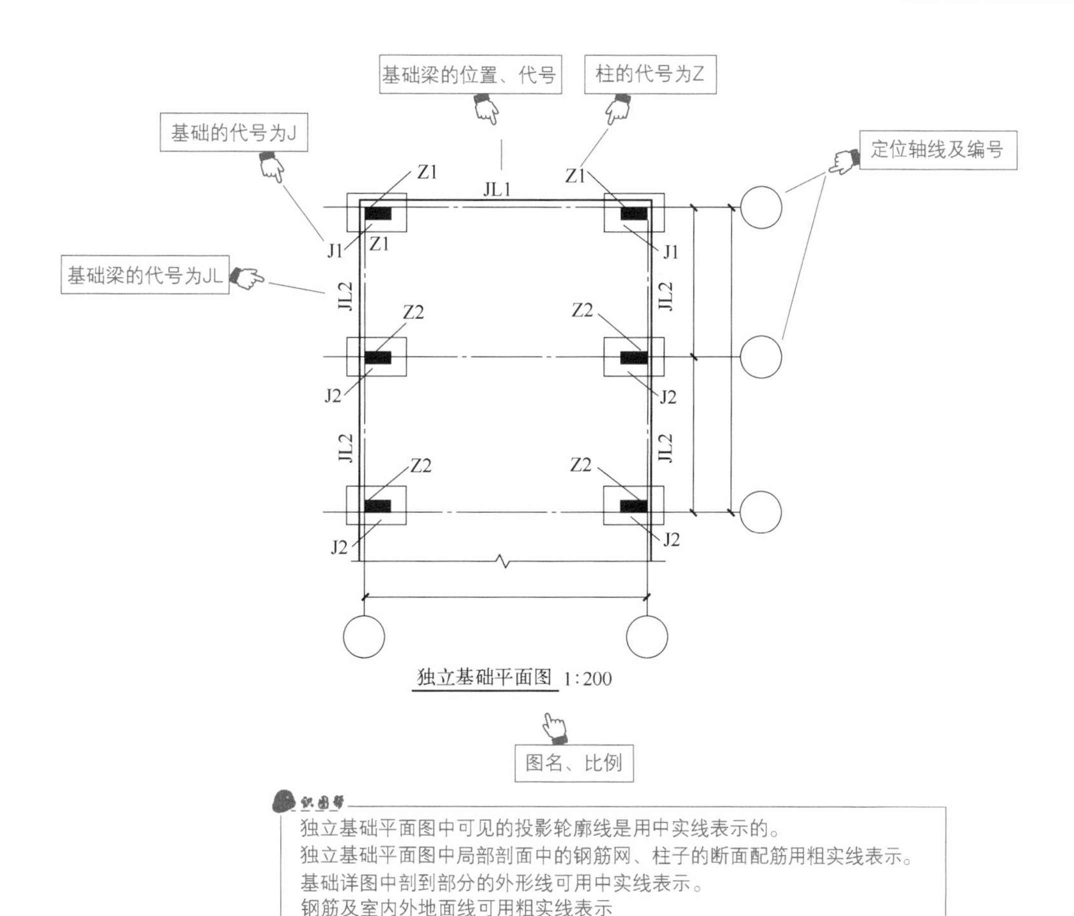

图4-18　基础平面图的主要内容

识图轻松会

基础平面图只是表明了基础的平面布置，而基础各部分的形状、大小、材料、构造、基础的埋置深度等在基础平面图上一般是没有表达出来的，这些详细情况，则往往是另画各部分基础详图来体现出来的。也就是说，欲知详情，需看详图。

通过识读基础平面图，以确定建筑物基坑开挖深度、建筑物集水坑做法深度等信息。

另外，通过识读基础平面图中的钢筋配筋图，才能选择钢筋进行加工以及掌握施工要求。

通过识读“基础项～±0.000剪力墙、柱平法施工图”，可以确定构造柱、剪力墙钢筋配筋及加固要求。筏板基础留置地下室外墙钢筋施工缝时，一般需要根据结构说明加装止水钢板或者止水带。

每一种不同的基础，都要画出它的断面图，并在基础平面图上用1—1、2—2、3—3……剖切位置线表明该断面的位置。

4.3.5　基础详图的形成

基础详图，就是在基础的某一处用铅垂剖切平面切开基础所得到的断面图，如图4-19所示。

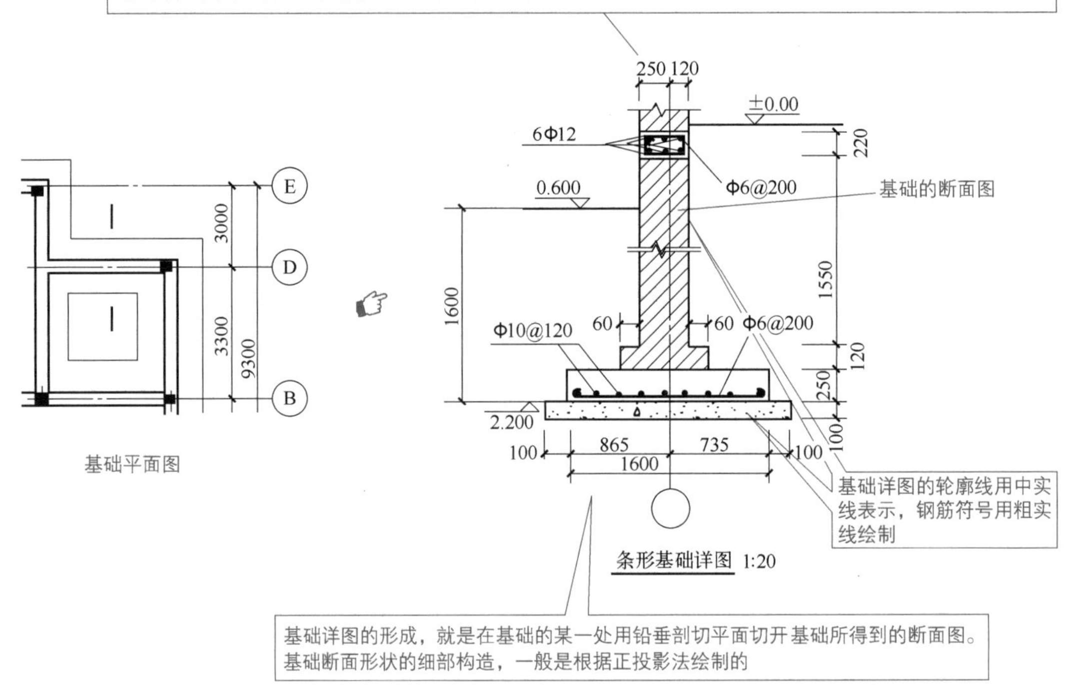

图 4-19 **基础详图**

识图轻松会

基础详图一般是采用垂直断面图来表示的。识图时，从垂直、断面两方面入手，这样构想的方向基本上是准确的。

4.3.6 基础详图的数量与表示方法

同一幢房屋，由于各处存在不同的荷载、不同的地基承载力，其基础会存在不同。对于每一种不同的基础，均会绘出其断面图，并且往往会在基础平面图上用 1—1、2—2、3—3……（或者类似的表达）画出剖切位置线，根据该表达可以确定断面的位置。

基础断面形状的细部构造，一般是根据正投影法绘制的。因此，根据识图转换成现场时，需要采用正投影法进行“桥架”理解。

基础断面会提供许多材料的图例符号，但是钢筋混凝土材料往往没有，需要提前了解其标准、规范的图例符号。

钢筋混凝土独立基础往往除了提供基础的断面图外，有时还会提供基础的平面图以及平面图中采用局部剖面来表达底板配筋。也就是说，钢筋混凝土独立基础底板配筋，往往是在其平面图中表达体现出来的。

基础详图的轮廓线一般是用中实线表示表达的，钢筋符号则是用粗实线绘制的。也就是说，有的图中钢筋符号表达得很形象。

基础详图轮廓线如图 4-20 所示。

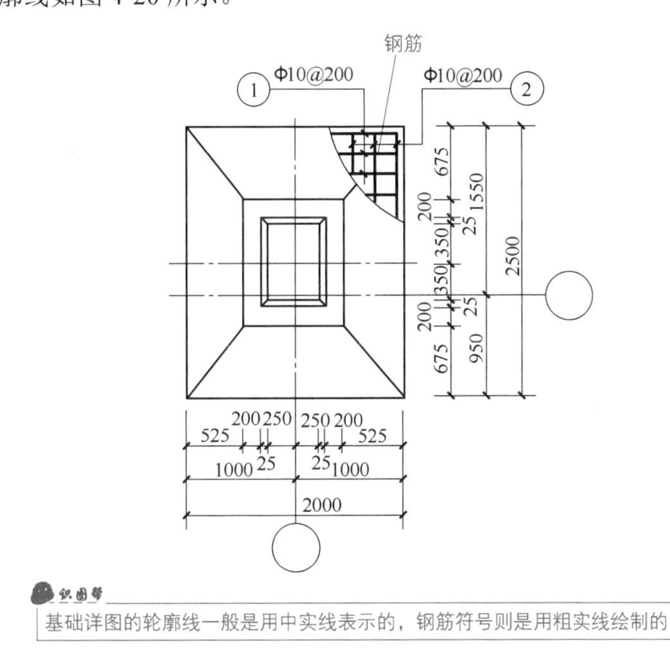

图 4-20 **基础详图轮廓线**

4.3.7 基础详图的特点

基础详图的特点如下。

（1）识读无筋扩展基础详图，往往可以具体了解到细微信息，例如总尺寸、分尺寸、标高、定位尺寸、剖面特点、基础圈梁位置、防潮层位置等。

（2）识读桩基详图，应掌握总尺寸、分尺寸、标高、定位尺寸、桩构造详情、桩与承台的连接构造详情、承台梁剖面、承台板平面、承台板剖面等。

（3）识读筏基、箱基图，应掌握承重墙位置、柱的位置等信息。当要求设后浇带时，则往往会有表示其平面位置并绘制构造的详图，需要结合另图看该详图。对箱基和地下室基础，往往需要掌握钢筋混凝土墙的平面、剖面、配筋，当预留孔洞、预埋件较多或复杂时，往往会另绘墙的模板图，则需要结合其他图综合看。

（4）对于基础材料的品种、规格、性能、抗渗等级、垫层材料、杯口填充材料等，有的图纸在附加说明中会介绍。因此，不但要看图，还要看文字、看表。

（5）形状简单、规则的无筋扩展基础、扩展基础、基础梁、承台板，可以采用列表方法表示。遇到该种图，不但要识图，也要识表。

（6）基础详图常用 1 ∶ 10、1 ∶ 20、1 ∶ 50 的比例绘制。

扫码观看视频

基础详图的识读

4.3.8 基础详图的主要内容

基础详图的主要内容如下。

（1）图名、比例。

（2）轴线及其编号。

（3）基础断面形状、大小、材料以及配筋。

（4）基础断面的详细尺寸、室内外地面标高、基础底面的标高。

（5）防潮层的位置与做法。

（6）施工说明等。

也就是说，通过识读基础详图，可以掌握以上主要内容。

4.3.9 独立基础底板底部双向配筋的识读

独立基础底板底部双向配筋的识读如图 4-21 所示。

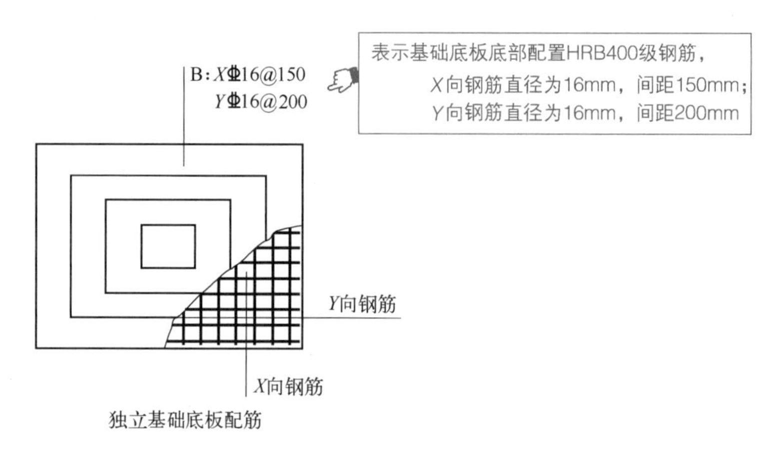

图 4-21 独立基础底板底部双向配筋的识读

（1）通过看图得知，该图采用了局部剖面图（局剖）的形式。

（2）通过看图得知，该独立基础底板底部是双向配筋，即 X 向配筋、Y 向配筋。

（3）通过看图得知，X 向配筋、Y 向配筋的直径均为 16mm，间距分别是 150mm、200mm。

4.3.10 单杯口独立基础顶部焊接钢筋网的识读

单杯口独立基础顶部焊接钢筋网的识读如图 4-22 所示。

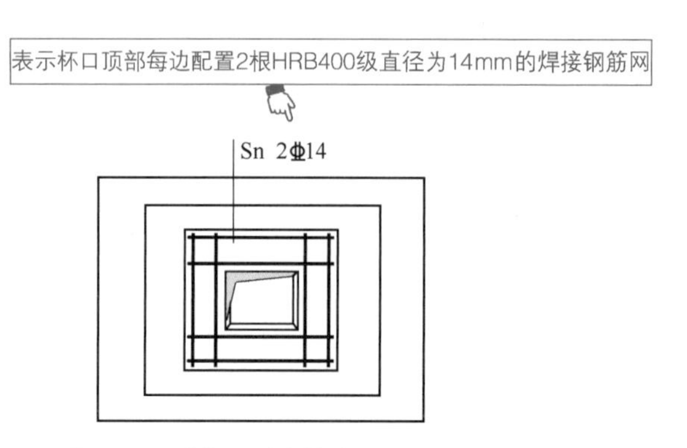

图 4-22 单杯口独立基础顶部焊接钢筋网的识读

（1）通过看图得知，该独立基础顶部采用了钢筋网结构。

（2）通过看图得知，该独立基础顶部的钢筋网每边配置2根HRB400的钢筋。

4.3.11 双杯口独立基础顶部焊接钢筋网的识读

双杯口独立基础顶部焊接钢筋网的识读如图4-23所示。

（1）通过看图得知，该独立基础顶部采用了钢筋网结构，并且是双杯口的独立基础。

（2）通过看图得知，该独立基础顶部的钢筋网每边配置2根HRB400的钢筋。

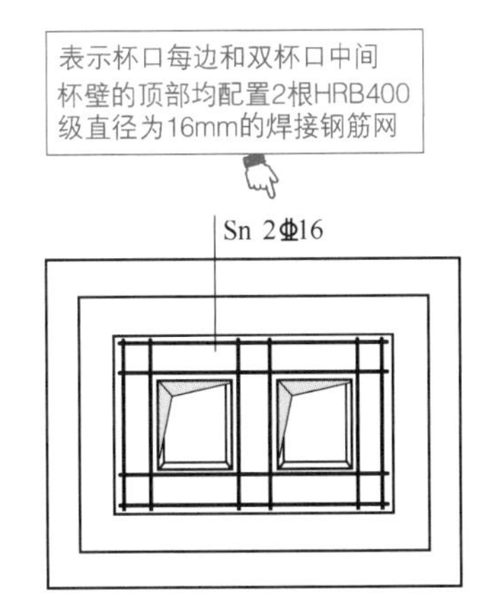

图4-23 双杯口独立基础顶部焊接钢筋网的识读

4.3.12 墙下条形基础——钢筋混凝土条形基础

钢筋混凝土条形基础：分为不带肋混凝土条形基础、带肋混凝土条形基础等类型。带肋混凝土条形基础可以减少不均匀沉降。

钢筋混凝土条形基础构造尺寸与形式如下。

（1）基础高度大于250mm时采用锥形。基础高度不大于250mm时采用平板式。

（2）保护层，有垫层时不小于40mm；无垫层时不小于70mm。

钢筋混凝土条形基础如图4-24所示。

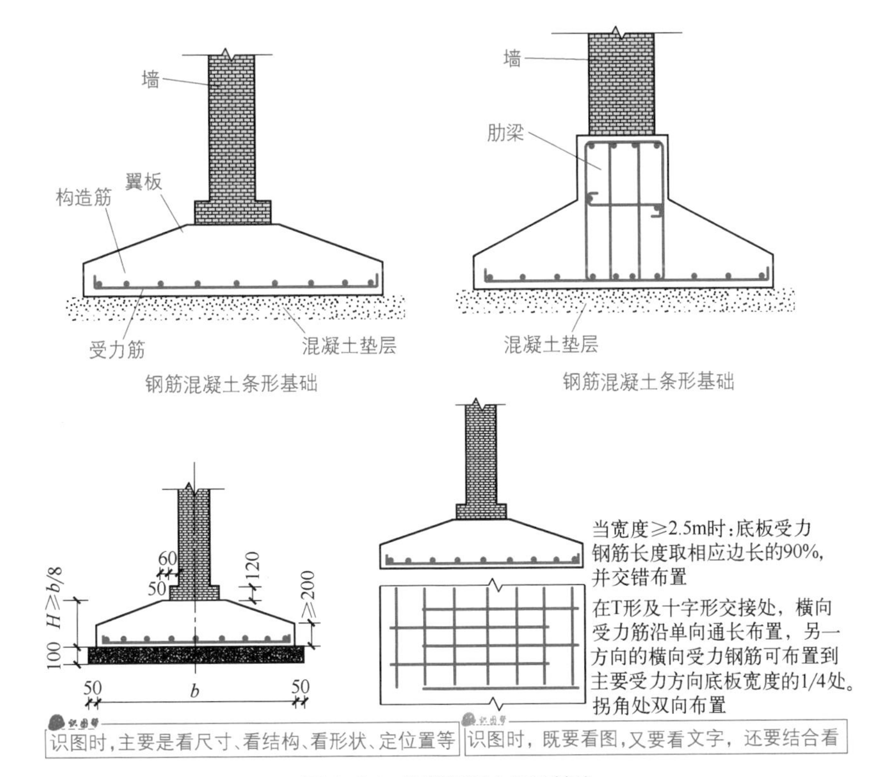

图4-24 钢筋混凝土条形基础

4.3.13 柱下基础——柱下钢筋混凝土独立基础

柱下基础，主要有柱下独立基础、柱下条形基础、十字交叉梁基础、筏板基础、桩基础等。柱下钢筋混凝土独立基础，又可以分为预制杯形基础、现浇基础等种类。

柱下钢筋混凝土独立基础如图 4-25 所示。

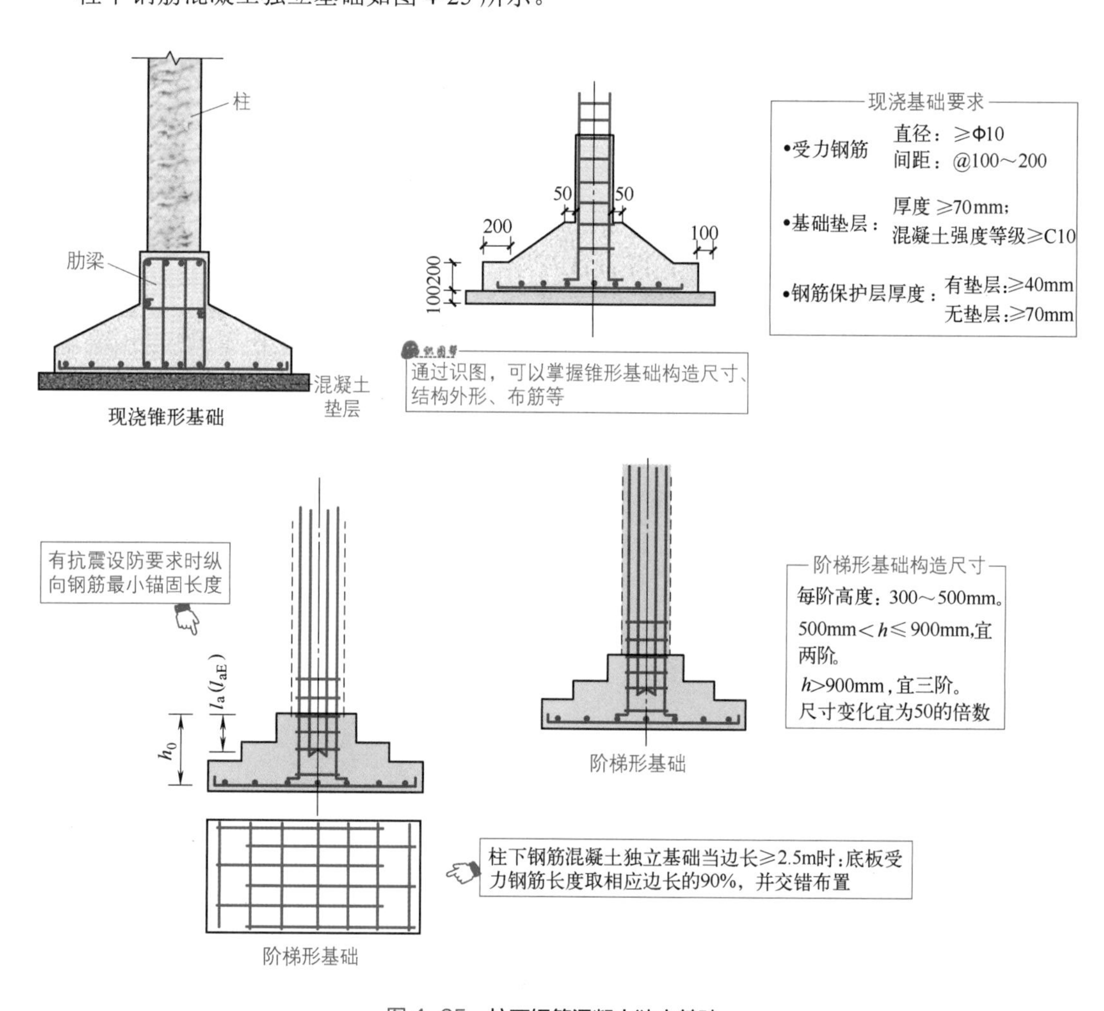

图 4-25　**柱下钢筋混凝土独立基础**

4.3.14 柱下基础——柱下钢筋混凝土预制杯形基础

柱下钢筋混凝土预制杯形基础，可以分为双杯口基础、高杯口基础。

（1）双杯口基础：伸缩缝双柱下用。

（2）高杯口基础：局部基础深埋时用带有短柱的杯形基础。

柱下钢筋混凝土预制杯形基础如图 4-26 所示。

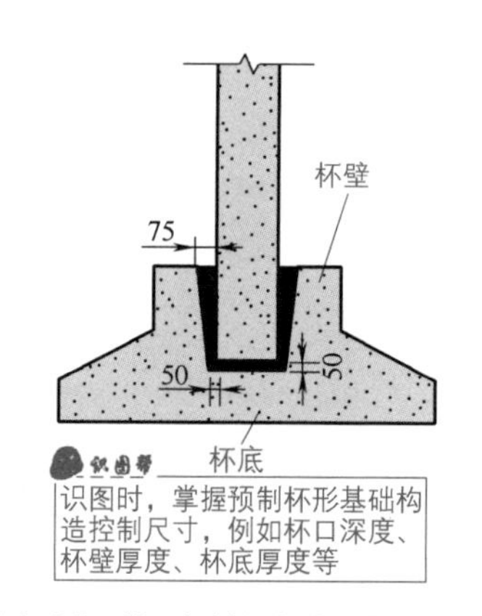

图 4-26　**柱下钢筋混凝土预制杯形基础**

4.3.15 柱下基础——柱下钢筋混凝土条形基础

柱下钢筋混凝土条形基础的要求如下。

（1）柱下条形基础梁高度宜为柱距的 1/8 ～ 1/4。

（2）翼板可采用等截面或变截面。

（3）端部向外伸出跨距 1/4。

（4）配筋按设计、计算要求外，顶部全部贯通，底部通长筋面积不小于受力筋面积的 1/3。

（5）混凝土 C20 以上。

柱下钢筋混凝土条形基础如图 4-27 所示。

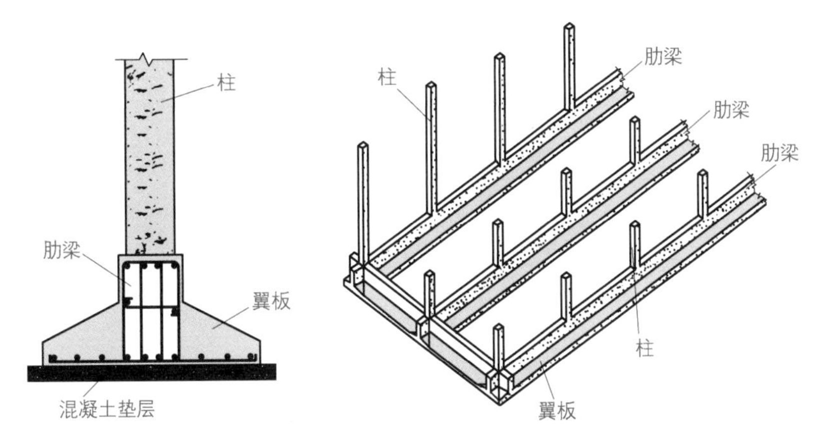

图 4-27 **柱下钢筋混凝土条形基础**

4.3.16 柱下基础——柱下十字交叉梁基础

柱下十字交叉梁基础可以起到增强建筑物刚度，减小柱间的不均匀沉降等作用。柱下十字交叉梁基础的特点如下。

（1）基础梁端部向两边外伸跨距 1/4，以增大基础底面积，使基底反力均匀。

（2）基础梁高度宜为柱距的 1/8 ～ 1/4。翼板可采用等截面（200 ～ 250mm）或变截面（大于 250mm 时），坡度小于 1/3。

（3）配筋按设计、计算要求外，顶部全部贯通，底部通长筋面积不小于受力筋面积的 1/3。

（4）混凝土 C20 以上，垫层、保护层、钢筋等构造要求同钢筋混凝土扩展基础。

柱下十字交叉梁基础如图 4-28 所示。

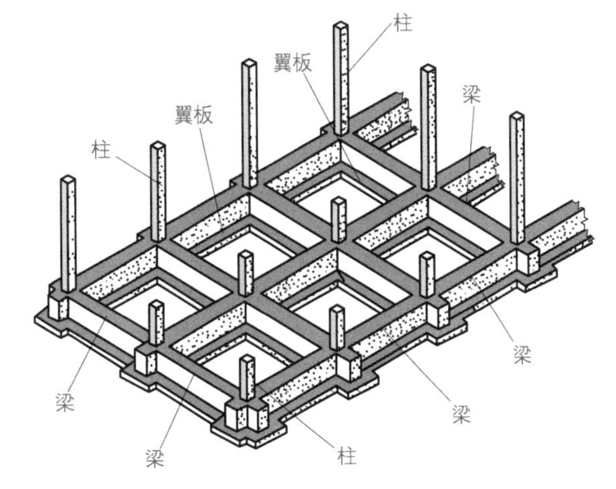

图 4-28 **柱下十字交叉梁基础**

4.3.17 柱下基础——筏形基础

筏形基础，就是钢筋混凝土板式基础。筏形基础一般由底板、基础梁等组成，相当于倒置的楼盖。

4.3.17.1 筏形基础的形式

（1）平板式筏形基础：具有荷载较小、柱距小且相等等特点。

（2）梁板式筏形基础：具有荷载大且不均、柱距大等特点。

4.3.17.2 筏形基础的构造特点与要求

（1）基础底面形心与结构竖向永久荷载重心重合，以防止倾斜。

（2）底板厚度满足抗冲切、抗弯、抗剪要求；层数大于 12 层建筑的梁板式筏基板厚不宜小于 400mm，并且板厚与最大双向板的短边之比应不小于 1/20。

（3）配筋按板计算，底部 1/3 ～ 1/2 贯通，顶部全贯通；墙下筏基支座处加密。

（4）墙柱与基础梁的连接：梁的边缘伸出边柱、角柱或侧墙外 1/4 边跨。

（5）施工缝防水。

（6）主体与裙房连接方式：沉降缝（较少用），后浇带。

（7）及时回填。

筏形基础如图 4-29 所示。

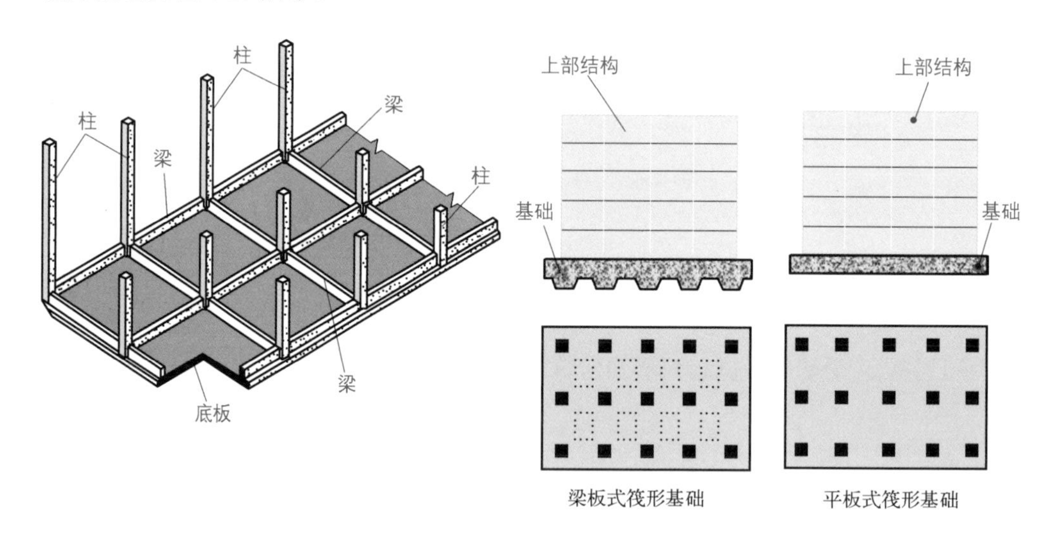

图 4-29 筏形基础

4.3.18 柱下基础——桩基础

建筑物荷载较大，地基的软弱土层厚度在 5m 以上时，基础不能埋在软弱土层内。

桩基础由延伸到地层深处的基桩和连接桩顶的承台组成。

桩基础的作用，就是将荷载通过基桩传给埋藏较深的坚硬土层，或者通过桩身周围的摩擦力传给地基，以满足承载力、稳定性、变形的要求。

根据其受力性能，桩基础可以分为端承桩、摩擦桩等。端承桩是将建筑物的荷载通过桩端传给坚硬土层。摩擦桩是将建筑物的荷载通过桩侧表面与周围土壤的摩擦力传给地基。

桩基础的分类如下。

（1）根据承台外形，分为低承台桩基础、高承台桩基础等。

（2）根据桩基础的使用功能，分为竖向抗压桩、竖向抗拔桩、水平受荷桩、复合受荷桩等。

（3）根据桩侧与桩端阻力的大小及分担比例差异，分为端承型桩、摩擦型桩等。

（4）端承型桩，又可以分为摩擦端承桩、端承桩。

（5）摩擦型桩，又可以分为端承摩擦桩、摩擦桩。

桩基础如图 4-30 所示。

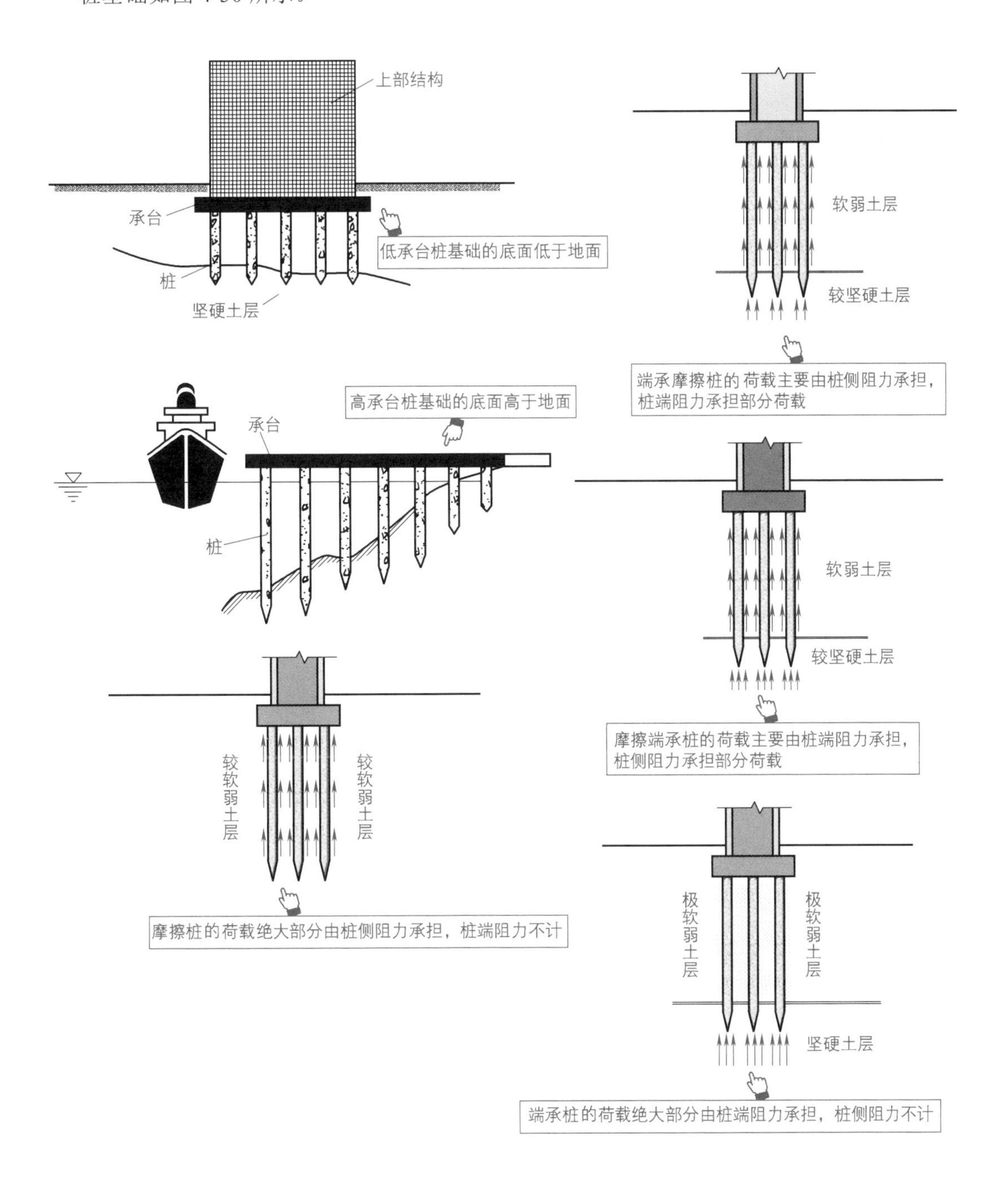

图 4-30 **桩基础**

4.4 混凝土柱的识图

4.4.1 混凝土柱的特点

混凝土柱的常见类型如图 4-31 所示。

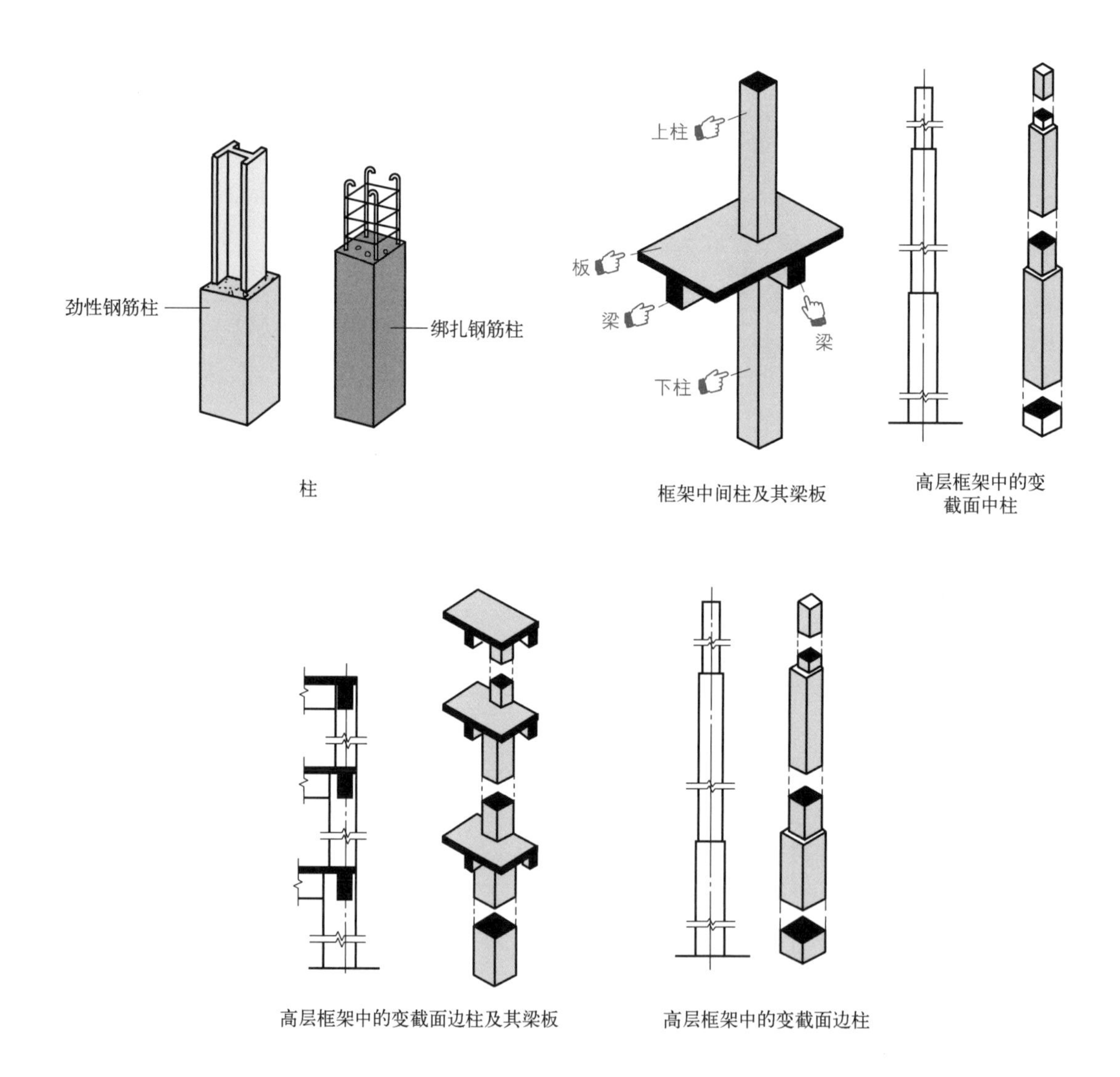

图 4-31 混凝土柱的常见类型

4.4.2 柱各类箍筋示意图

柱箍筋与柱轴压比、配箍量、箍筋形式、箍筋肢距以及混凝土强度与箍筋强度的比值等因素有关。

柱箍筋形式有普通箍、复合箍、螺旋箍、连续复合螺旋箍等类型，如图 4-32 所示。

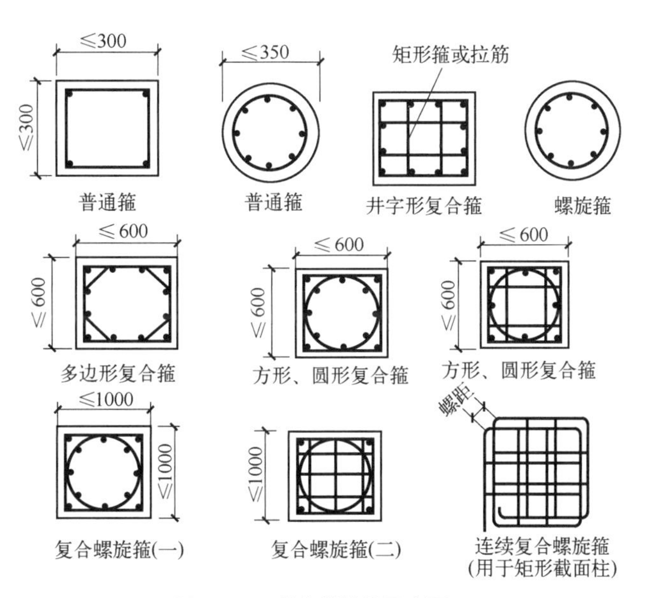

图 4-32 **柱各类箍筋示意图**

4.4.3 柱图常见的表达内容

柱图常见的表达内容包括：尺寸、纵筋（角部纵筋、各边纵筋、柱混凝土强度）、柱箍筋等。

（1）柱配筋图，分为断面详图法、平面整体表示法等。

（2）断面详图，往往包括模板图、配筋图、钢筋表等。

（3）配筋图，包括立面图、断面图、钢筋详图，主要表示构件内部各种钢筋的位置、直径、形状、数量等。

（4）钢筋表，就是为了便于编制预算，统计钢筋用料，对配筋较复杂的钢筋混凝土构件列出钢筋表，以计算钢筋用量。

柱图常见的表达内容如图 4-33 所示。

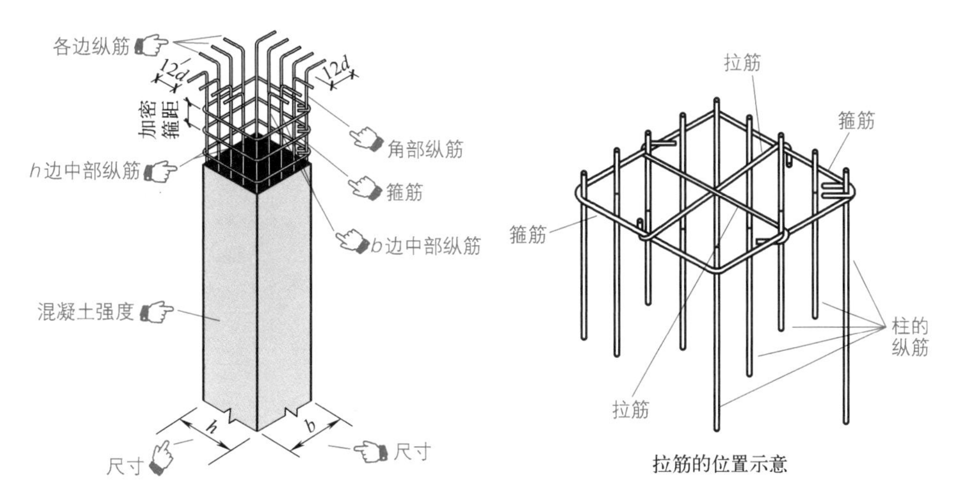

图 4-33 **柱图常见的表达内容**

识图轻松会

钢筋混凝土柱构件详图与钢筋混凝土梁详图的表示方式基本相同。比较复杂的钢筋混凝土柱，一般除了提供构件的立面图、断面图外，往往还需要提供模板图。

4.4.4 某柱箍筋排布构造详图的识读

扫码观看视频

柱箍筋图的识读

某柱箍筋排布构造详图的识读如图 4-34 所示。

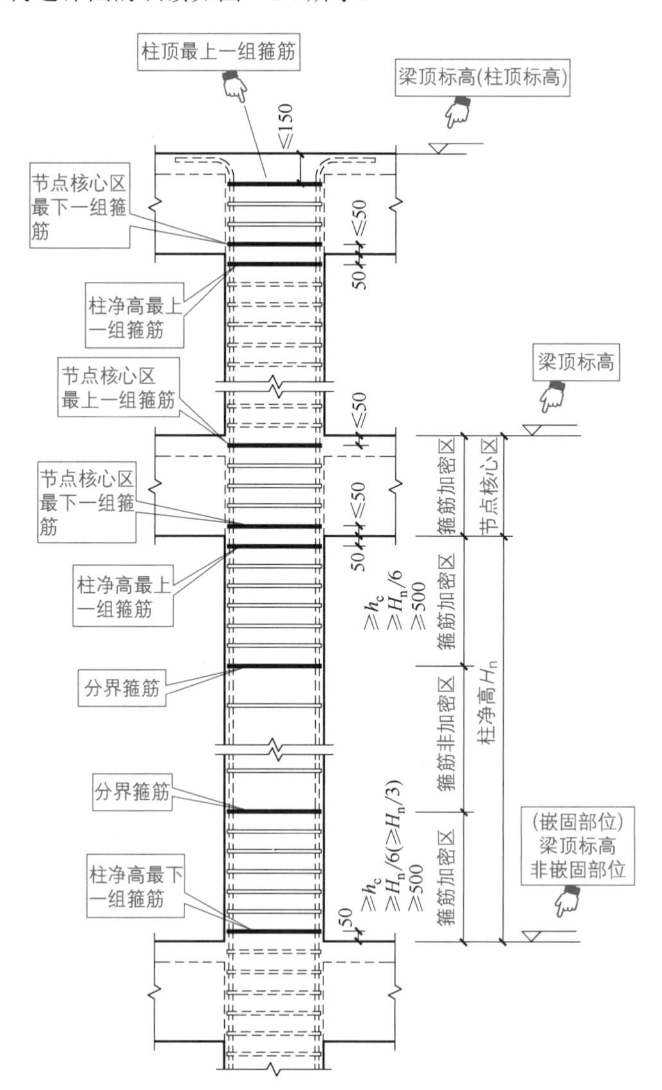

图 4-34 **某柱箍筋排布构造详图的识读**

4.4.5 墙的构造柱符号与实物

墙的构造柱符号与实物如图 4-35 所示。

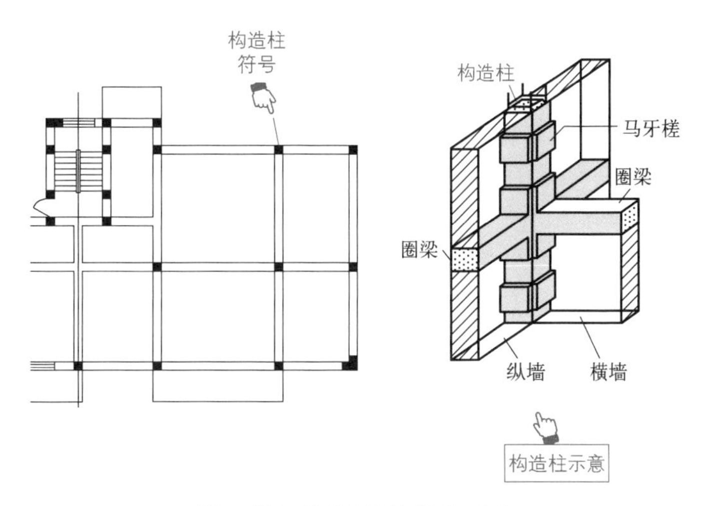

图 4-35 **墙的构造柱符号与实物**

4.4.6 柱分类的代号

平法柱的分类代号如下：框架柱代号 KZ；框支柱代号 KZZ；芯柱代号 XZ；梁上柱代号 LZ；剪力墙上柱代号 QZ。

柱的编号如图 4-36 所示。

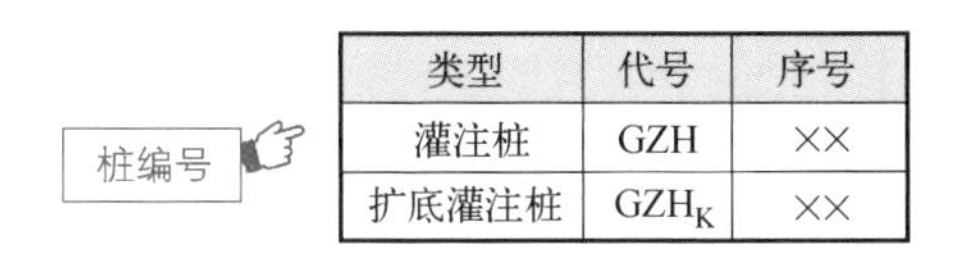

类型	代号	序号
灌注桩	GZH	××
扩底灌注桩	GZH_K	××

图 4-36 **柱的编号**

4.4.7 柱平法施工图注写方式

柱平法施工图，就是在柱平面布置图上采用列表方式，或者截面注写方式来表达柱的施工信息。

截面注写方式，就是在分标准层绘制的柱平面布置图上，分别在同一编号的柱中选择一个截面，并且将此截面在原位放大，直接注写截面尺寸、配筋具体数值。

柱平法施工图注写方式，分为列表注写方式、截面注写方式等。

柱平法列表注写方式，就是在柱平面布置图上，分别在同一编号的柱中选择一个截面标注几何参数代号。在柱表中注写柱号、柱段起止标高、几何尺寸与纵向配筋的具体数值、箍筋类型号及具体数值以及配以各种柱截面形状及其箍筋类型图。

列表注写方式如下。

（1）柱编号：代号 + 序号。

（2）柱段的起止标高（截面尺寸和配筋改变处）。

（3）截面尺寸：$b \times h$。

4.4.8 柱平法纵筋与箍筋注写

4.4.8.1 柱平法纵筋注写方式

（1）全部纵筋（直径种类和各边根数一样）。例如，16 Φ 25 等。

（2）角筋 +*b* 边中部筋 +*h* 边中部筋。例如，4 Φ 25+3 Φ 22+4 Φ 22 等。

4.4.8.2 柱平法箍筋注写方式

（1）箍筋注写包括钢筋类型、直径、间距、肢数等。例如，Φ 10@150 等。

（2）当为抗震设计时，加密区和非加密区箍筋用“/”分开。例如，Φ 10@100/150 等。

（3）箍筋形式：根据设计者选择，最多只能隔一拉一。

4.4.9 识读柱平面图截面注写方式

截面注写方式：在柱平面布置图的柱截面上，分别在同一个编号的柱中选择一个截面，直接注写截面尺寸和配筋。

在分标准层绘制的柱平面布置图上，对所有的柱子编号，分别在同一编号的柱中选择一个截面，并且将此截面在原位放大，以直接注写截面尺寸、轴线定位、配筋具体数值。

识读柱平面图截面注写方式如图 4-37 所示。

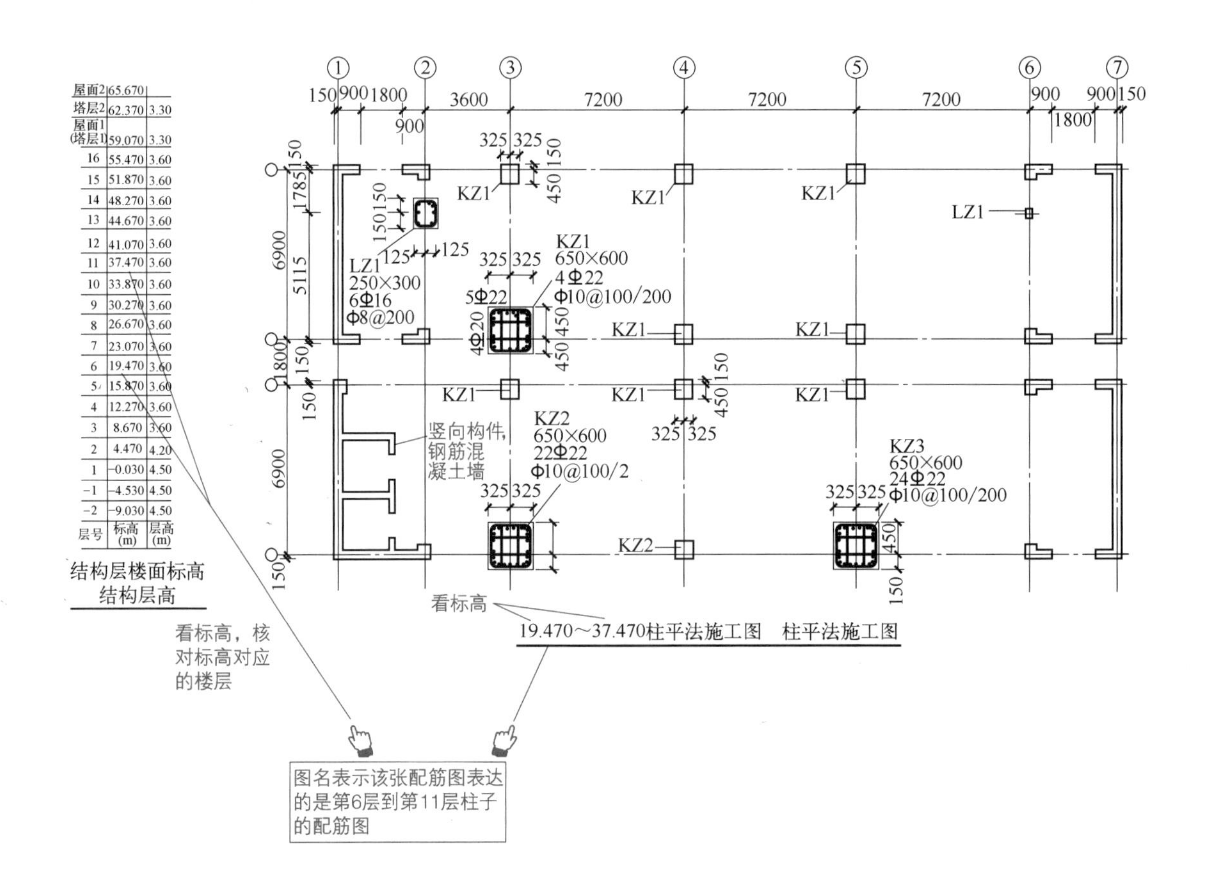

图 4-37

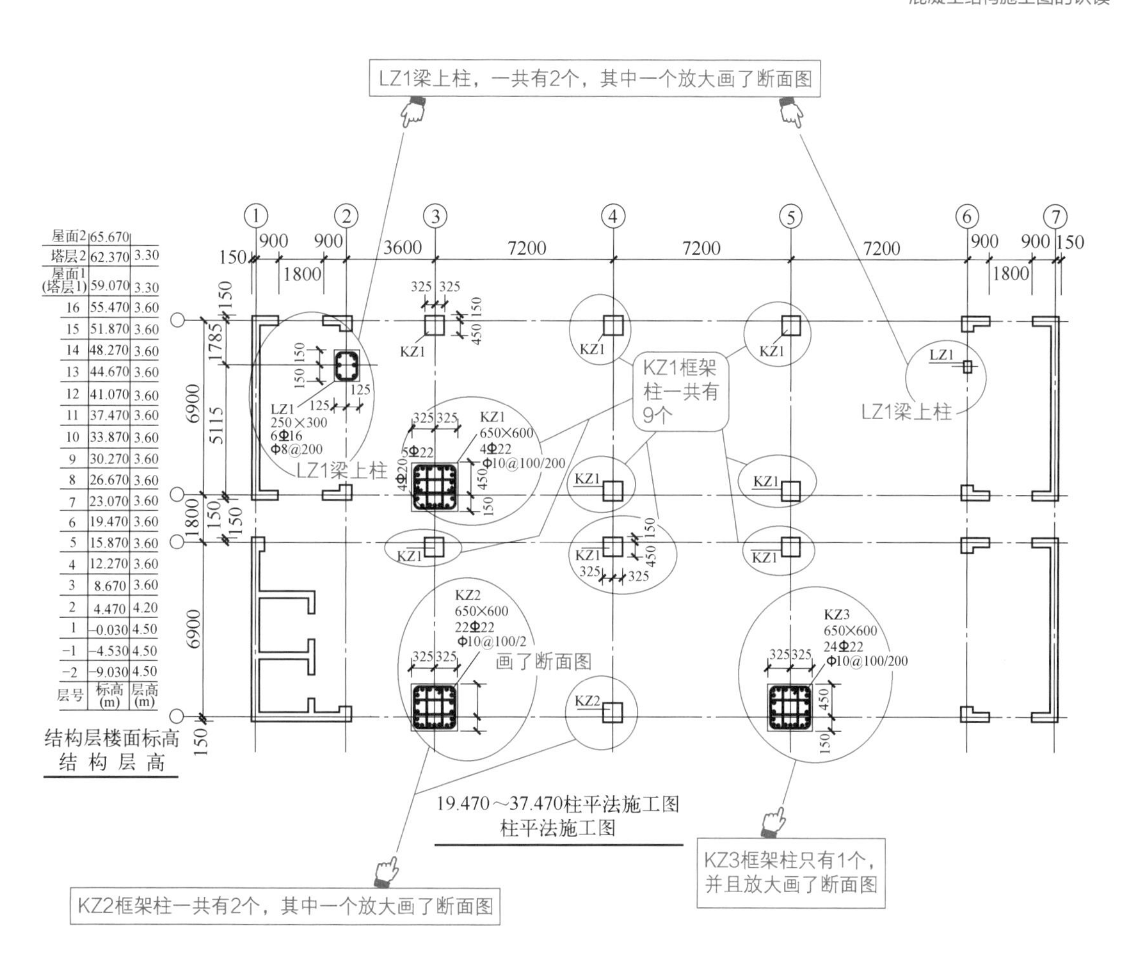

层号	标高(m)	层高(m)
屋面2	65.670	
塔层2	62.370	3.30
屋面1(塔层1)	59.070	3.30
16	55.470	3.60
15	51.870	3.60
14	48.270	3.60
13	44.670	3.60
12	41.070	3.60
11	37.470	3.60
10	33.870	3.60
9	30.270	3.60
8	26.670	3.60
7	23.070	3.60
6	19.470	3.60
5	15.870	3.60
4	12.270	3.60
3	8.670	3.60
2	4.470	4.20
1	−0.030	4.50
−1	−4.530	4.50
−2	−9.030	4.50

结构层楼面标高
结构层高

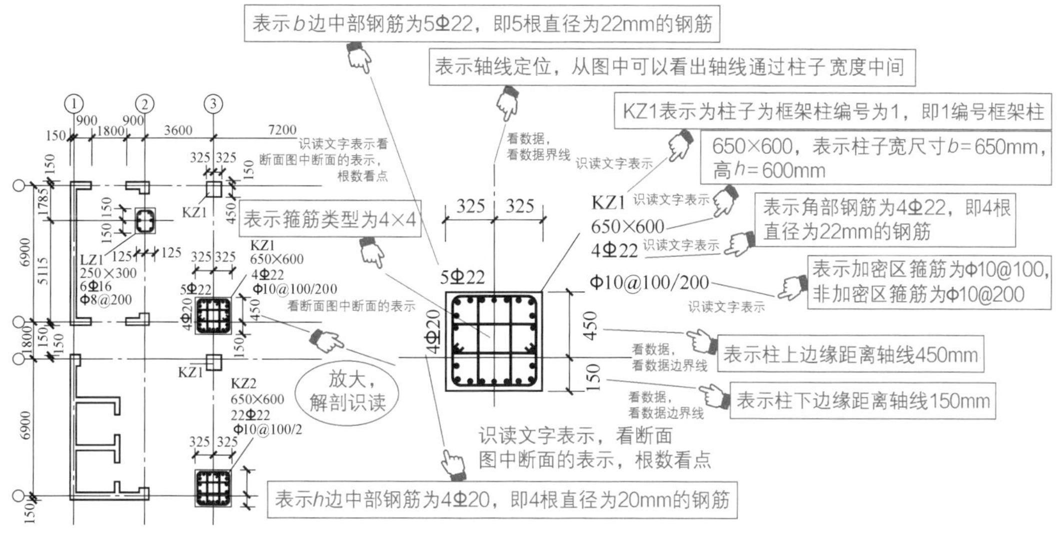

识图帮

纵筋直径大于1种，集中标注注写角部钢筋；断面图上标b边中部纵筋与h边中部钢筋

图 4-37

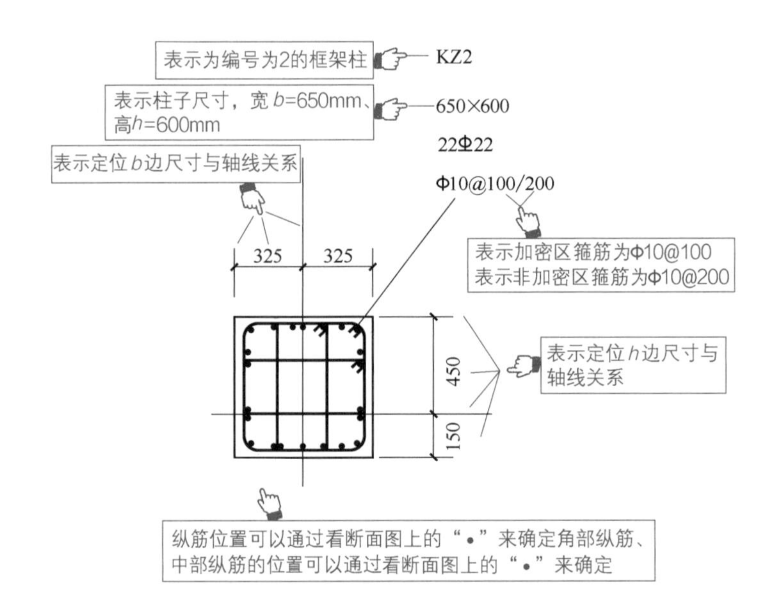

图 4-37 **柱平面图截面注写方式**

4.4.10 柱改造截面法

4.4.10.1 柱的截面法注写的特点

（1）优点：钢筋用截面图表达出来，感性认知好。

（2）缺点：需要画多个标准层平面图，同一个平面图上两个类型的柱子距离太近时，容易发生截面碰撞。

（3）适用范围：柱子类型少的结构。

4.4.10.2 柱的列表法注写的特点

（1）优点：一般只需要画一个平面图，平面图上只画柱子轮廓，柱子不会在图纸上碰撞。

（2）缺点：钢筋用列表表达，钢筋不画出来，感性认知差。

（3）适用范围：柱子类型少和柱子类型多的结构都适用。

4.4.10.3 柱的改造截面法 1

改造截面法将列表法和截面法的优点结合了起来。

（1）在平面图中，按照截面法规则分标准层画，但是图中所有柱子编号后只画轮廓图，不画放大的配筋截面图。

（2）在配筋截面中，将各个编号柱子的放大截面图画在平面图旁边，表达截面尺寸、纵筋、箍筋。

4.4.10.4 柱的改造截面法 2（详图表法）

（1）在平面图中，基本按照列表法规则画，一般一个建筑物只画一个平面图，图中只画柱子轮廓图。

（2）在列表中，将列表法中用文字表达的截面尺寸、纵筋、箍筋改用截面法的放大截面表达。

4.5 混凝土梁的识图

4.5.1 混凝土梁的特点

梁是房屋结构中的主要承重构件，常见的有过梁、圈梁、楼板梁、框架梁、楼梯梁、雨篷梁等种类。梁的结构详图，一般是由配筋图、钢筋表组成。

地下框架梁，就是位于基础顶标高以上、±0.000 标高以下的以框架柱为支座的梁。

基础连梁，就是指独基与独基间、承台与承台间的连系梁。

承台梁，就是指排形布置的桩（单排、双排）的顶梁。

常见的混凝土梁如图 4-38 所示。

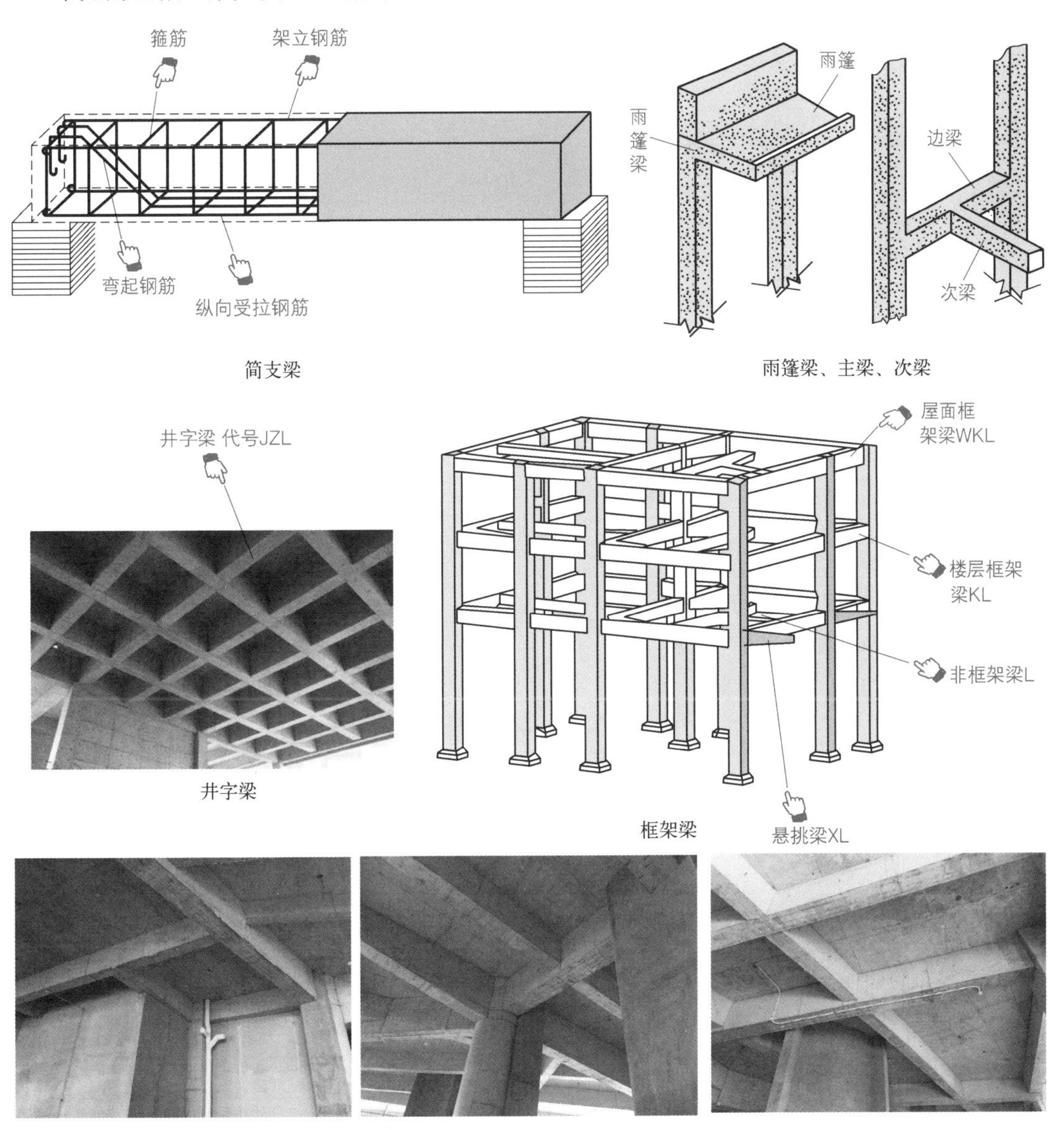

图 4-38

图 4-38 **常见的混凝土梁**

4.5.2 某混凝土梁钢筋图的识读

某混凝土梁钢筋图的识读如图 4-39 所示。

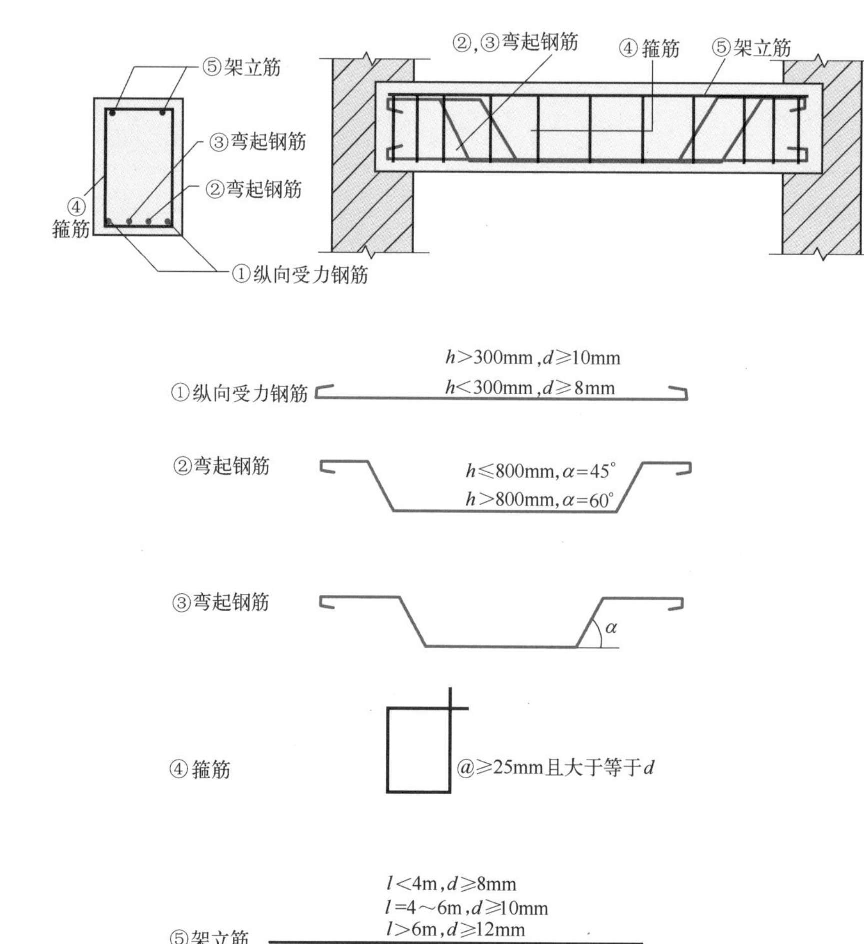

图 4-39

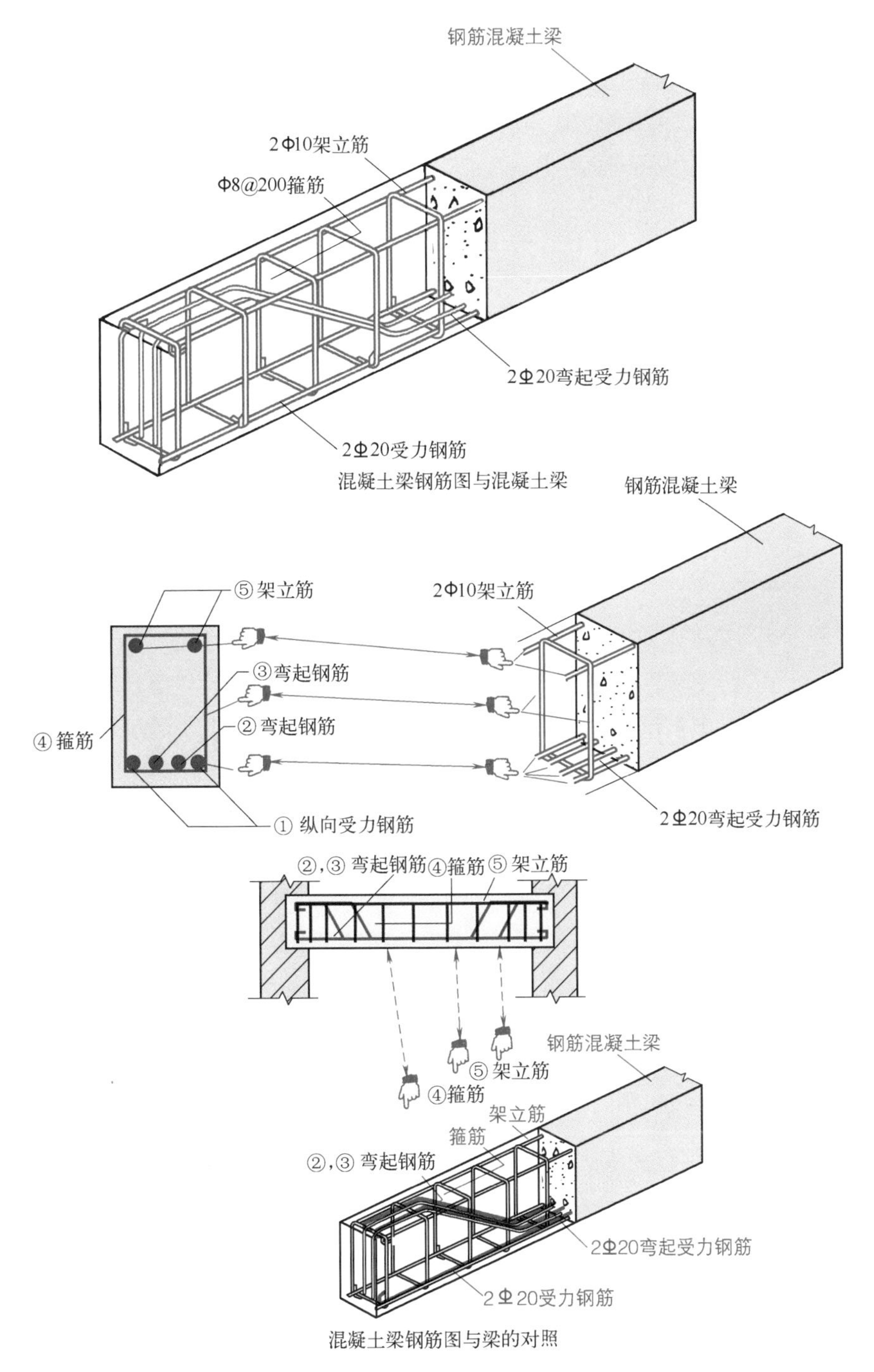

图4-39　某混凝土梁钢筋图的识读

4.5.3　过梁

过梁，就是墙体上开设洞口时，洞口上部的横梁。

过梁的主要作用是支承洞口以上的砌体自重和梁、板传来的荷载以及把这些荷载传给洞口两侧的墙体。

常用的过梁有砖过梁、钢筋砖过梁、钢筋混凝土过梁等种类。

砖过梁常见的有平拱砖过梁、弧形拱砖过梁等种类。钢筋混凝土过梁有现浇钢筋混凝土过梁、预制钢筋混凝土过梁等种类。

过梁与过梁截面图如图 4-40 所示。

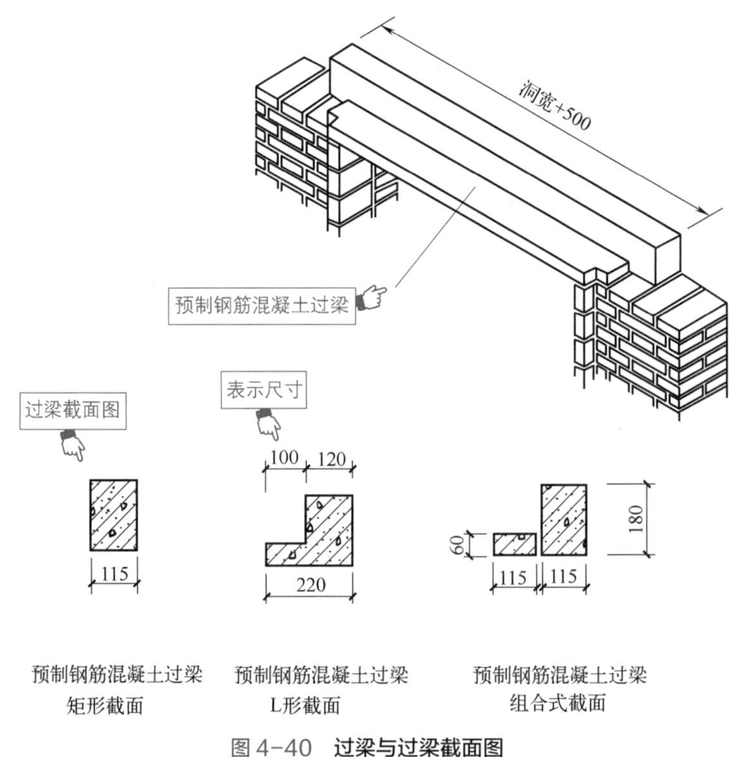

图 4-40 **过梁与过梁截面图**

4.5.4 梁钢筋骨架

梁钢筋骨架如图 4-41 所示。

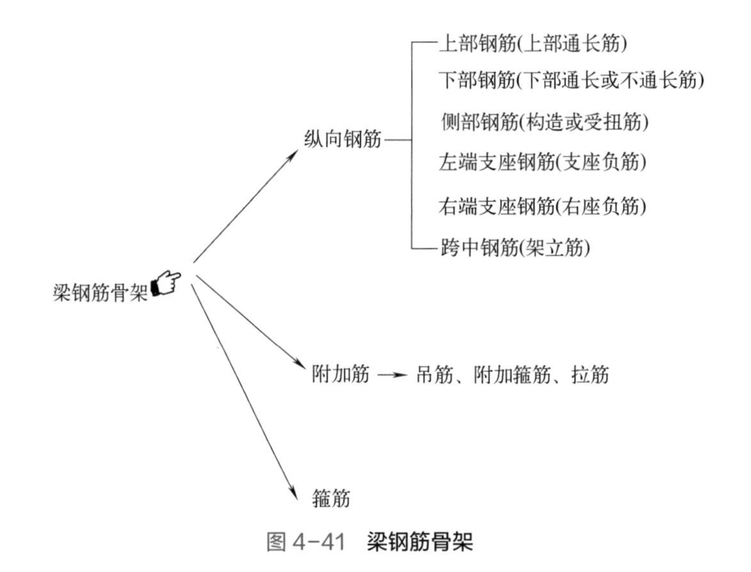

图 4-41 **梁钢筋骨架**

4.5.5 不同类型梁的位置图示

不同类型梁的位置图示如图 4-42 所示。

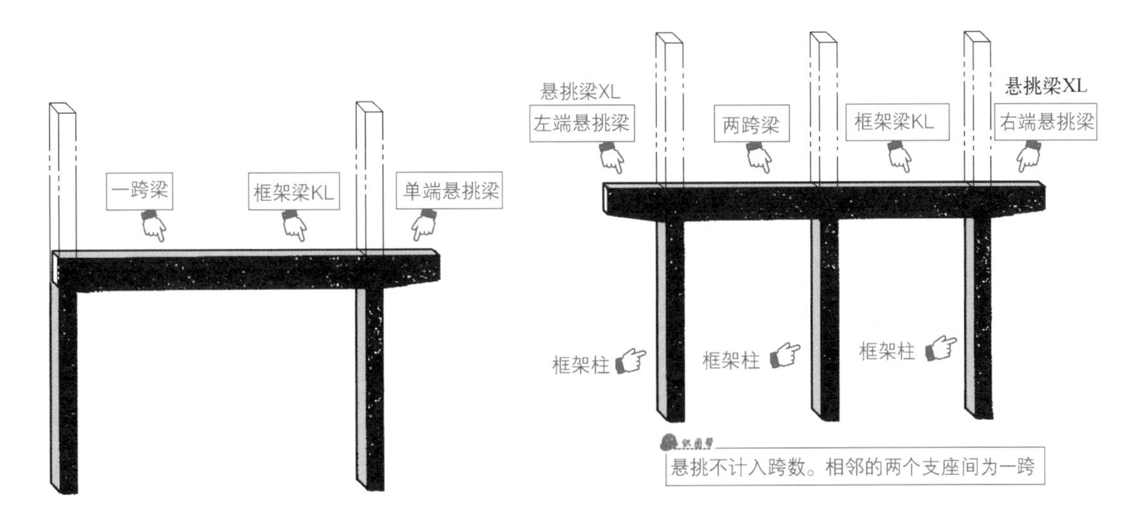

图 4-42 **不同类型梁的位置图示**

4.5.6 梁集中标注内容与识读

梁平法施工图就是在梁平面布置图上采用平面注写方式或截面注写方式表达施工信息。

平面注写方式是在梁平面布置图上，分别在不同编号的梁中各选一根梁，在其上注写截面尺寸和配筋具体数值的方式来表达梁平法施工图。

平面注写，往往包括集中标注、原位标注。集中标注表达梁的通用数值，原位标注表达梁的特殊数值。

梁集中标注的内容，包括梁编号、梁截面尺寸、梁箍筋、梁上部通长筋或架立筋、梁侧面纵向构造钢筋或受扭钢筋、梁顶面标高高差等。

4.5.7.1 梁编号的组成

梁编号往往由梁类型代号、序号、跨数、有无悬挑代号等组成。

（1）梁类型代号：KL、XL 等。

（2）序号：1、2、3 等。

（3）跨数：相邻的两个支座间为一跨。

（4）有无悬挑代号：一端悬挑注写 A，两端悬挑注写 B，无悬挑不注写。

梁截面尺寸为等截面梁时，一般用 $b\times h$ 表示，即宽 × 高。

4.5.7.2 梁箍筋的表示

（1）箍筋的级别：Φ、Φ、Φ等。

（2）箍筋的直径：6mm、8mm、10mm、12mm 等。

（3）@ 间距符号等。

（4）加密区与非加密区间距：用“/”来分隔。

（5）箍筋的肢数。

2 Φ 25 的表示含义：2 根直径为 25mm 的通长筋。

梁集中标注内容与识读如图 4-43 所示。

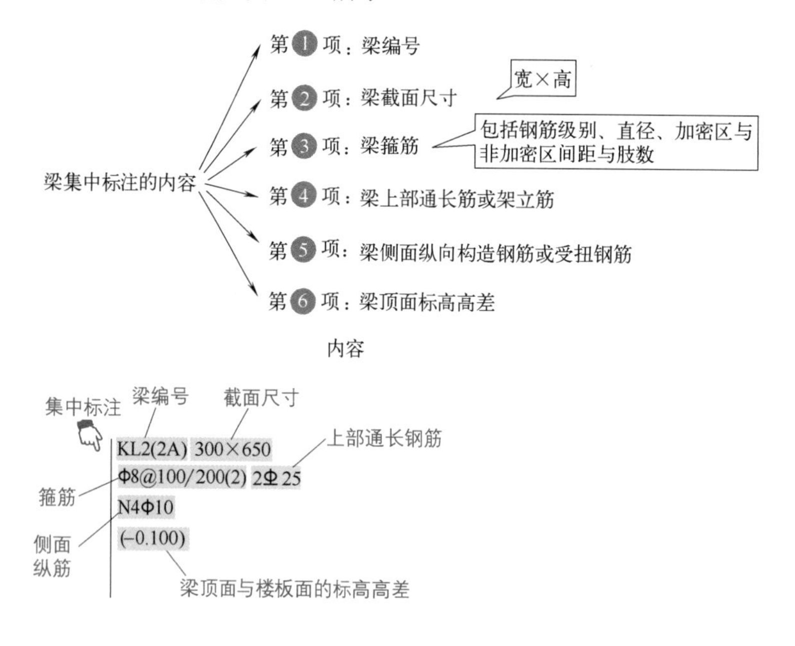

图 4-43 梁集中标注的内容与识读

4.5.7 某梁集中标注图的识读

某梁集中标注图的识读如图 4-44 所示。

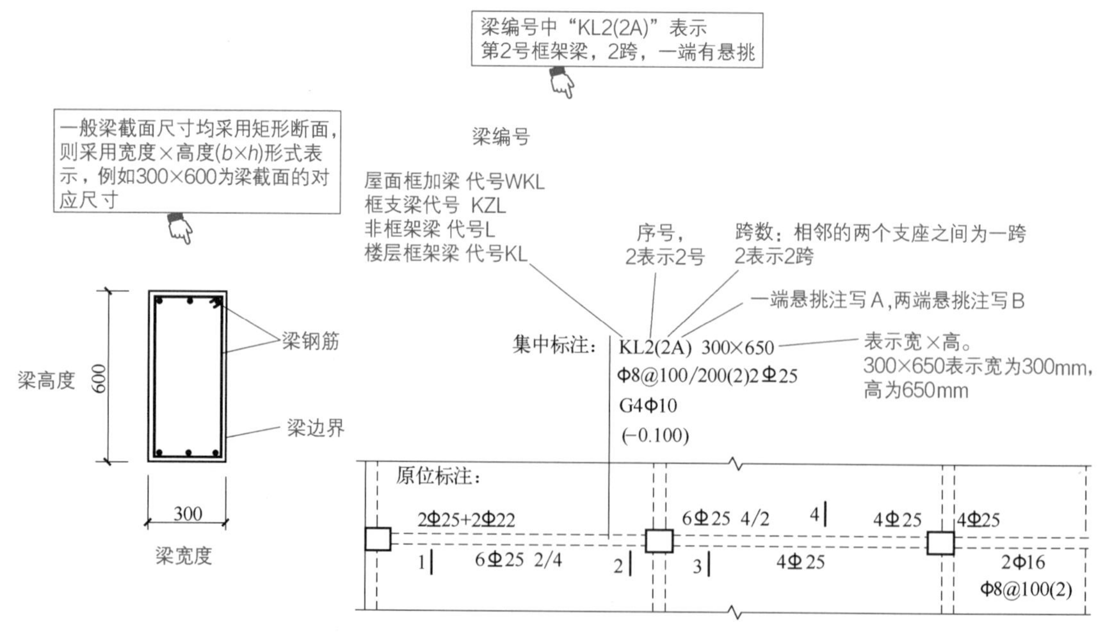

图 4-44 某梁集中标注图的识读

4.5.8 某梁集中标注图的识读与实物对照

某梁集中标注图的识读与实物对照如图 4-45 所示。

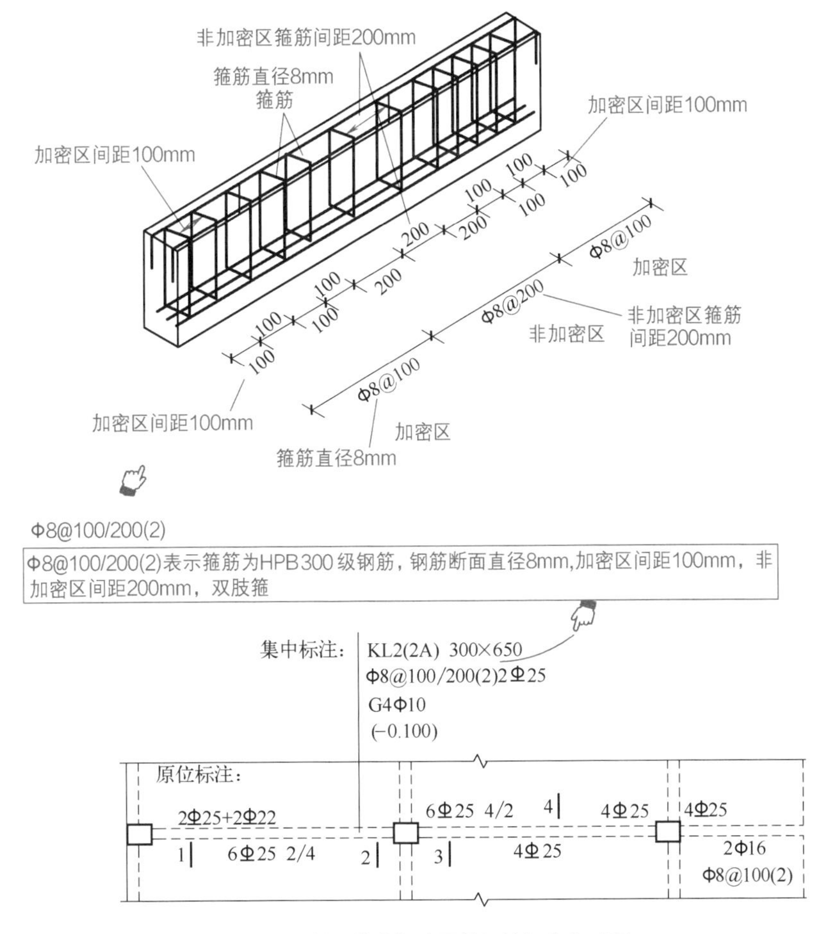

图 4-45 某梁集中标注图的识读与实物对照

4.5.9 某现浇钢筋混凝土梁配钢图的识读

识读现浇钢筋混凝土梁配筋图，可以掌握的信息：构件的外形尺寸、标高、预埋件的位置、内部钢筋布置情况、构件内钢筋的形状及其上下排列位置、构件内钢筋的上下和前后配置情况以及箍筋形状、构件内钢筋的形状等。

识读钢筋混凝土构件详图，可以掌握的内容如下。

（1）构件名称或代号、比例。

（2）构件的定位轴线及其编号。

（3）构件的形状、尺寸和预埋件代号及布置。

（4）构件内部钢筋的布置。

（5）构件的外形尺寸、钢筋规格、构造尺寸以及构件底面标高。

（6）施工说明。

某现浇钢筋混凝土梁配筋图的识读如图 4-46 所示。

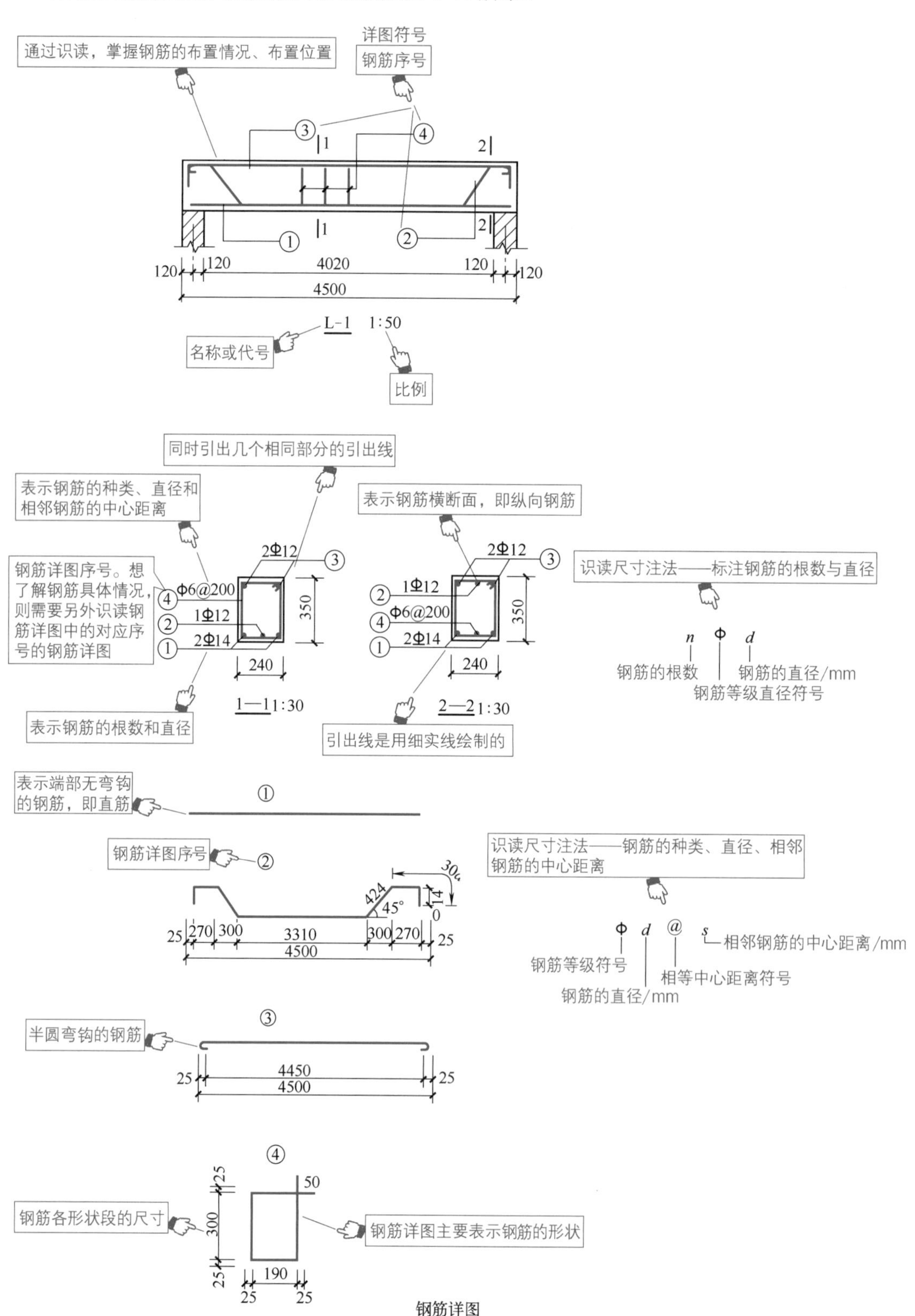

图 4-46 识读现浇钢筋混凝土梁的配筋图

4.5.10 梁的编号

梁集中标注中梁编号，往往是由梁类型代号、序号、跨数、有无悬挑代号等组成。

梁编号的识读举例：

KL5（3）——表示为框架梁编号为5号，3跨；

KL3（4A）——表示为框架梁编号为3号，4跨，一端带悬挑；

KL2（3B）——表示为框架梁编号为2号，3跨，两端带悬挑；

KL7（5A）——表示第7号框架梁、5跨，一端有悬挑。

梁编号的识读图解如图4-47所示。

梁类型	代号	序号	跨数及是否带有悬挑
非框架梁	L	××	(××)、(××A)或(××B)
悬挑梁	XL	××	
井字梁	JZL	××	(××)、(××A)或(××B)
楼层框架梁	KL	××	(××)、(××A)或(××B)
屋面框架梁	WKL	××	(××)、(××A)或(××B)
框支梁	KZL	××	(××)、(××A)或(××B)

说明：(××A)表示为一端有悬梁，(××B)表示为两端有悬梁，悬梁不计入跨数。

图4-47 梁编号的识读图解

4.5.11 梁箍筋表示的识读

梁箍筋，包括钢筋级别、直径、加密区与非加密区间距及肢数，该项是必注值。

（1）箍筋加密区与非加密区的不同间距、肢数一般要用斜线“/”分隔。

（2）梁箍筋为同一种间距及肢数时，则不需用斜线分隔。

（3）加密区与非加密区的箍筋肢数相同时，则会将肢数注写一次。箍筋肢数应写在括号内。

（4）当抗震结构中的非框架梁、悬挑梁、井字梁及非抗震结构中的各类梁采纳不同的箍筋间距及肢数时，也用斜线“/ ”将其分隔开来。注写时，先注写梁支座端部的箍筋（包括箍筋的箍数、钢筋级别、直径、间距、肢数），在斜线后注写梁跨中部分的箍筋间距、肢数。

识读梁箍筋的实例如下。

Φ8@100（4）/150（2）：表示箍筋为HPB300级钢筋，直径为8mm，加密区间距为100mm，4肢箍，非加密区间距为150mm，2肢箍。

Φ8@100/200（4）：表示箍筋为HPB300级钢筋，箍筋直径8mm，加密区间距100mm，非加密区间距200mm，4肢箍。

Φ10@100/200（4）：表示箍筋为HPB300级钢筋，直径为10mm，加密区间距为100mm，非加密区间距为 200mm，均为 4 肢箍。

Φ10@100/200（4）：表示为 HPB300 级钢筋，直径为 10mm，加密区间距为 100mm，非加密区间距为 200mm，均为 4 肢箍。

Φ10@100（4）/200（2）：表示为 HPB300 级钢筋，直径为 10mm，加密区间距为 100mm，非加密区间距为 200mm，加密区为 4 肢箍，非加密区为 2 肢箍。

13Φ10@150/200（4）：表示为 HPB300 级钢筋，直径为 10mm，梁的两端有 13 根 4 肢箍，梁的两端间距为 150mm，梁跨中间部分间距为 200mm，4 肢箍。

梁箍筋表示的识读图解，如图 4-48 所示。

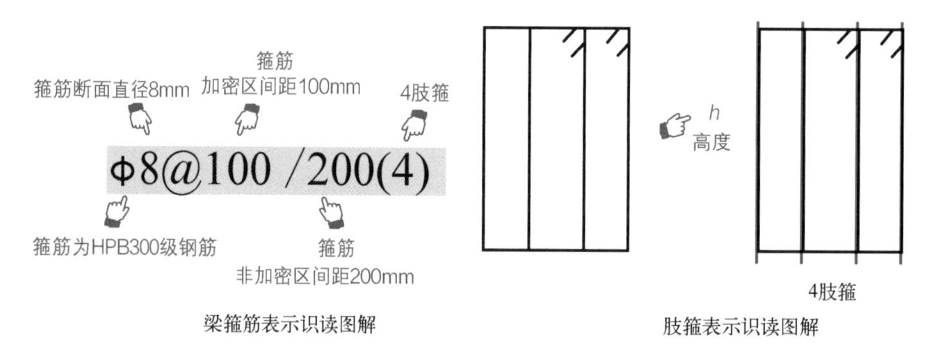

图 4-48 梁箍筋表示的识读图解

4.5.12 加腋梁截面图的识读

加腋梁是指钢梁或混凝土梁在根部斜向加高，加腋部分相当于柱子上的“牛腿”，目的是增加梁的承载能力，或者为了加强梁的抗震性能。

加腋梁集中标注梁截面尺寸的表示为：$b\times h$ Y$C_1\times C_2$。其中，C_1 表示腋长，C_2 表示腋高，b 表示宽，h 表示高。

竖向加腋梁时，一般用 $b\times h$ GY$C_1\times C_2$ 表示，其中 C_1 为腋长，C_2 为腋高。

水平加腋梁时，一般用 $b\times h$ PY$C_1\times C_2$ 表示，其中 C_1 为腋长，C_2 为腋宽，加腋部分一般也会在平面中绘制。

也就是说，$C_1\times C_2$ 为腋长 × 腋高。

加腋梁与加腋梁截面尺寸图的识读如图 4-49 所示。

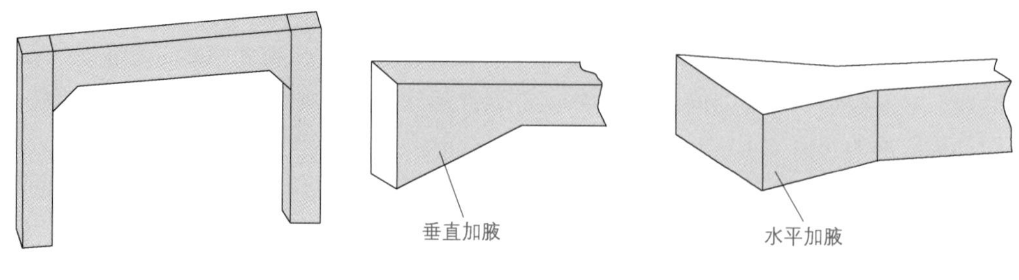

图 4-49

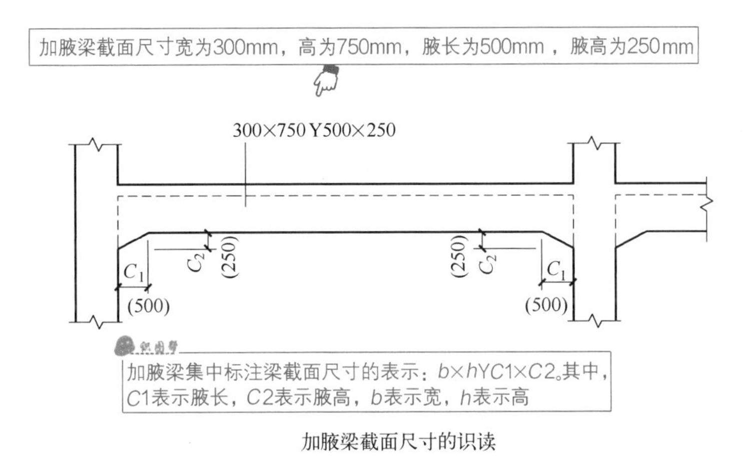

加腋梁截面尺寸的识读

图 4-49　**加腋梁与加腋梁截面尺寸的识读**

4.5.13　悬挑梁截面图识读

梁截面尺寸等截面梁，一般用 $b \times h$ 表示，即用宽和高表示（$b \times h$：梁宽 × 梁高）。悬挑梁根部和端部的高度不同时，一般是用斜线分隔根部与端部的高度值，也就是用 $b \times h_1/h_2$ 表示。

梁为等截面时，例如 300×700 表示梁的宽度为 300mm，高度为 700mm。

悬挑梁与悬挑梁截面尺寸图的识读如图 4-50 所示。

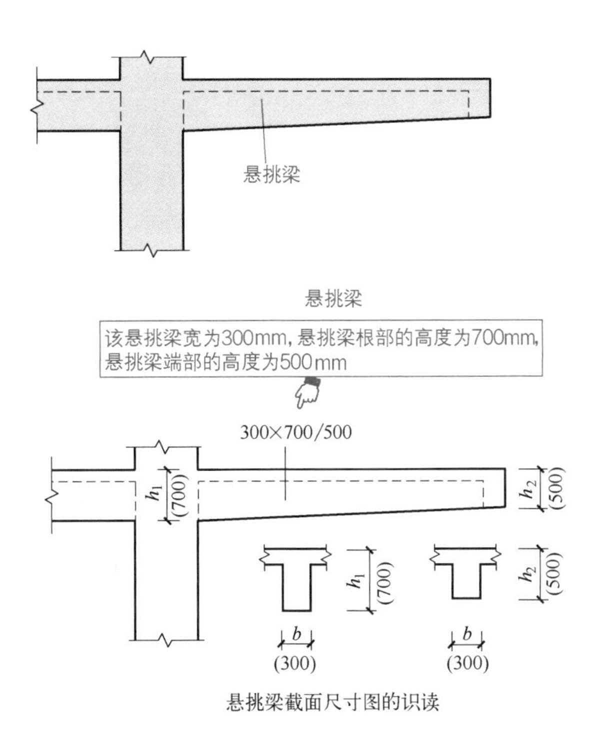

悬挑梁

悬挑梁截面尺寸图的识读

图 4-50　**悬挑梁与悬挑梁截面尺寸图的识读**

4.5.14 集中标注——通长筋的识读

梁上部通长筋或架立筋配置（通长筋可为相同或不同直径采用搭接连接、机械连接或对焊接连接的钢筋），在集中标注中为必注值。

当同排纵筋中既有通长筋又有架立筋时，应用加号“＋”将通长筋与架立筋相连。注写时须将角部纵筋写在加号的前面，架立筋写在加号后面的括号内，以示不同直径及与通长筋的区别。

当全部采用架立筋时，则将其写入括号内。

当梁的上部纵筋与下部纵筋为全跨相同，并且多数跨配筋相同时，此项可加注下部纵筋的配筋值，并且用分号“；”将上部与下部纵筋的配筋值分隔开来，少数跨不同者，根据原位标注处理。

通长筋的识读实例如下。

2⌀22 的含义：梁上部有两根直径为 22mm 的通长的Ⅱ级钢筋。

2⌀25 的含义：上部有 2 根直径为 25mm 的通长筋。

2⌀22+（2⌀18）的含义：上部有 2 根直径为 22mm 的通长筋，有 2 根直径为 18mm 的架立筋。

2⌀22+（4⌀12）的含义：梁上部有 6 根钢筋，其中 2⌀22 表示通长筋，4⌀12 表示架立筋。

2⌀25；3⌀20 的含义：上部有 2 根直径为 25mm 的通长筋，下部有 3 根直径为 20mm 的通长筋。

3⌀22；3⌀20 的含义：梁的上部配置 3⌀22 的通长筋，梁的下部配置 3⌀20 的通长筋。

4.5.15 梁侧面纵向构造钢筋、受扭钢筋的识读

梁侧面纵向构造钢筋或受扭钢筋配置，集中标注中该项是必注值。

（1）当梁腹板高度 $h_w \geqslant 450$mm 时，须配置纵向构造钢筋，一般是以大写字母 G 打头，以及接续注写配置在梁两个侧面的总配筋值，并且对称配置。如 G4Φ12。

（2）配置受扭纵向钢筋时，一般是以大写字母 N 打头，以及接续注写配置在梁两个侧面的总配筋值，并且对称配置。如 N6Φ22。

（3）梁侧面纵向构造钢筋，一般是用 G 开头表示。

（4）梁侧面配置的受扭钢筋，一般是用 N 开头。

梁侧面纵向构造钢筋、受扭钢筋的识读实例如下。

G4⌀12 的含义：梁的两个侧面共配置 4⌀12 的纵向构造钢筋，每侧各配置 2⌀12。

G4⌀18 的表示含义：梁的两个侧面共配置 4⌀18 的纵向构造筋，每侧各 2 根⌀18 的钢筋。

N6⌀20 的表示含义：梁的两个侧面共配置 6⌀20 的受扭纵向钢筋，每侧各配置 3 根⌀20 的钢筋。

N6⌀22 的表示含义：表示梁的两个侧面共配置 6⌀22 的受扭纵向钢筋，每侧各配置 3⌀22。

梁侧面纵向构造钢筋的识读如图 4-51 所示。

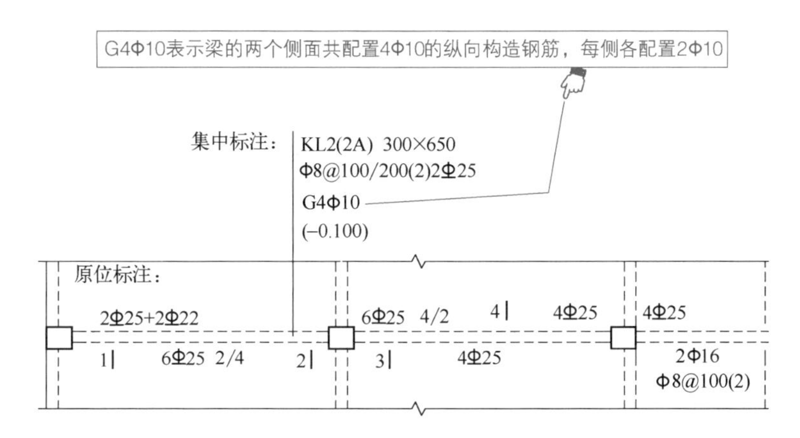

图 4-51 **梁侧面纵向构造钢筋的识读**

4.5.16 梁顶面标高高差的识读

梁集中标注的内容有五项必注值及一项选注值，五项必注值为梁编号、梁截面尺寸、通长筋、梁侧面纵向构造钢筋或者受扭钢筋。梁顶面标高高差为选注值。

梁顶面标高高差，就是指相关于结构层楼面标高的高差值。关于位于结构夹层的梁，是指相关结构夹层楼面标高有高差时，须将其写入括号内，无高差时不注。

当梁的顶面标高高于结构层楼面标高时，高差值为正值，反之为负值。

梁顶面标高高差的识读实例如下：

（-0.050）的含义：该梁的顶面标高比结构层楼面标高低 0.050m。

梁顶面标高高差的识读如图 4-52 所示。

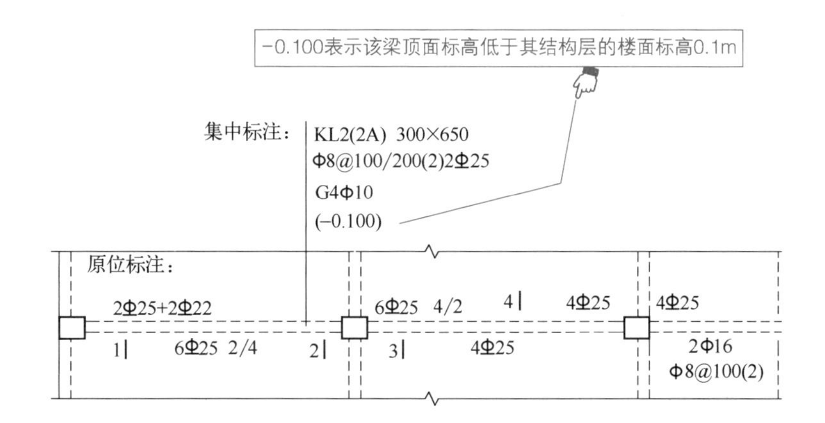

图 4-52 **梁顶面标高高差的识读**

4.5.17 梁箍筋肢数的识读

识读箍筋肢数就是看梁同一截面内在高度方向上箍筋的根数，如图 4-53 所示。

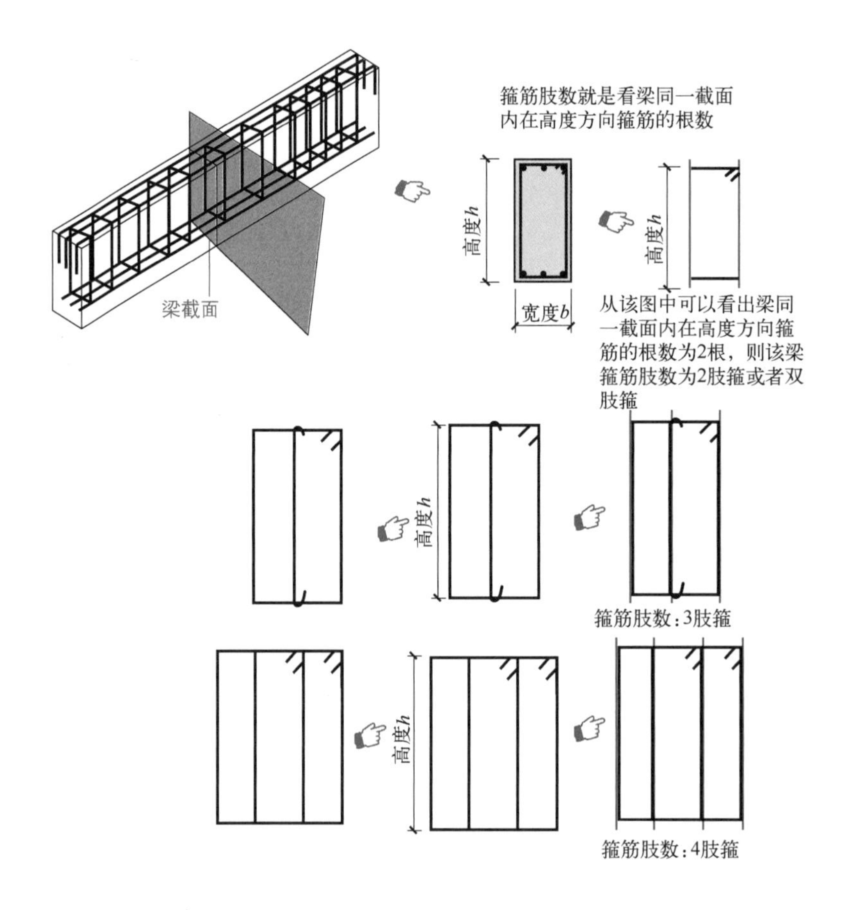

图 4-53 箍筋肢数的识读

4.5.18 梁钢筋原位标注的识读

梁钢筋原位标注的识读如下。

（1）梁支座上部、下部纵筋。

（2）吊筋、附加箍筋。

梁钢筋原位标注的识读如图 4-54 所示。

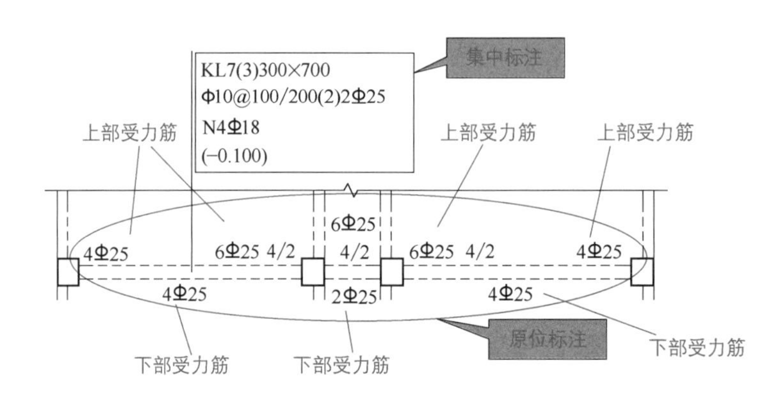

图 4-54 梁钢筋原位标注的识读

4.5.19 梁原位标注——梁支座上部纵筋的识读

梁支座上部纵筋的梁原位标注符号意义如下。

（1）“/”分隔：当上部纵筋多于一排时，将各排纵筋自上而下分开可以用斜线“/”表示。例如，6Φ25 4/2等。

（2）“+”相连：当同排纵筋有两种直径时，可以用加号“+”将两种直径相连，并且注写时是将角部纵筋写在前面。识读时，注意注写前面的是角部纵筋。例如，2Φ25+2Φ22等。

（3）缺省标注：当梁中间支座两边的上部纵筋不同时，一般是在支座两边分别标注的。当梁中间支座两边的上部纵筋相同时，可仅在支座的一边标注配筋值，另一边省去不注。

梁支座上部纵筋的梁原位标注的识读实例如下。

2Φ25+2Φ20的含义：角部有2根直径为25mm的钢筋，中部有2根直径为20mm的钢筋。

6Φ25 4/2表示的含义：表示上排纵筋为4Φ25；下排纵筋为2Φ25。

2Φ25+2Φ22表示的含义：表示梁支座上部有四根纵筋，2Φ25放在角部，2Φ22放在中部。

梁原位标注——梁支座上部纵筋的识读如图4-55所示。

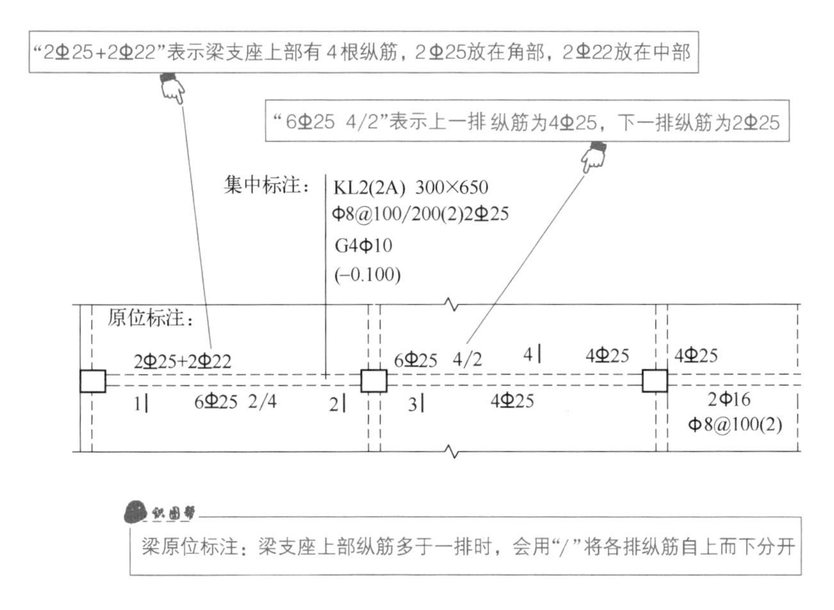

图4-55 梁原位标注——梁支座上部纵筋的识读

4.5.20 梁原位标注——梁下部纵筋的识读

梁下部纵筋的梁原位标注符号意义如下。

（1）“/”分隔：当下部纵筋多于一排时，各排纵筋自上而下可以用斜线“/”分开，也就是说该处的斜线“/”表示的是分开。例如，6Φ25 2（−2）/4等。

（2）“+”相连——当同排纵筋有两种直径时，可以用加号“+”将两种直径的纵筋相连，注写时角筋写在前面。识读时，注意该种情况前面标注的是角筋。例如，2Φ25+3Φ22（−2）/5Φ25等。

（3）“-”表示不入支座——当梁下部纵筋不全部伸入支座时，可以将梁支座下部纵筋减少的数量写在括号内。

（4）当已根据规定注写了梁上部、下部均为通长的纵筋时，则可以不需在梁下部重复做原位标注。

梁下部纵筋的梁原位标注的识读实例如下。

6⏀25 2/4 的含义：上排纵筋为 2⏀25；下排纵筋为 4⏀25，全部伸入支座。

6⏀25（-2）/4 的表示含义：表示上排纵筋为 2⏀25，不伸入支座；下排纵筋为 4⏀25，全部伸入支座。

识图轻松会

附加箍筋或吊筋的标注

附加箍筋、吊筋，可以直接画在平面图中的主梁上，并且用线引注总配筋值。当多数附加箍筋、吊筋相同时，则可在梁平法施工图上统一注明，少数与统一注明值不同时，则在原位引注。

4.5.21 梁的原位标注和集中标注的注写位置

当在梁上集中标注的内容不适用于某跨或某悬挑部分时，则可以将其不同数值原位标注在该跨或该悬挑部位。施工时，需要根据原位标注数值来取用。

梁的原位标注和集中标注的注写位置如图 4-56 所示。

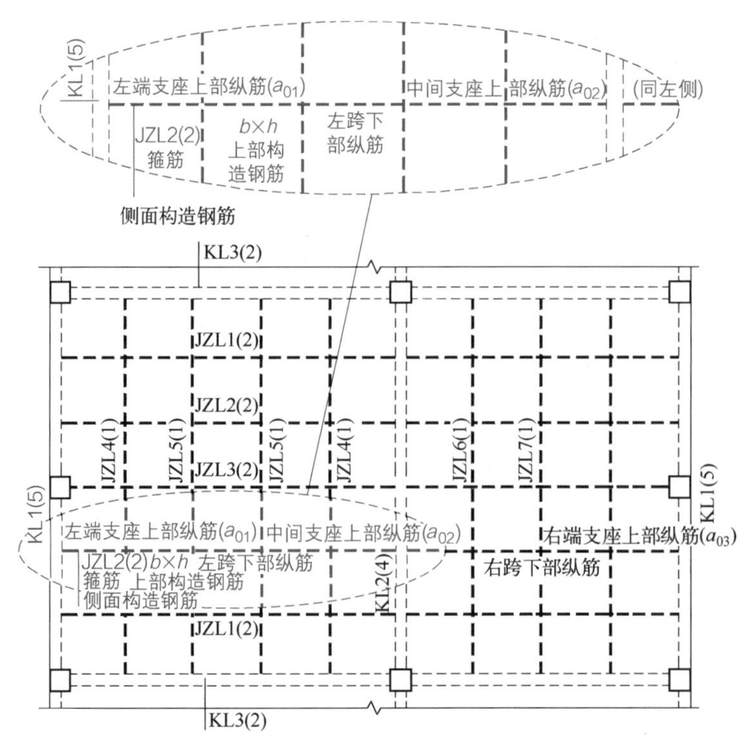

图 4-56 梁的原位标注和集中标注的注写位置

4.5.22 某梁平面图的识图

某梁平面图的识图，可以分为集中标注表示的识图、原位标注表示的识图，如图 4-57 所示。

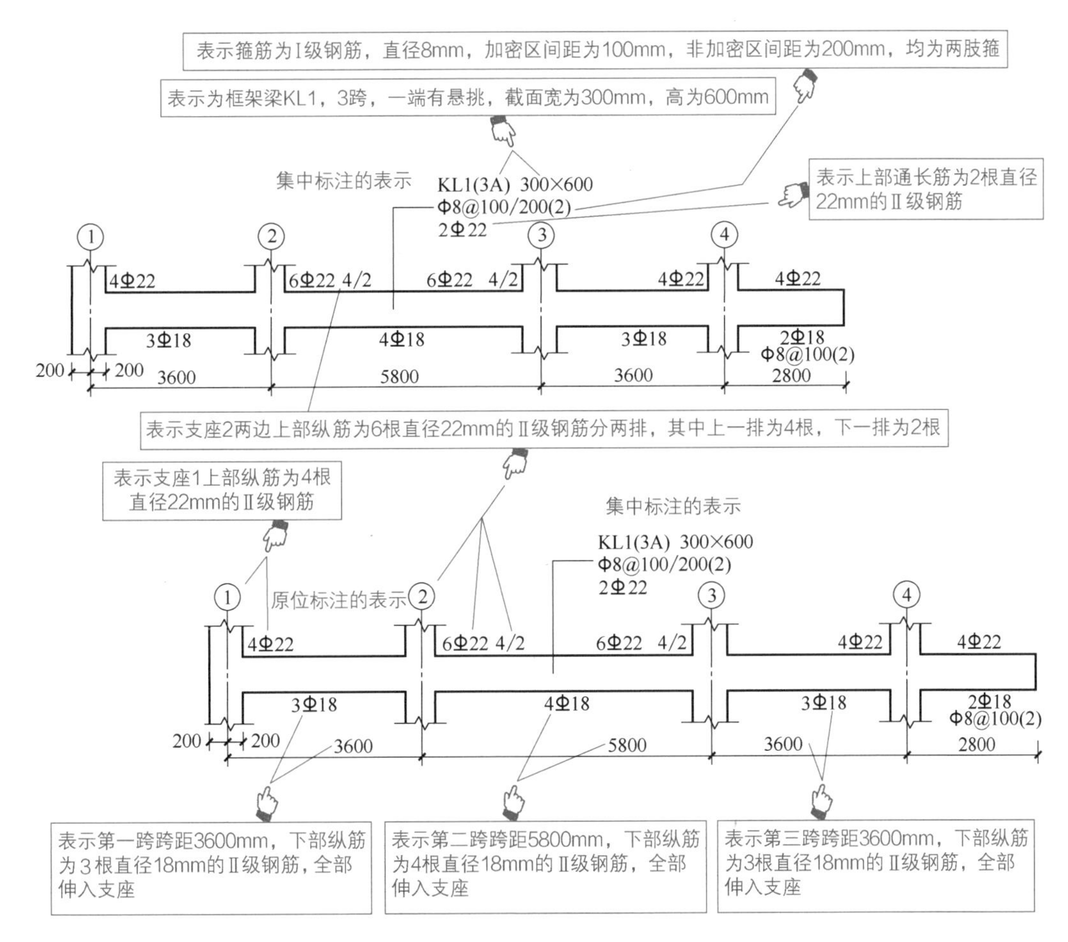

图 4-57 **某梁平面图的识图**

4.6 混凝土楼盖

4.6.1 混凝土楼盖结构的功能和分类

4.6.1.1 混凝土楼盖的主要结构功能

（1）作为结构的水平承重体系，把楼盖上的竖向力传给竖向结构。

（2）把水平力传给竖向结构或分配给竖向结构。

（3）作为竖向结构构件的水平联系和支撑。

4.6.1.2 混凝土楼盖的分类

根据施工方式，楼盖分为：现浇式、装配式、装配整体式等。

根据结构形式，楼盖分为：单向板肋梁楼盖、双向板肋梁楼盖、井式楼盖、密肋楼盖、无梁楼盖、扁梁楼盖等。

4.6.1.3 混凝土楼盖的结构形式和标注方法

梁板结构是常用的水平结构体系，一般是由梁 + 板组成。

梁板结构形式有：楼盖、屋盖、阳台、雨篷、楼梯、片筏基础等。

现浇板配筋简单时，直接在结构平面图中标明钢筋的弯曲及配置情况，注明编号、规格、直径、间距。当配筋复杂或不便表示时，用对角线表示现浇板的范围。

楼盖如图 4-58 所示。

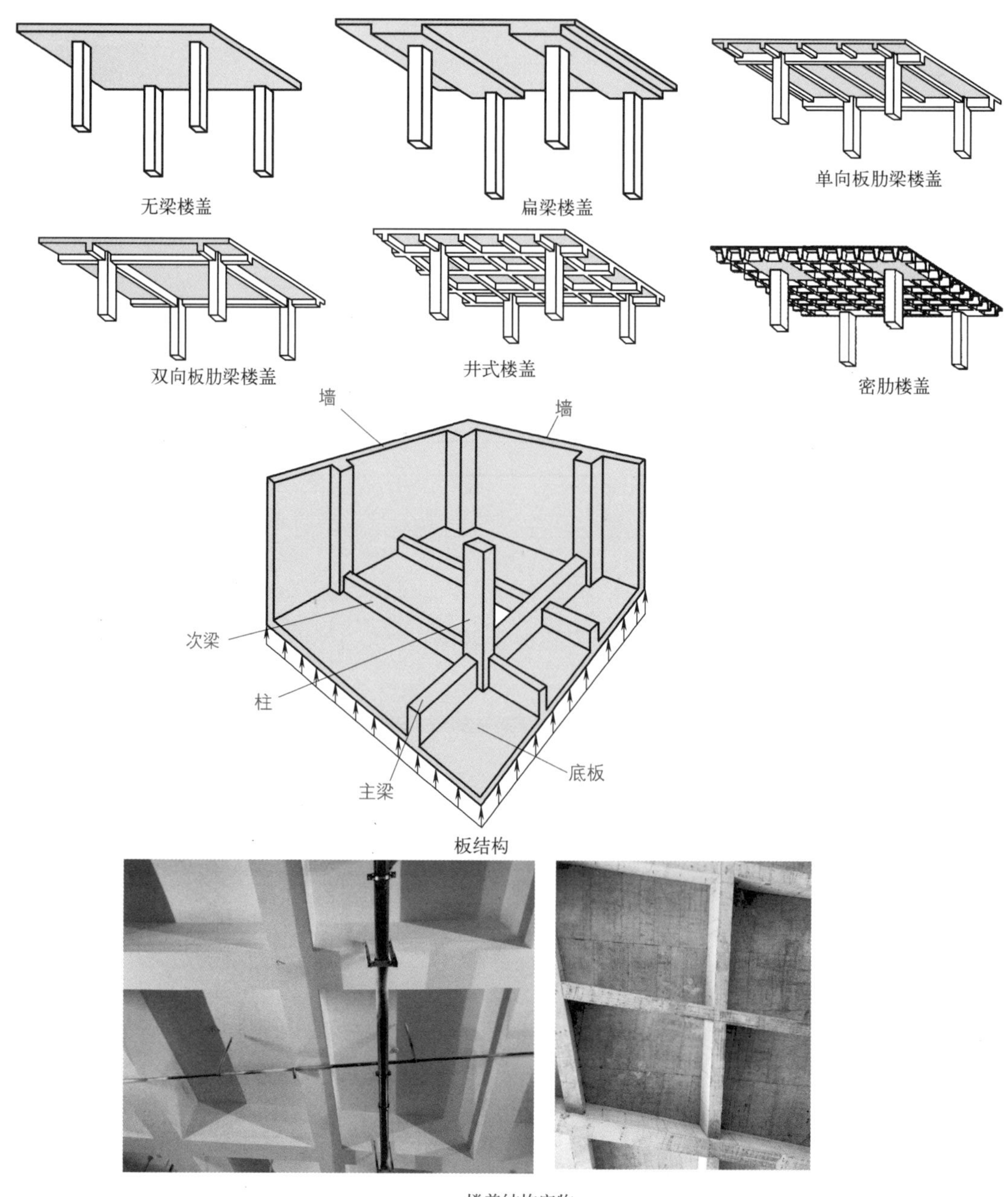

图 4-58 楼盖

4.6.2 混凝土楼（屋）盖结构的基本构件

混凝土楼（屋）盖结构的基本构件，包括受弯构件、受压构件、受扭构件、受拉构件、预应力构件等，如图4-59所示。

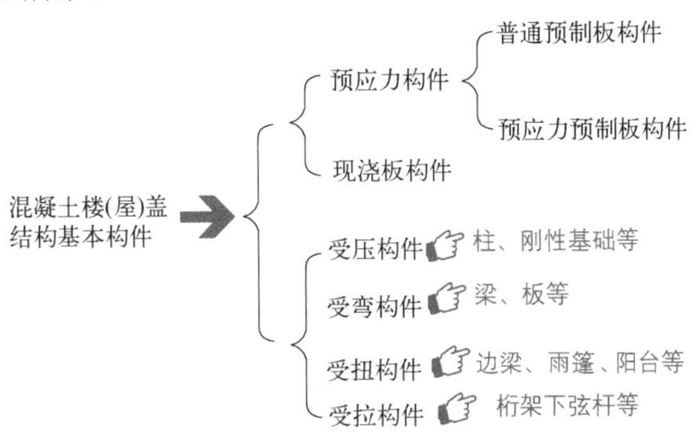

图4-59 **混凝土楼（屋）盖结构基本构件**

4.6.3 混凝土板的一般构造

混凝土板，常做成矩形、T形、槽形、空心板、倒L形等对称和不对称截面的板。混凝土板的厚度跟板的计算跨度相关联。

混凝土板的截面形状与构造如图4-60所示。

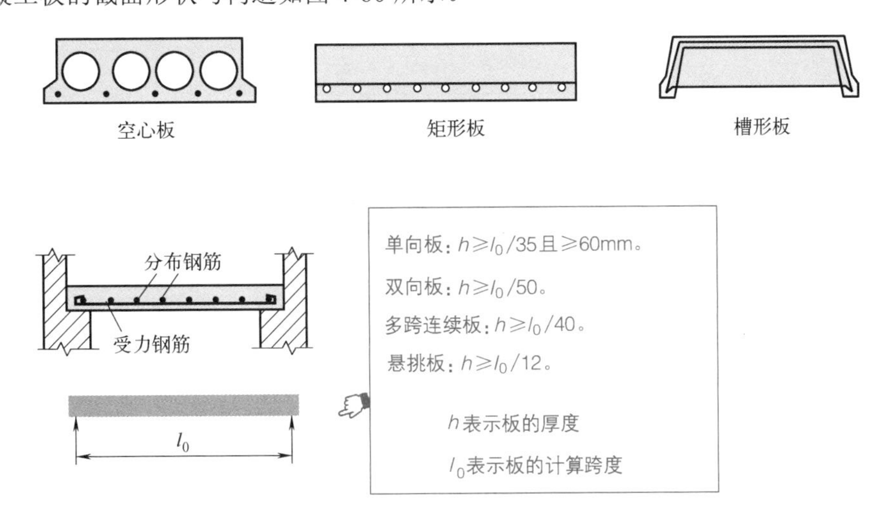

图4-60 **混凝土板截面形状与构造**

识图轻松会

识图时，能够掌握混凝土板的截面形状、板的构造尺寸与要求。

板的构造尺寸，主要有板的厚度、板的支承长度、板的配筋情况。

板配筋的识图，主要是掌握受力钢筋的直径、受力钢筋的间距、弯起钢筋的弯起角度、混凝土保护层厚度、钢筋布设详细情况、用筋种类、分布钢筋的间距与种类。

4.6.4 钢筋混凝土楼盖板

钢筋混凝土楼盖，可以分为现浇式钢筋混凝土楼盖、装配式钢筋混凝土楼盖、装配整体式钢筋混凝土楼盖等。

肋形楼盖一般由板、次梁、主梁等组成。楼面板被四周的梁分成许多矩形区隔，形成四边支承板。板上的荷载通过板的弯剪传到支承构件上。

钢筋混凝土楼盖，常见的有井字楼盖、无梁楼盖等，如图 4-61 所示。

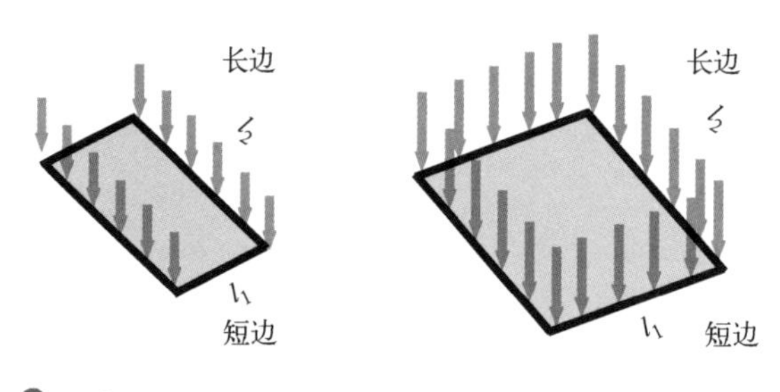

当长短边之比 $l_2/l_1 \geqslant 3$时，仅考虑 l_2向受弯的板，称为单向板。
当长短边之比 $l_2/l_1 < 3$，考虑两个方向受力的板，称为双向板

单向板与双向板

为了满足建筑上的需要或者柱间距较大时，将楼板分为若干个接近正方形的小区格，并且成井字形布置，即为井字楼盖

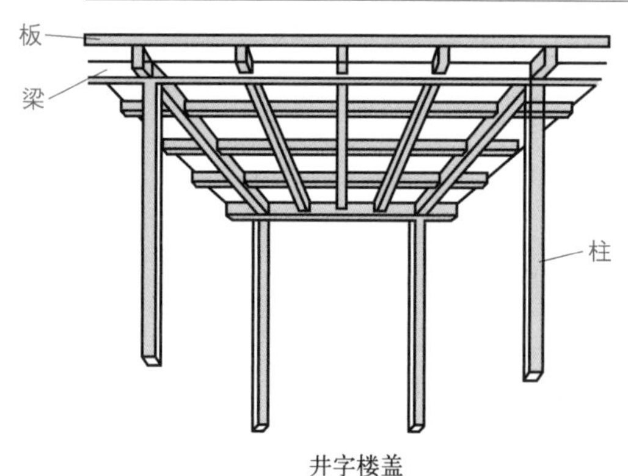

井字楼盖

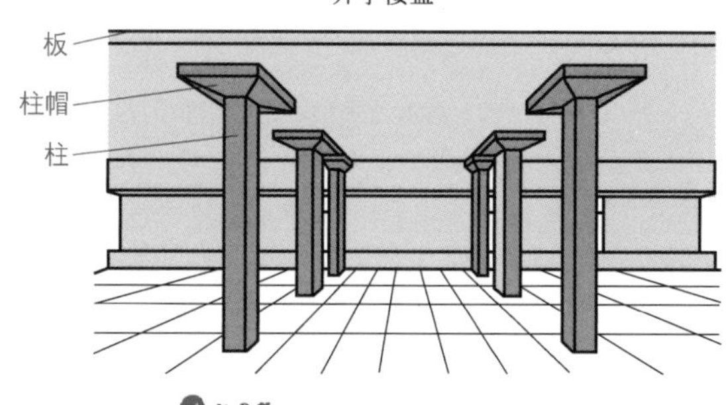

将板通过柱帽直接支承在柱上的楼盖，称为无梁楼盖

井字楼盖与无梁楼盖

图 4-61 **楼盖板**

4.6.5 单向板肋形楼盖结构布置与构造

单向板肋形楼盖结构布置与构造，包括主梁沿横向布置、主梁沿纵向布置、中间有走廊的房屋等。

单向板肋梁楼盖梁板荷载传递的路径为：板→次梁→主梁→柱（墙）→基础。

单向板的受力钢筋布置形式有弯起式、分离式等种类。

单向板肋形楼盖结构的布置与构造如图 4-62 所示。

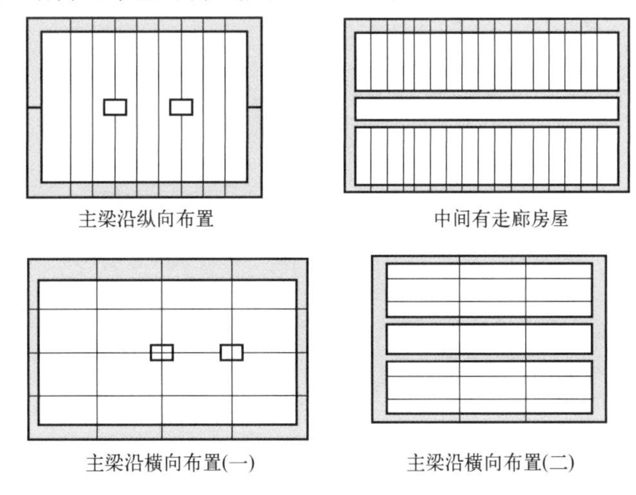

图 4-62 单向板肋形楼盖结构布置与构造

4.6.6 装配式楼盖

装配式楼盖中的板主要有实心板、空心板、槽形板等类型，还可分为单肋板、双 T 板、V 形折板等形式。根据是否施加预应力，可以分为预应力板、非预应力板。

装配式楼盖的特点与安装图如图 4-63 所示。

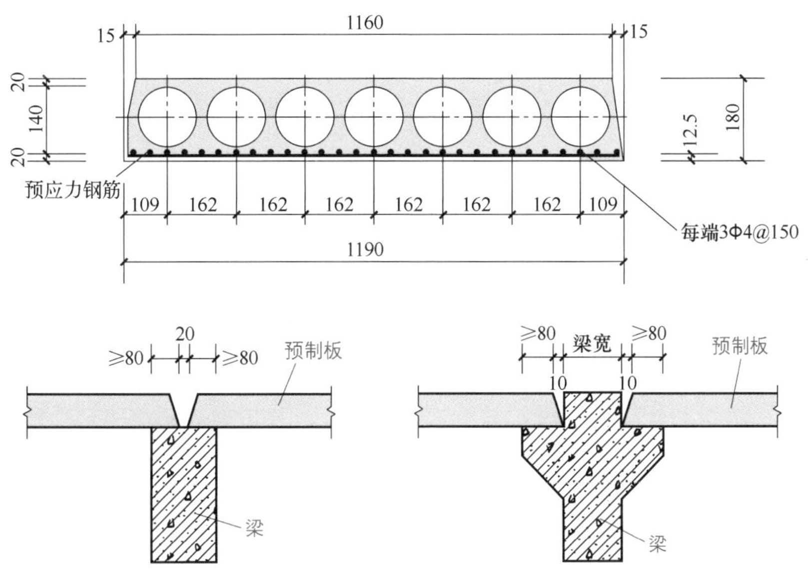

图 4-63 装配式楼盖的特点与安装图

4.6.7 装配式钢筋混凝土楼板

预制装配式钢筋混凝土楼板的板与梁是在工厂或现场预制而成的，再用人工或机械安装到房屋上去。

根据结构的应力状况，预制钢筋混凝土楼板可分为普通钢筋混凝土楼板、预应力钢筋混凝土楼板等。

预制装配式钢筋混凝土楼板，还可以分为实心平板、槽形楼板、空心板等。

装配式钢筋混凝土楼板图如图 4-64 所示。

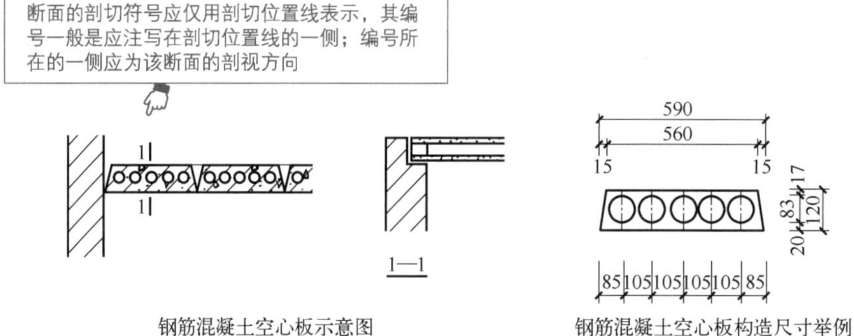

钢筋混凝土空心板示意图　　钢筋混凝土空心板构造尺寸举例

图 4-64 装配式钢筋混凝土楼板图

4.6.8 预制楼板结构平面图的识读

通过识读预制楼板结构平面图，主要掌握、了解预制梁、板及其他构件的位置、数量、连接方法。

预制楼板结构平面图，一般包括结构平面图、节点详图、构件统计表、文字说明。

预制板是分块制作和安装的，故在每个不同的结构单元用细实线分块画出板的铺设方向和画上一对角线，并沿对角线上（或下）方，写出预制板的数量、代号、编号。如有相同的结构单元时，则可简化在其上写出相同的单元编号，其余内容也可省略。

预制钢筋混凝土板代号说明如下。

10 Y-KB 36 5 2——表示 10 块预制预应力空心板，板长 3600mm（标志长度），标志宽度

500mm，荷载等级 2 级。

对于板型特点的图，一般没有明确给出，需要平时掌握。

预制板板型有七种型号：

（1）板厚（即高度）120mm 的 1、2、3、4 型板的标志宽度分别为 500mm、600mm、900mm、1200mm。

（2）板厚（即高度）180mm 的 5、6、7 型板的标志宽度分别为 600mm、900mm、1200mm。

预制板的规格与表示如图 4-65 所示。

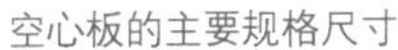

推荐的规格尺寸

高度宜为120mm、180mm、240mm、300mm、360mm。
标志宽度宜为900mm、1200mm。
标志长度不宜大于高度的40倍

高度/mm	标志宽度/mm	标志长度/m
120	500、600、900、1200	2.1、2.4、2.7、3.0、3.3、3.6、3.9、4.2、4.5、4.8、5.1、5.4、5.7、6.0
150	600、900、1200	3.6、3.9、4.2、4.5、4.8、5.1、5.4、5.7、6.0、6.3、6.6、6.9、7.2、7.5
180 200	600、900、1200	4.8、5.1、5.4、5.7、6.0、6.3、6.6、6.9、7.2、7.5、7.8、8.1、8.4、8.7、9.0
240 250	900、1200	6.0、6.3、6.6、6.9、7.2、7.5、7.8、8.1、8.4、8.7、9.0、9.3、9.6、9.9、10.2、10.5、10.8、11.4、12.0
300	900、1200	7.5、7.8、8.1、8.4、8.7、9.0、9.3、9.6、9.9、10.2、10.5、10.8、11.4、12.0、12.6、13.2、13.8、14.4、15.0
360 380	900、1200	9.0、9.3、9.6、9.9、10.2、10.5、10.8、11.4、12.0、12.6、13.2、13.8、14.4、15.0、15.6、16.2、16.8、17.4

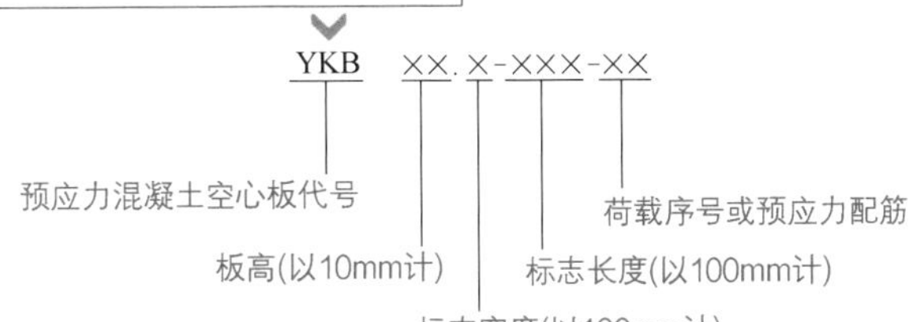

荷载序号以阿拉伯数字1、2、3……标记。

预应力配筋以英文字母A、B、C …… 标记：

A、B分别代表公称直径为5mm、7mm的1570MPa螺旋肋钢丝，C代表公称直径为9mm的1470MPa螺旋肋钢丝，D、E、F、G分别代表公称直径为9.5mm、11.1mm、12.7mm、15.2mm的1860MPa七股钢绞线

示例❶ YKB24.12-102-1：预应力空心板型号；荷载序号为1；板高240mm；标志宽度1200mm；标志长度10.2mm

示例❷ YKB18.9-63-7B：预应力空心板型号；配置7根公称直径7mm的1570MPa螺旋肋钢丝；板高180mm；标志宽度900mm；标志长度6.3mm

图 4-65　预制板的规格与表示

某预制楼板结构平面图的识读如图 4-66 所示。

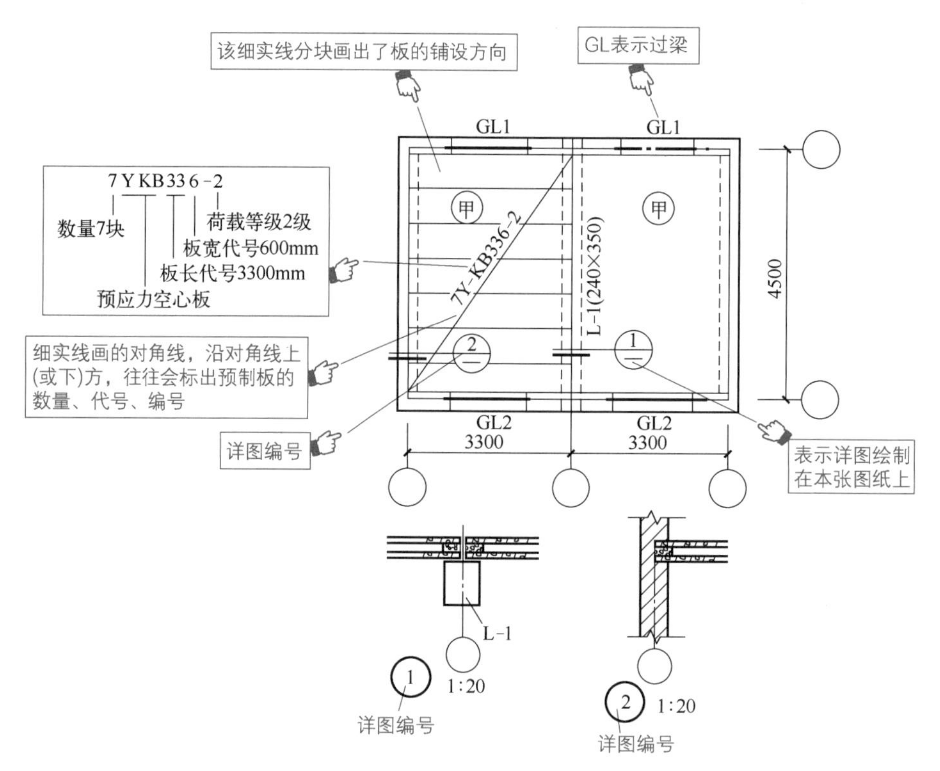

图 4-66　某预制楼板结构平面图的识读

4.7　钢筋混凝土楼梯

4.7.1　钢筋混凝土楼梯的构造

钢筋混凝土楼梯的构造如下。

（1）楼梯踏步面。楼梯的踏步面也称踏面。踏步面层的材料常与门厅、走廊的楼地面材料一致。楼梯踏步面常用的材料有水泥砂浆面层、水磨石面层等。如果踏步表面光滑，则行人容易滑倒。因此，踏步应有防滑措施。一般楼梯常在踏口部位设置防滑条或防滑槽。防滑条一般要求高出面层 3 ～ 6mm，宽 10 ～ 20mm。防滑条材料，可以有水泥铁屑、马赛克、水泥金刚砂、铜金属条、铝金属条等。

（2）踢面

踢面是楼梯上用于覆盖踏面间隙的垂直部分，即楼梯或台阶的垂直部分。

（3）栏杆。栏杆是楼梯的安全设施。栏杆多用圆钢、方钢、扁钢等型材焊接各种图案，既起防护作用，又起装饰作用。栏杆间的垂直净空隙一般不应大于 110mm。楼梯与栏杆的连接，常采用的方法是在所需部位预埋铁件或预留孔洞，然后将栏杆焊在楼梯段的预埋铁件上或插入楼梯段的预留孔洞内，再用细石混凝土固定。

（4）栏板。栏板是楼梯的安全设施。栏板是不透空构件，常用砖砌筑、用预制或现浇钢筋混凝土板做成。

（5）扶手。栏杆或栏板的上部一般要设扶手。扶手可用硬木、钢管、塑料制品制作，再在栏板上缘抹水泥砂浆或做成水磨石等。

钢筋混凝土楼梯的构造如图4-67所示。

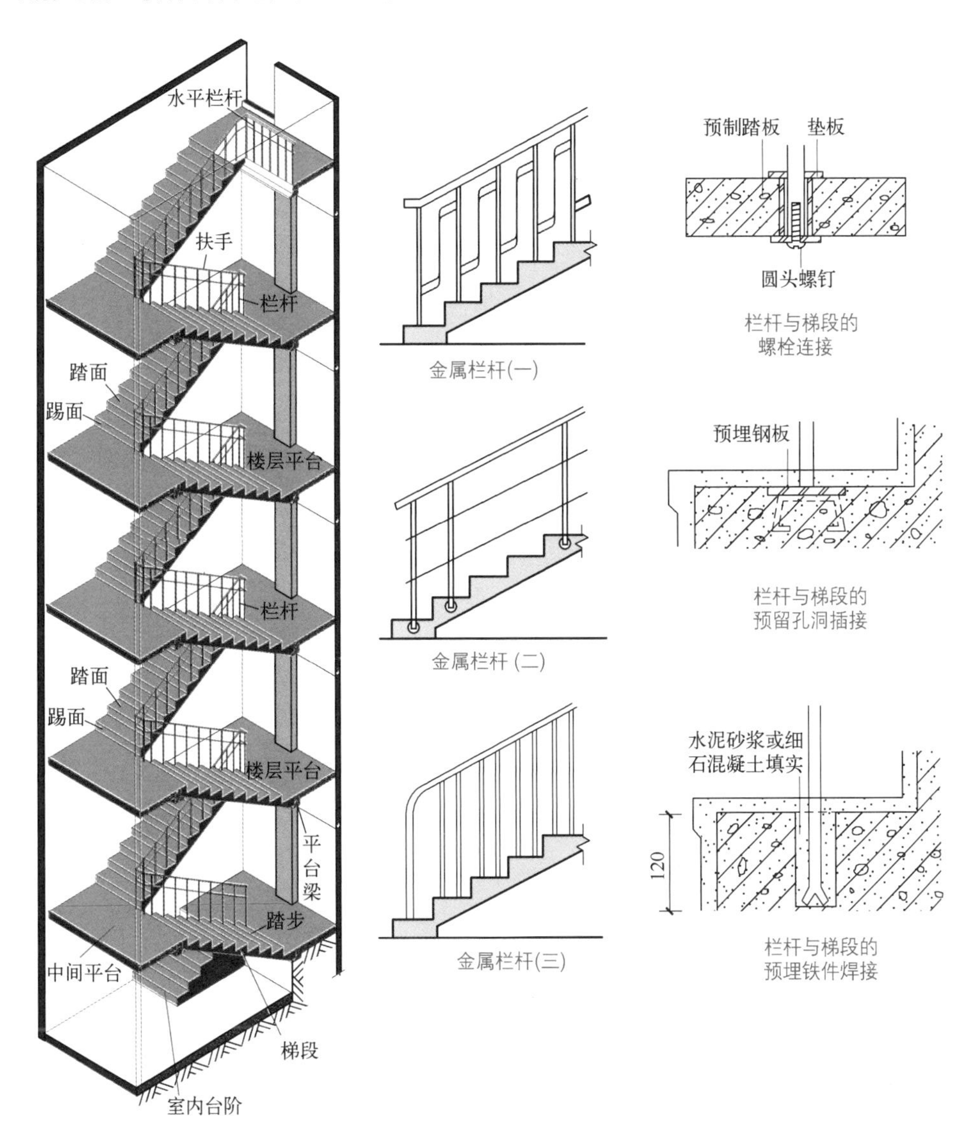

图4-67　**钢筋混凝土楼梯的构造**

4.7.2　钢筋混凝土楼梯的分类

根据不同的施工方法，钢筋混凝土楼梯分为现浇钢筋混凝土楼梯、预制装配式钢筋混凝土楼梯等。

根据楼梯梯段的传力特点，钢筋混凝土楼梯可分为板式楼梯、梁板式楼梯等种类。

板式楼梯就是将楼梯梯段搁置在平台梁上，楼梯段相当于一块斜放的板。

梁板式楼梯就是指楼梯段由板与梁组成，板承受荷载后传给梁，再由梁把荷载传给平台梁。

梁板式楼梯分为明步和暗步。明步楼梯是将斜梁设置在踏步板之下。暗步楼梯是指斜梁和踏步板的下表面取平。

钢筋混凝土楼梯的结构特点如图 4-68 所示。

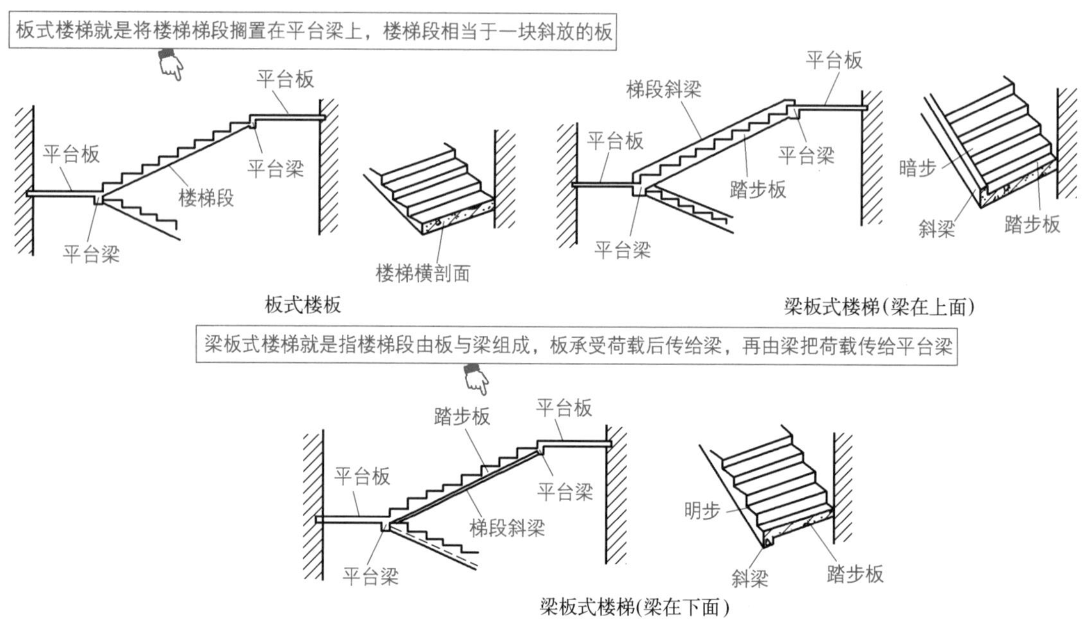

图 4-68 钢筋混凝土楼梯的结构特点

4.7.3 楼梯平台板的支撑类型

平台板板厚常取 60 ～ 80mm，平台板一般均为单向板，有时也可能是双向板。

楼梯平台板结构图如图 4-69 所示。

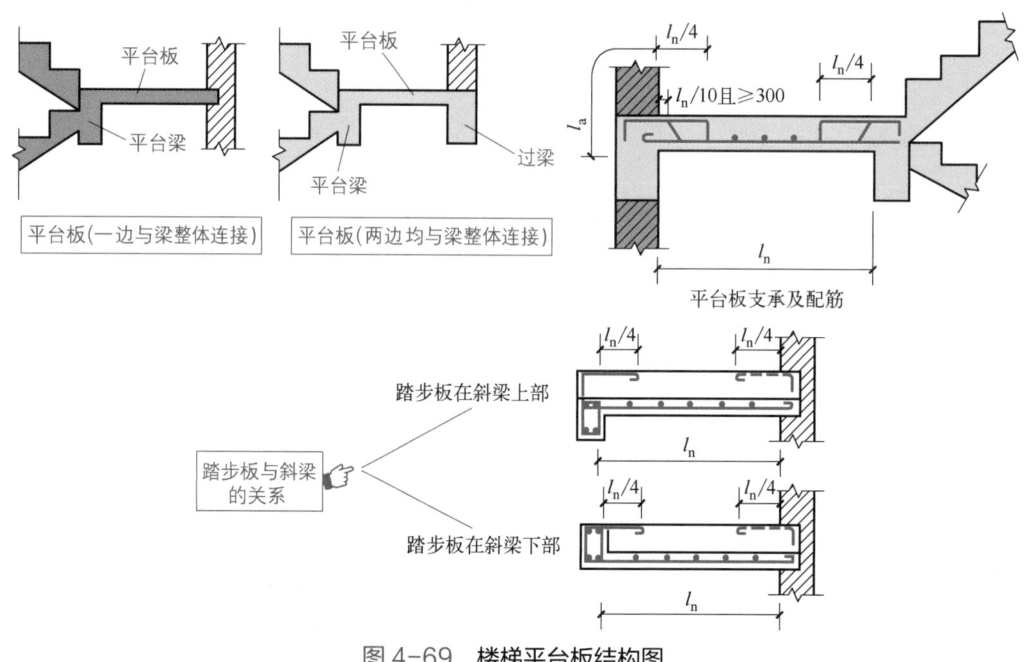

图 4-69 楼梯平台板结构图

4.7.4 梁式楼梯的组成

梁式楼梯，就是将踏步板支承在斜梁上，斜梁支承在平台梁上，平台梁再支承在墙上。

斜梁可放在踏步板的上面、下面或侧面。斜梁在踏步板上面时，可以阻止垃圾、灰尘从梯井落下，并且板底面平整，便于粉刷与打扫，缺点是梁占梯段的尺寸。

斜梁在踏步板下面时，板底不平整，抹灰比较费时。

斜梁在侧面时，踏步板在梁的中间，踏步板可做成三角形或折板形。

梁式楼梯的组成如下。

（1）踏步板。梁式楼梯的踏步板为两端支承在斜梁，或一端支承在斜梁上、一端支承在墙上的一块单向板。例如某楼梯踏步板的要求为：楼梯踏步板最小厚度取 30 ～ 40mm，受力筋每步下≥ 2Φ8，踏步板内 2 根受力筋在伸入支座后宜弯起一根抵抗负弯矩。分布钢筋一般为Φ6 @ 300。楼梯踏步板的要求，可以通过识读图得到、掌握。

（2）斜梁。斜梁作为斜置于平台梁及楼面梁上的次梁，承受踏步传来的荷载、栏杆与斜梁的自重，在荷载作用下沿其法线方向发生弯曲。斜梁的高度一般可取水平投影跨度的 1/15。

（3）平台板。平台板一般为四边支承的单跨板，根据单向板或双向板设计。平台板根据一般单跨板确定板厚、配筋。

（4）平台梁。平台梁一般两端支承于楼梯间的侧墙上，一般根据楼盖的主梁设计。

梁式楼梯结构图如图 4-70 所示。

4.7.5 板式楼梯的组成

板式楼梯是把楼梯当作一块板考虑，板的两端支承在休息平台的边梁上，休息平台的边梁支承在墙上。板式楼梯的水平投影长度≤ 3m 时比较经济。

板式楼梯的组成为：梯段板、平台板、平台梁等。其中梯段板为带有踏步的斜板，两端支承于平台梁上。

平台板与平台梁一般根据楼面梁板确定截面尺寸、配筋构造。分布筋按单向板设置要求确定。

板式楼梯结构图如图 4-71 所示。

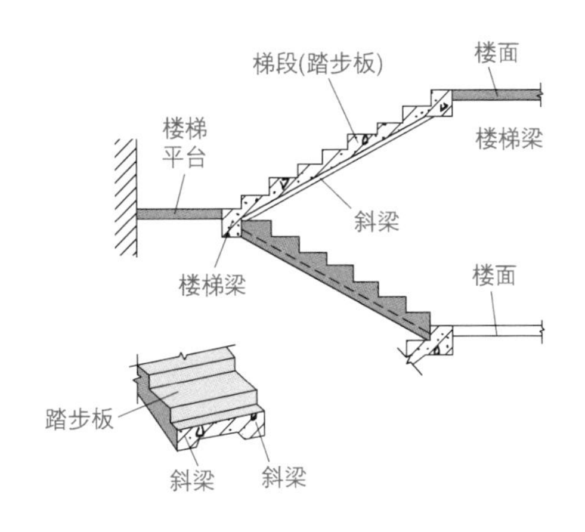

图 4-70 梁式楼梯结构图

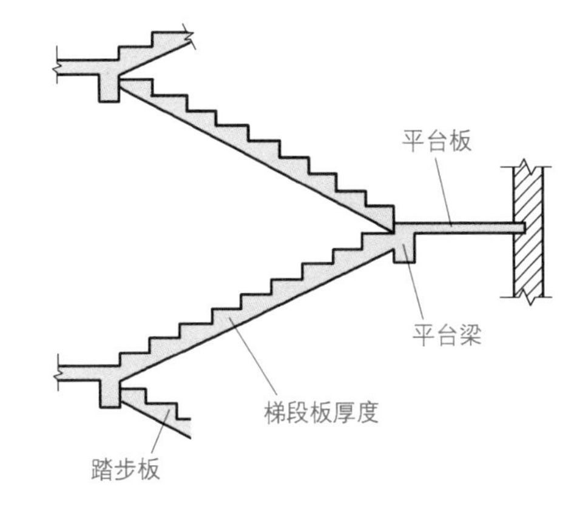

图 4-71 板式楼梯结构图

4.7.6 现浇式楼梯

现浇式楼梯，又叫做整体式钢筋混凝土楼梯，是在施工现场支模，绑扎钢筋并浇筑混凝土而成的楼梯。

现浇楼梯如图 4-72 所示。

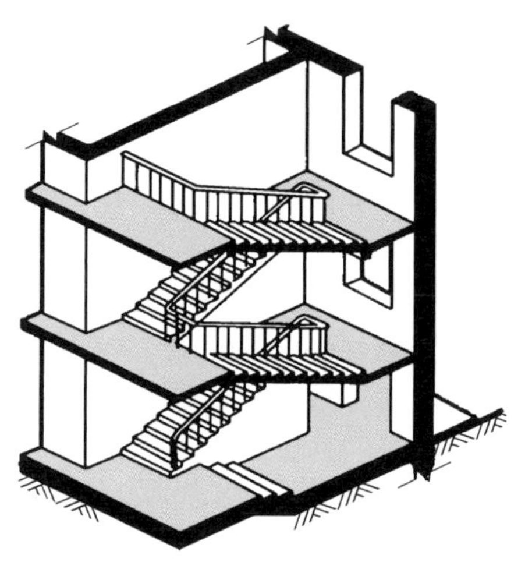

图 4-72 现浇楼梯

4.7.7 预制装配式楼梯的结构

预制装配式楼梯将楼梯分成休息板、楼梯梁、楼梯段等部分，并且将构件在加工厂或施工现场进行预制，施工时将预制构件进行装配、焊接。

预制装配式楼梯，可以分为悬臂板式楼梯、预制斜板式楼梯、预制梁板式楼梯等。

预制装配式楼梯结构图如图 4-73 所示。

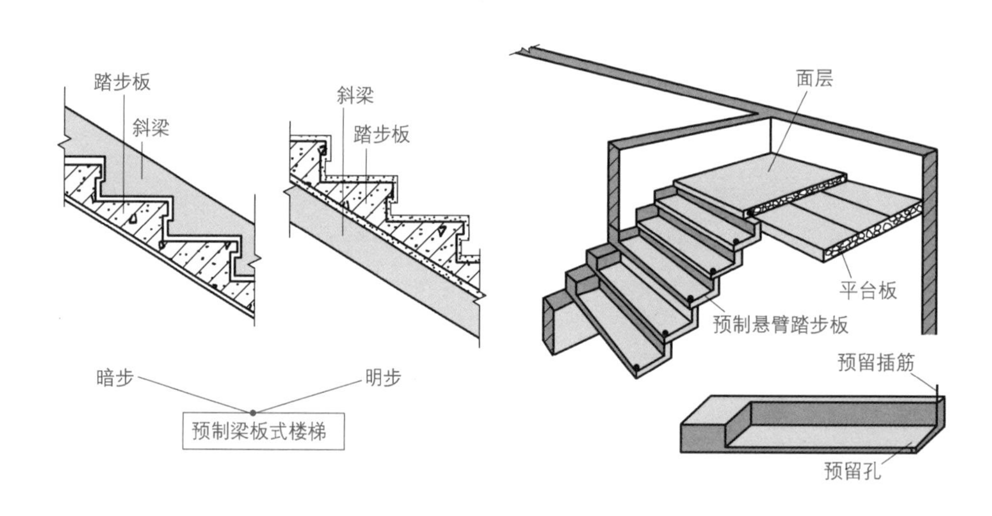

图 4-73 预制装配式楼梯结构图

4.7.8 预制装配式钢筋混凝土楼梯

预制装配式钢筋混凝土楼梯，就是将组成楼梯的各种构件在预制厂或施工现场进行预制，然后现场装配安装。

预制装配式钢筋混凝土楼梯按楼梯构件的合并程度，可以分为小型构件装配式、中型构件装配式、大型构件装配式楼梯等种类。

小型构件装配式楼梯，就是将各组成部分划分为若干构件，分别预制，再进行装配。

小型构件装配式楼梯按构造方式不同有梁承式、墙承式、悬挑式等。

梁承式楼梯的荷载传递特点与梁板式楼梯相同。

墙承式楼梯，就是把预制踏步板搁置在两道墙上，构成楼梯段。受力上讲，踏步简支在墙体上。

悬挑式楼梯，是将L形或一字形踏步板的一端砌在楼梯间的侧墙内，另一端悬挑，在悬挑端安装栏杆。

大中型预制装配式楼梯，就是将整个楼梯段做成一个构件，平台梁与平台板合为一个构件，由预制厂生产，在施工现场组装完成。

预制装配式钢筋混凝土楼梯的结构特点，如图4-74所示。

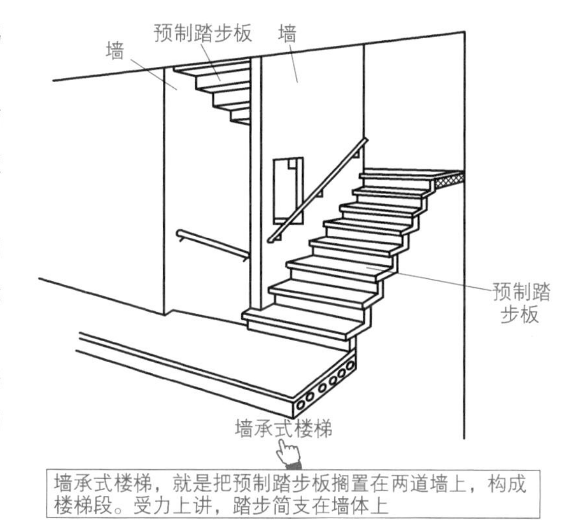

图4-74 **预制装配式钢筋混凝土楼梯的结构特点**

4.7.9 楼梯图

楼梯图要绘出每层楼梯的结构平面布置图、剖面图，并且注明尺寸、构件代号、标高，往往还要绘出梯梁详图、梯板详图。

楼梯图如图4-75所示。

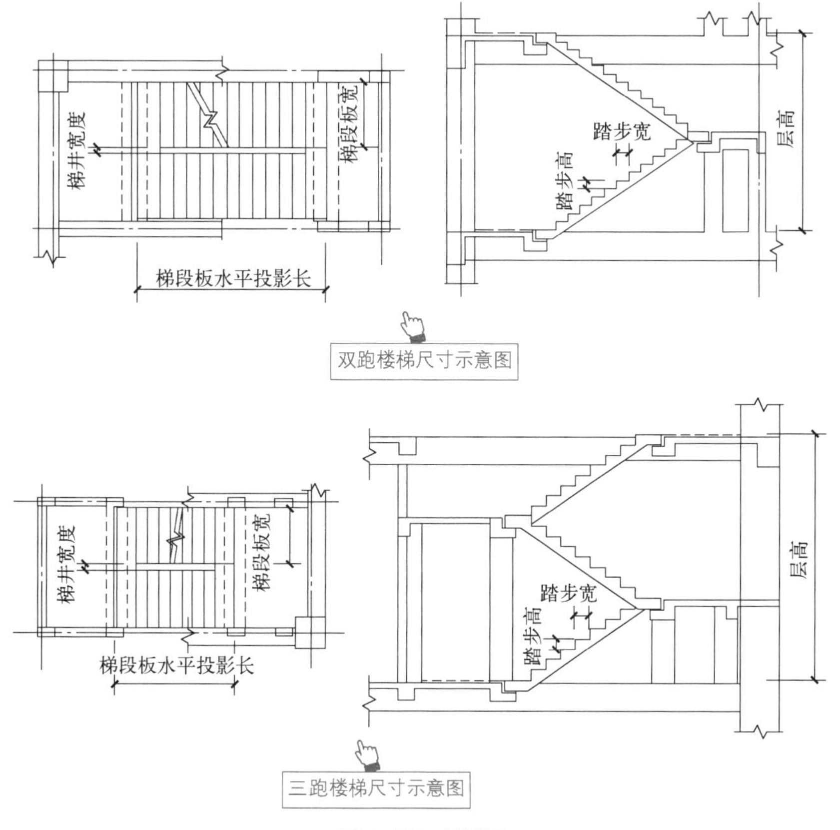

图4-75 **楼梯图**

4.7.10 楼梯图与实物的对照

楼梯图与实物的对照如图 4-76 所示。

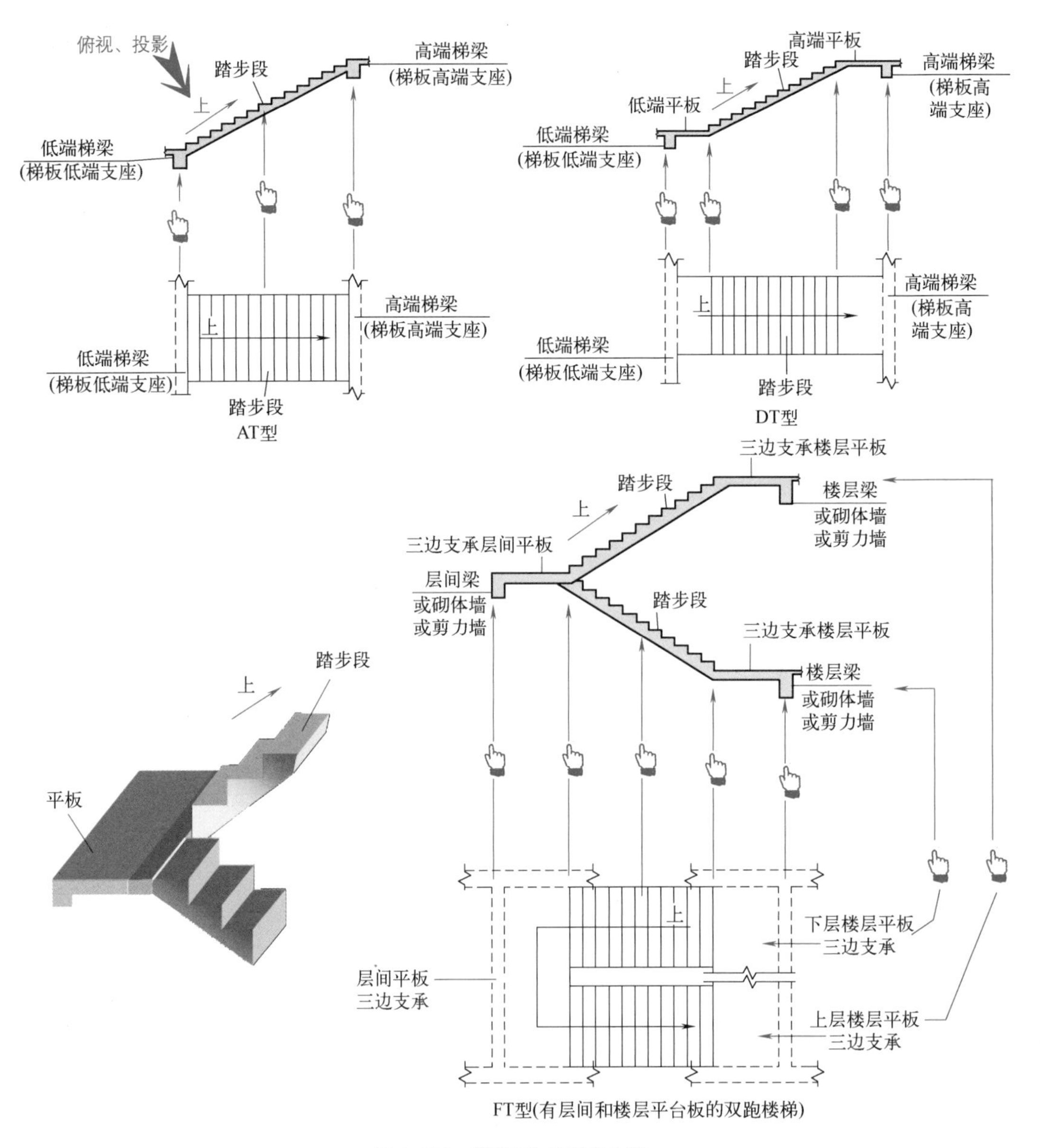

图 4-76 **楼梯图与实物的对照**

4.7.11 楼梯平面图识读的技巧

楼梯平面图，就是楼梯间部分的局部放大图，常见的有底层平面图、中间层平面、顶层平面图。

楼梯平面图的特点如下。

（1）比例：常采用 1 ∶ 50。

（2）线型：剖切到的墙体线一般用粗实线表示，踏步的投影线一般用细实线表示，被切断的梯段的投影线一般用与墙面倾斜约 60° 的细折断线表示。

（3）定位轴线：标注出与楼梯间相对应的位置处的定位轴线即可。

（4）尺寸标注：在各层要标注楼梯间的开间和进深尺寸、梯段的长度和宽度、踏步面数和宽度、休息平台及其他细部尺寸等。梯段的长度要标注水平投影长度，通常用踏步面数乘以踏步宽度表示。另外还应标注出各层楼（地）面、休息平台的高度。

（5）图例：一般在底层标注出剖切符号。

楼梯平面图中，为了表示各个楼层的楼梯的上下方向，有的图在梯段上用指示线、箭头表示，并且是以各自楼层的楼（地）面为准，在指示线端部注写“上”和“下”。因顶部楼梯平面中没有向上的梯段，故只有“下”。

楼梯平面图识读的技巧如图 4-77 所示。

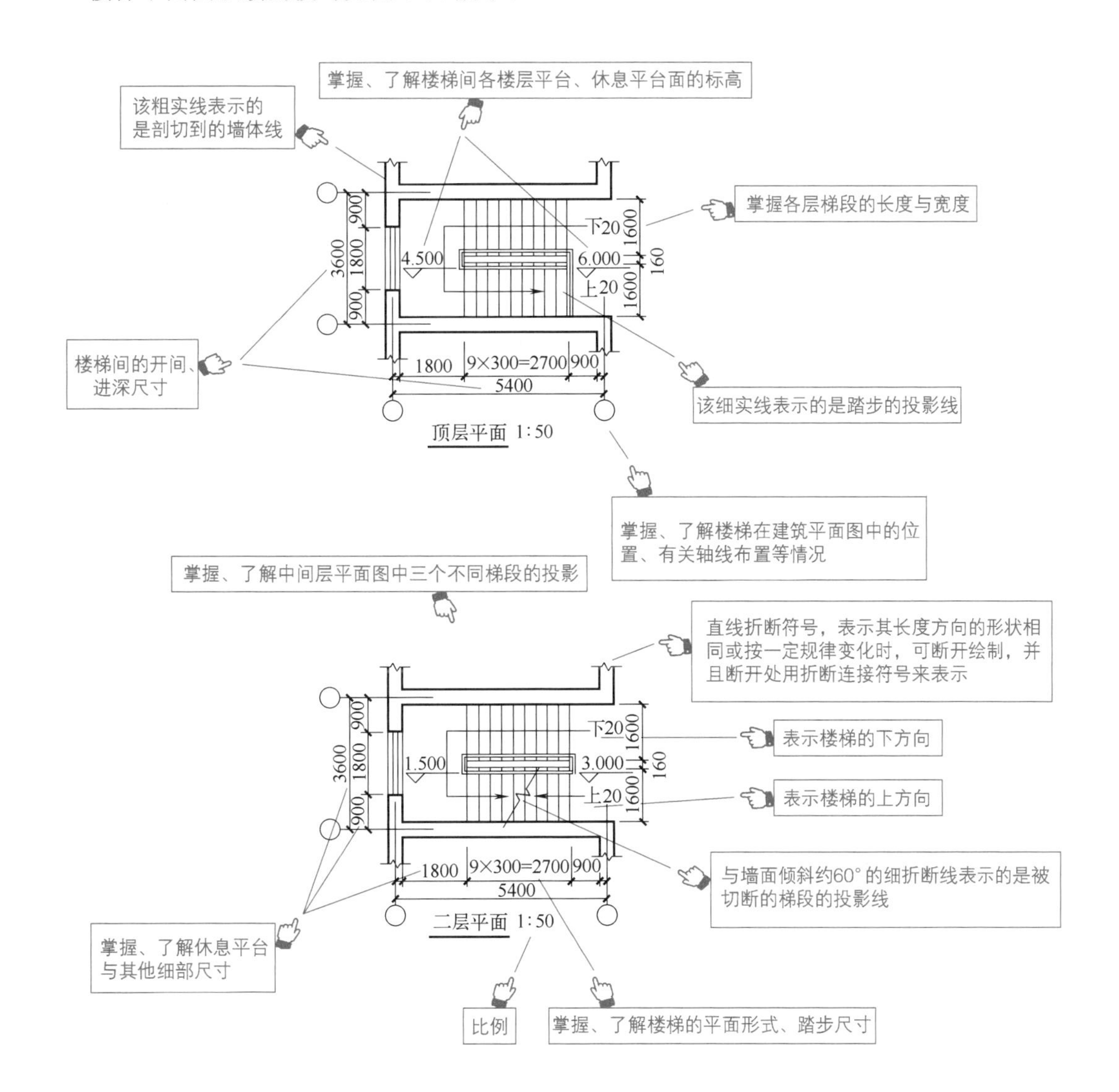

图 4-77

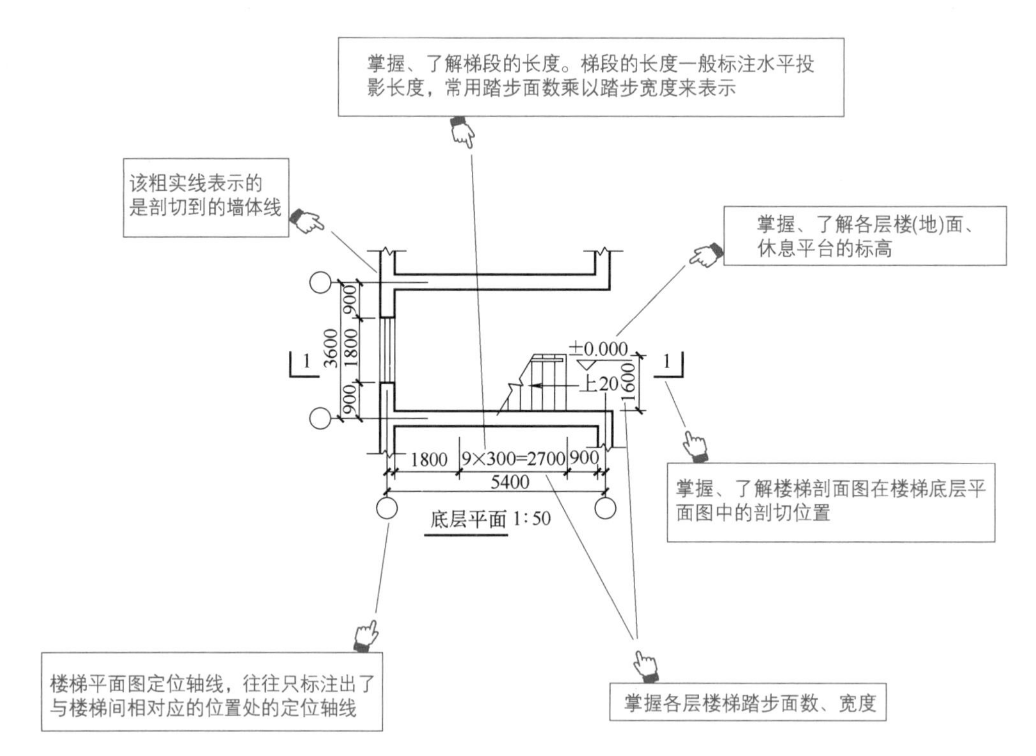

图 4-77 **楼梯平面图识读的技巧**

4.7.12 某楼梯平面图的识读

某楼梯平面图的识读与实物对照如图 4-78 所示。

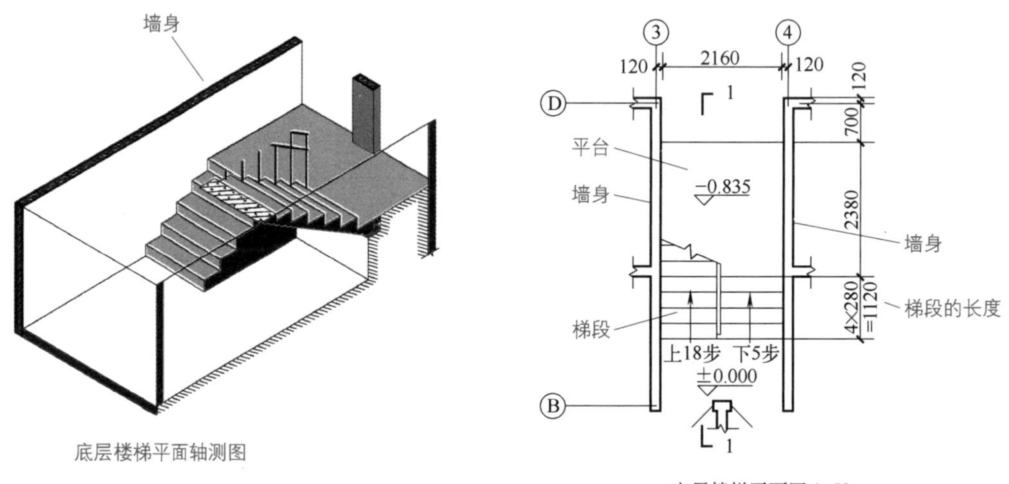

图 4-78

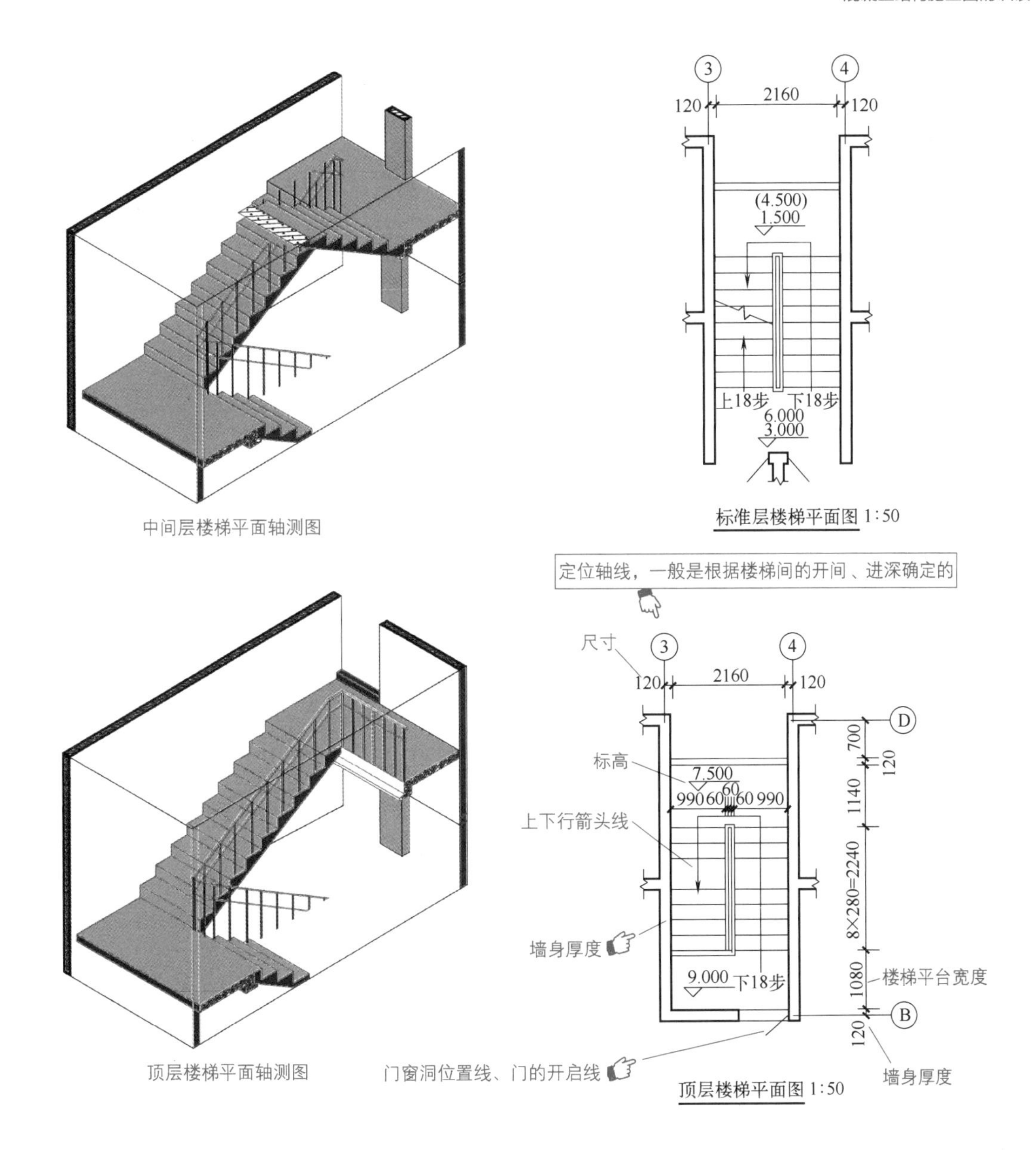

图 4-78 **某楼梯平面图的识读与实物对照**

4.7.13 楼梯剖面图识读的技巧

楼梯垂直剖面图简称为楼梯剖面图。

楼梯剖面图的剖切位置一般是通过各层的一个梯段与门窗洞口，向另一未剖到的梯段方向投影所得到的剖面图。

通过识读楼梯剖面图，可以掌握、了解楼梯的梯段数、踏步数、类型、结构形式，以及各梯段、平台、栏杆等的构造及它们的相互关系。

识读楼梯剖面图，应掌握图的比例、各线型、定位轴线、各尺寸等信息。

楼梯剖面图识读的技巧如图 4-79 所示。

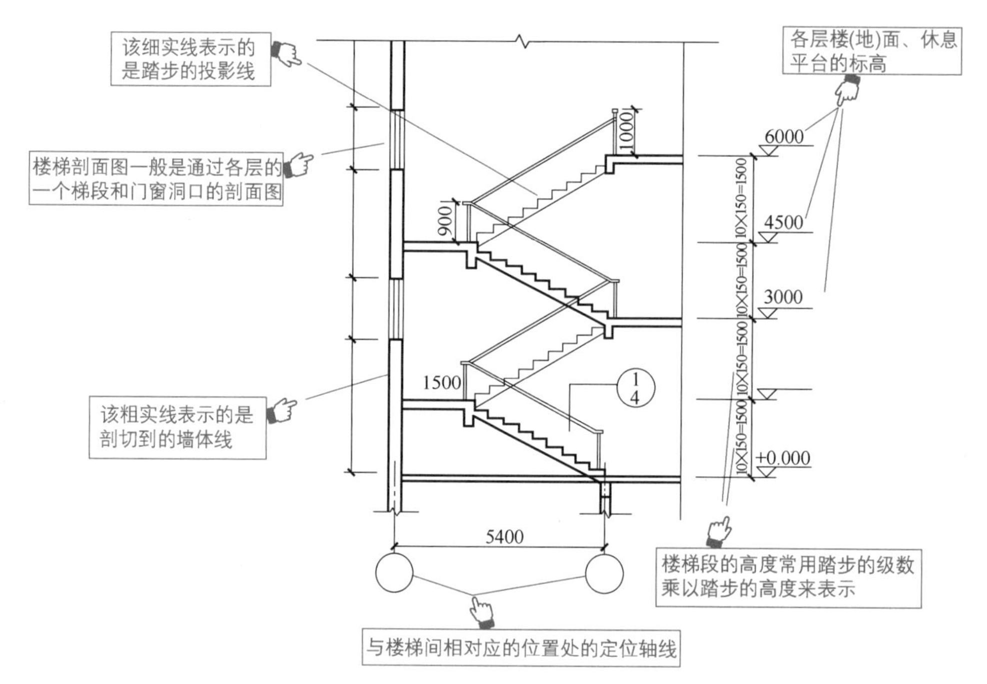

图 4-79 **楼梯剖面图识读的技巧**

扫码观看视频

楼梯剖面图的识读

4.7.14 某楼梯剖面图的识读

某楼梯剖面图的识读如图 4-80 所示。

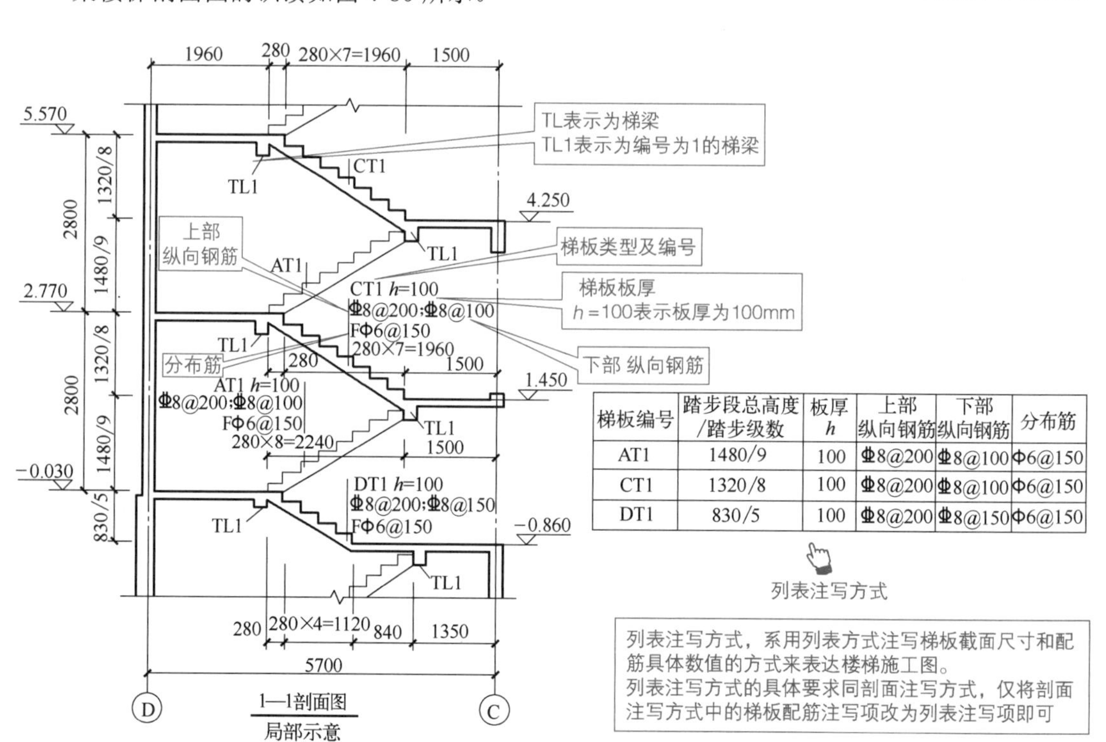

梯板编号	踏步段总高度/踏步级数	板厚 h	上部纵向钢筋	下部纵向钢筋	分布筋
AT1	1480/9	100	Φ8@200	Φ8@100	Φ6@150
CT1	1320/8	100	Φ8@200	Φ8@100	Φ6@150
DT1	830/5	100	Φ8@200	Φ8@150	Φ6@150

图 4-80 **某楼梯剖面图的识读**

4.7.15 楼梯节点详图的识读

楼梯有关图，常见的有楼梯平面图、楼梯剖面图、楼梯详图等。

楼梯详图是楼梯平面图、楼梯剖面图上某些细部仍未表达清楚的地方，需要针对这些局部进一步介绍而绘制的图。楼梯详图，往往是楼梯节点详图。

楼梯节点详图，一般包括踏步、扶手、栏杆详图、梯段与平台处的节点构造详图。

依据所画内容的不同，楼梯详图可采用不同的比例，以反映它们的断面形式、细部尺寸、所用材料、构件连接、面层装修做法等信息。

楼梯细部节点构造：楼梯栏杆、扶手、踏步面层、楼梯节点的构造，在楼梯平面和剖面图中仍然不能表示清楚，还需要用更大比例画出节点放大的情况。

4.7.16 某ATa型楼梯平面图的识图

楼梯平面图的代号的含义如下。

PTB表示平台板，TL表示梯梁，TZ表示梯柱。

某ATa型楼梯平面图的识图如图4-81所示。

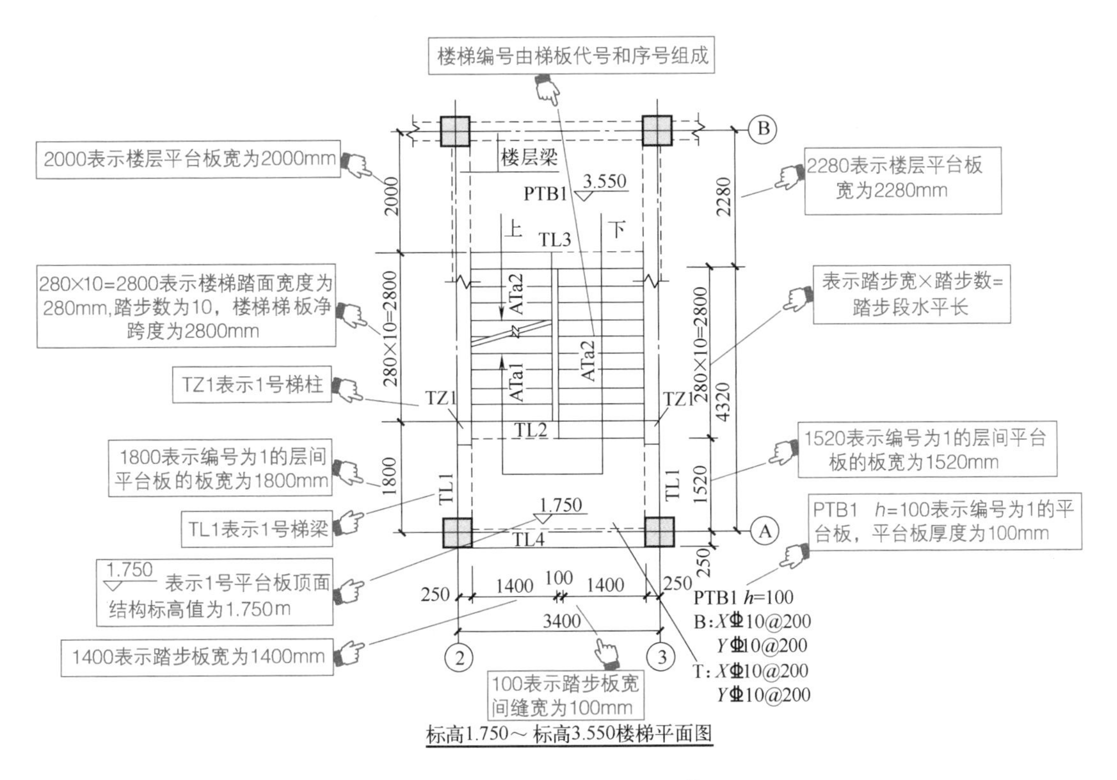

图4-81 某ATa型楼梯平面图的识图

4.7.17 某GT型楼梯平面图的识图

某GT型楼梯平面图的识图如图4-82所示。

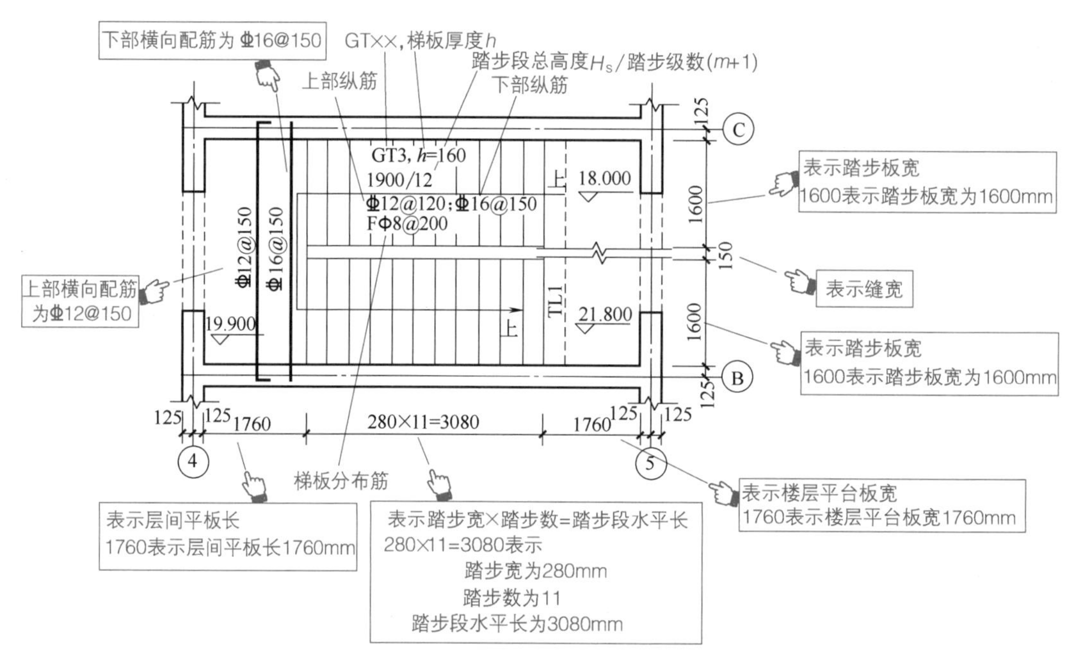

图 4-82 某 GT 型楼梯平面图的识图

4.7.18 某 CTa 型楼梯配筋图的识图

某 CTa 型楼梯配筋图的识图如图 4-83 所示。

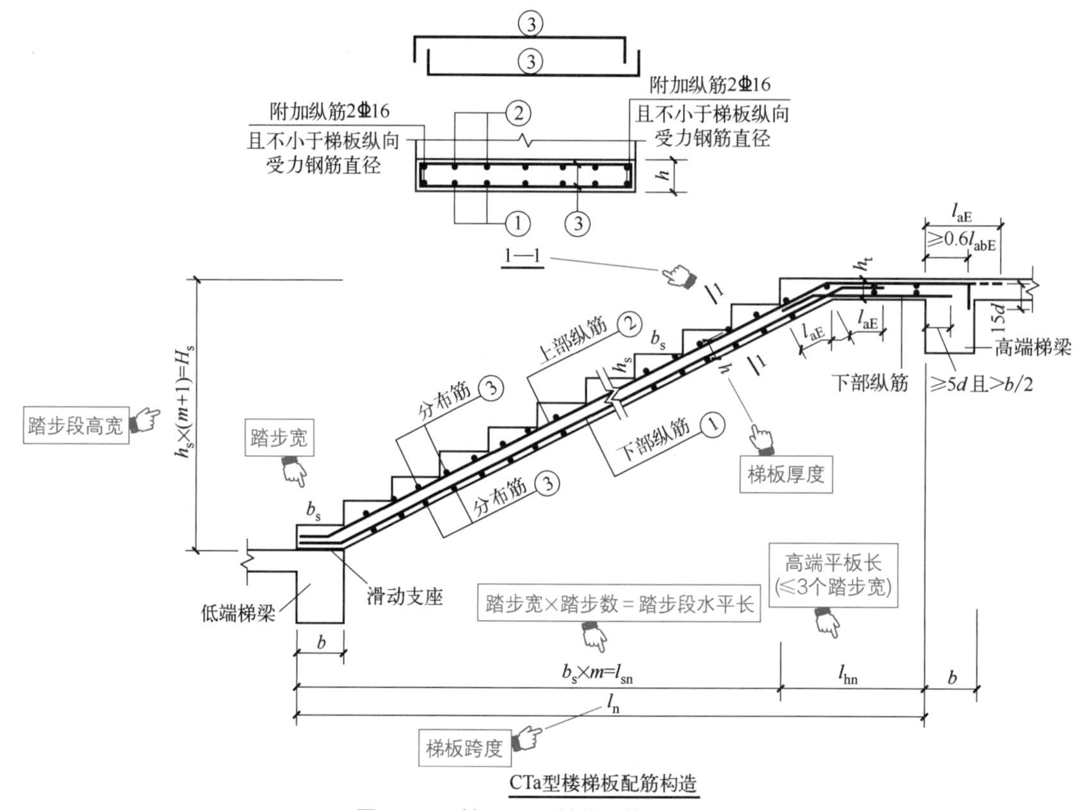

图 4-83 某 CTa 型楼梯配筋图的识图

4.8 阳台

4.8.1 识读阳台图掌握的信息

识读阳台图，主要掌握、了解的参数如图 4-84 所示。

图 4-84 **识读阳台掌握的信息**

4.8.2 某阳台图的识读

某阳台图的识读如图 4-85 所示。

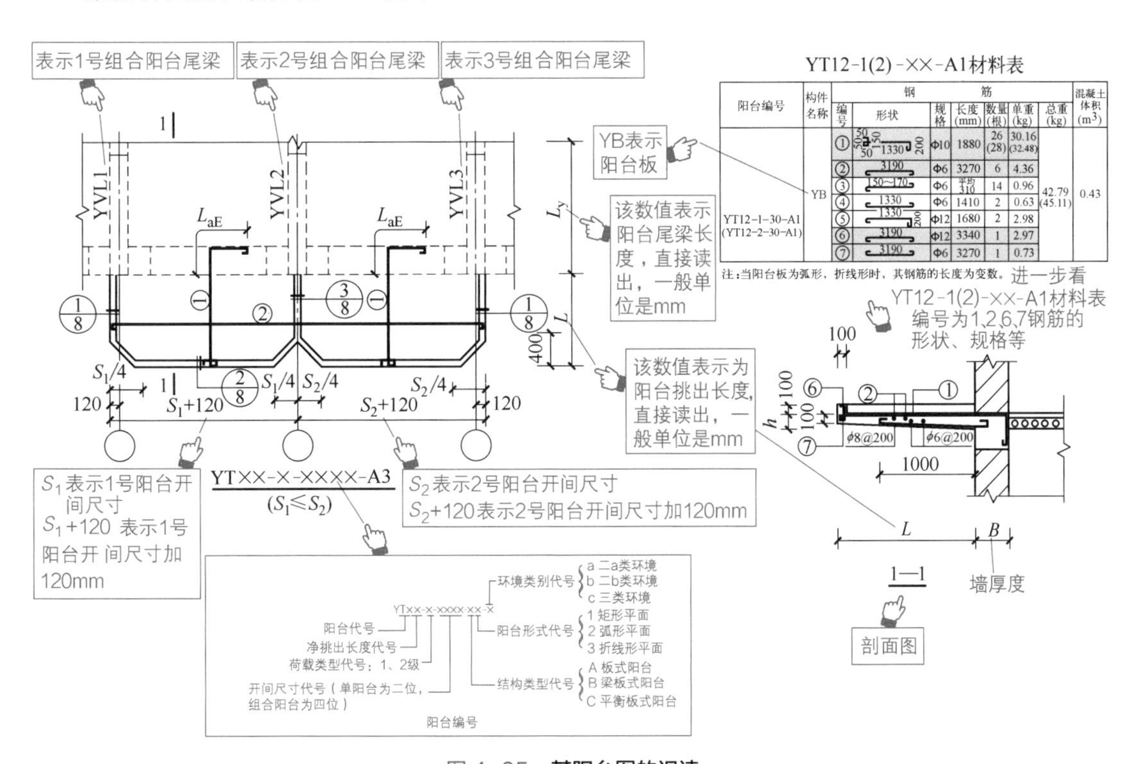

YT12-1(2)-××-A1材料表

阳台编号	构件名称	钢筋 编号	形状	规格	长度(mm)	数量(根)	单重(kg)	总重(kg)	混凝土体积(m^3)
YT12-1-30-A1 (YT12-2-30-A1)	YB	①	50 50 150 1330 200	Φ10	1880	26 (28)	30.16 (32.48)	42.79 (45.11)	0.43
		②	3190	Φ6	3270	6	4.36		
		③	150~170	Φ6	平均310	14	0.96		
		④	1330	Φ6	1410	2	0.63		
		⑤	1330 200	Φ12	1680	2	2.98		
		⑥	3190	Φ12	3340	1	2.97		
		⑦	3190	Φ6	3270	1	0.73		

图 4-85 **某阳台图的识读**

第5章
钢结构施工图的识读

扫码观看视频

钢结构施工图的内容

5.1 钢结构基础与常识

5.1.1 钢结构的特点

钢结构，是指以钢铁为基材，经机械加工组装而成的结构。钢结构施工图，主要涉及构造布置“骨架”、下料尺寸、连接安装要求、焊接、铆钉连接、螺栓连接等工作。

钢结构施工详图，包括连接节点详图、焊接详图、连接安装详图等。

钢结构与其配件如图 5-1 所示。

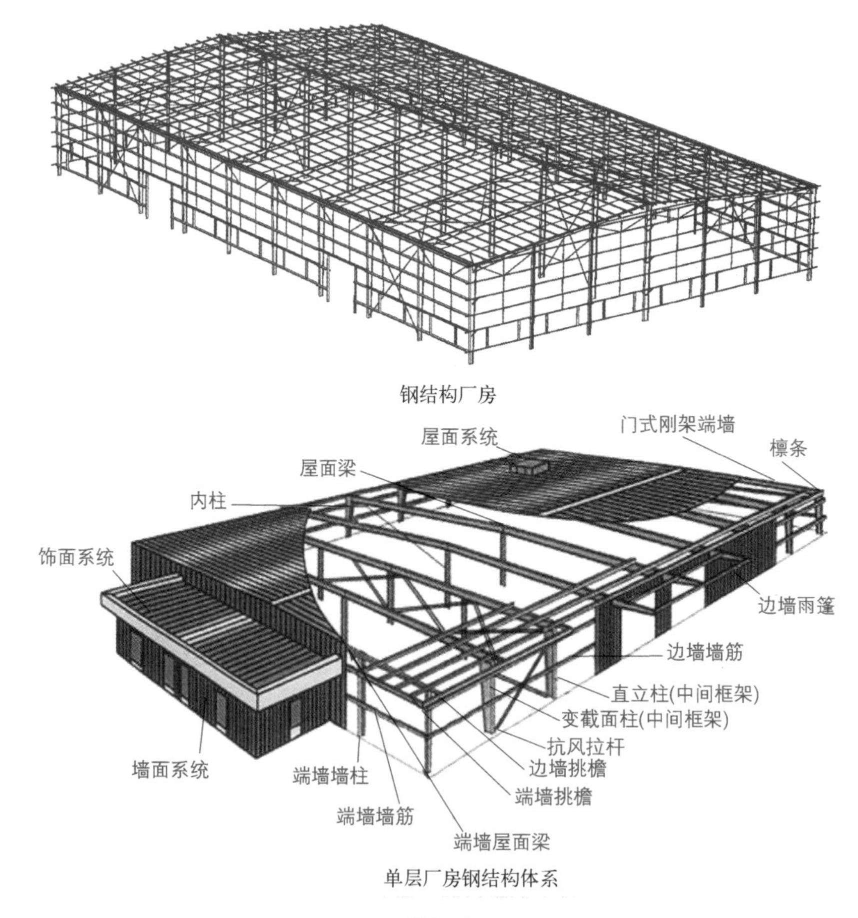

图 5-1

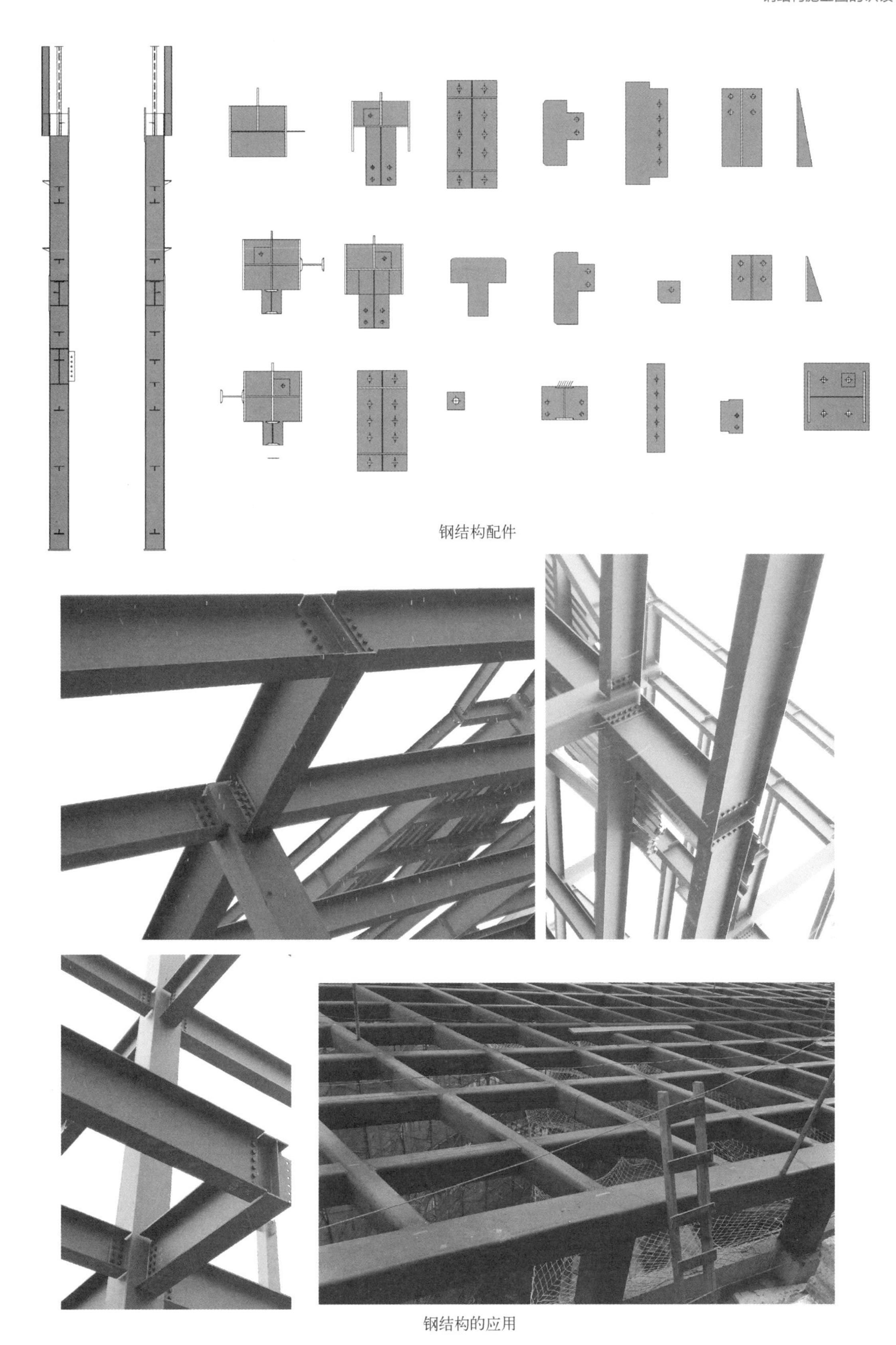

钢结构配件

钢结构的应用

图 5-1 钢结构与其配件

5.1.2 梁式钢结构的特点与类型

钢结构是由各种形状的型钢组合连接而成的结构，主要用于大跨度建筑和高层建筑。

梁式钢结构不产生水平推力，可支承于墙壁、砖石或混凝土柱上。梁式钢结构结构布置，可以分为简单式、复杂式等。桁架外形与腹杆体系取决于跨度、屋面形式、吊顶结构等。

梁式结构的结构形式如下。

（1）跨度较小时，可以采用实腹式梁（常用工字形截面）。

（2）跨度在 50 ～ 70m 及更大时，可以采用桁架形式（吊顶与下弦设间隙）。

梁式钢结构的类型如图 5-2 所示。

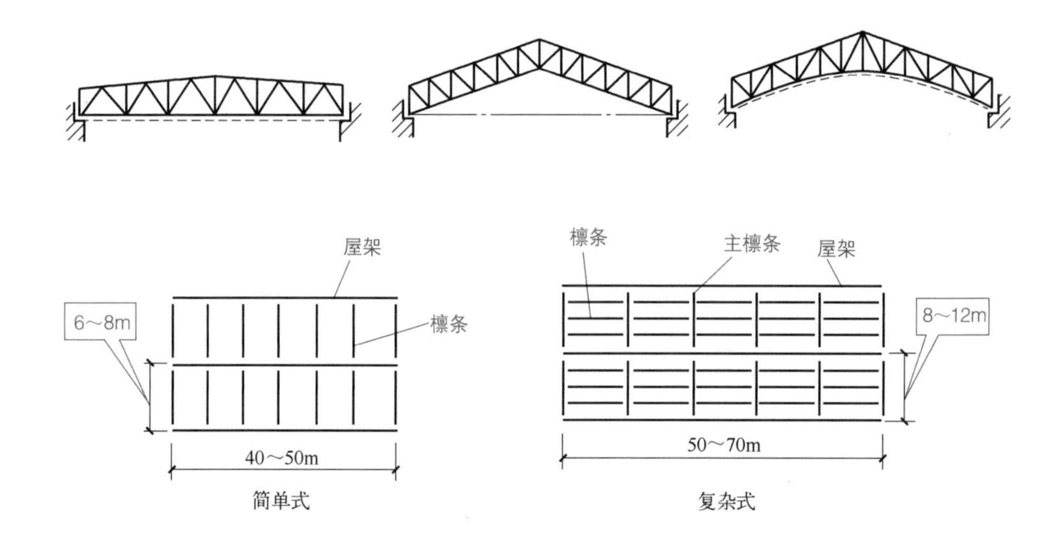

图 5-2 梁式钢结构的类型

5.1.3 框架结构

与梁式相比，框架结构可降低建筑物的高度。

5.1.3.1 框架结构的结构布置特点

（1）横向框架布置，跨度大于 60m 时，应增大框架间距，常导致布置复杂。

（2）纵向框架布置，跨度较小时，特别有利，可向外悬伸，用于机库等建筑。

5.1.3.2 框架结构的结构形式

（1）跨度在 50 ～ 60m 时，常用双铰实腹式框架（常用工字形截面）。

（2）跨度较大时，常用双铰格构式框架。跨度超过 100m 时，宜采用无铰格构式框架。

（3）格构式框架立柱的宽宜取其横梁的节间长度（卸载效应）。

（4）折线弓形框架接近于拱形结构的力学性能。

5.1.3.3 框架结构的结构布置

框架结构的结构布置如图 5-3 所示。

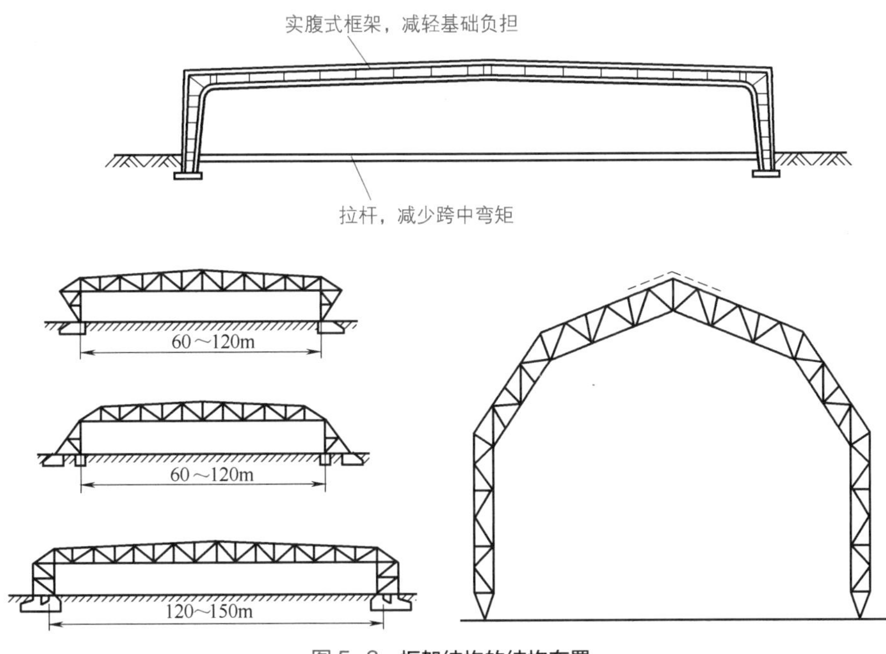

图5-3 框架结构的结构布置

5.1.4 拱式结构

拱式屋盖受力合理，比梁式和框架式屋盖结构经济指标好（跨度超过80m时尤为显著）。

5.1.4.1 拱式结构的结构布置

（1）跨度为40～60m时，拱间距可取6～10m，无檩或型钢檩条。

（2）跨度达100m左右时，宜采用相距3～6m的拱对，拱对间距为9～15m。

5.1.4.2 拱式结构的结构布置

（1）双铰拱最常见，制作安装方便，较经济，温度应力低。

（2）无铰拱最经济，须设强支座，温度应力高。

（3）三铰拱应用不广，拱钥铰使结构复杂化。

5.1.4.3 拱式结构的结构形式

拱式结构的结构形式如图5-4所示。

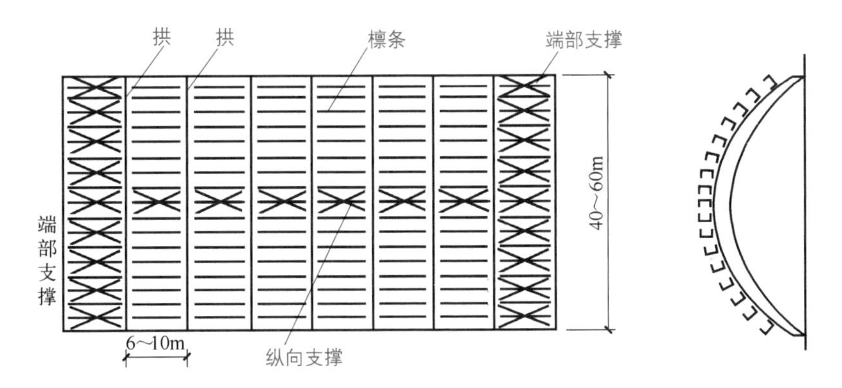

图5-4

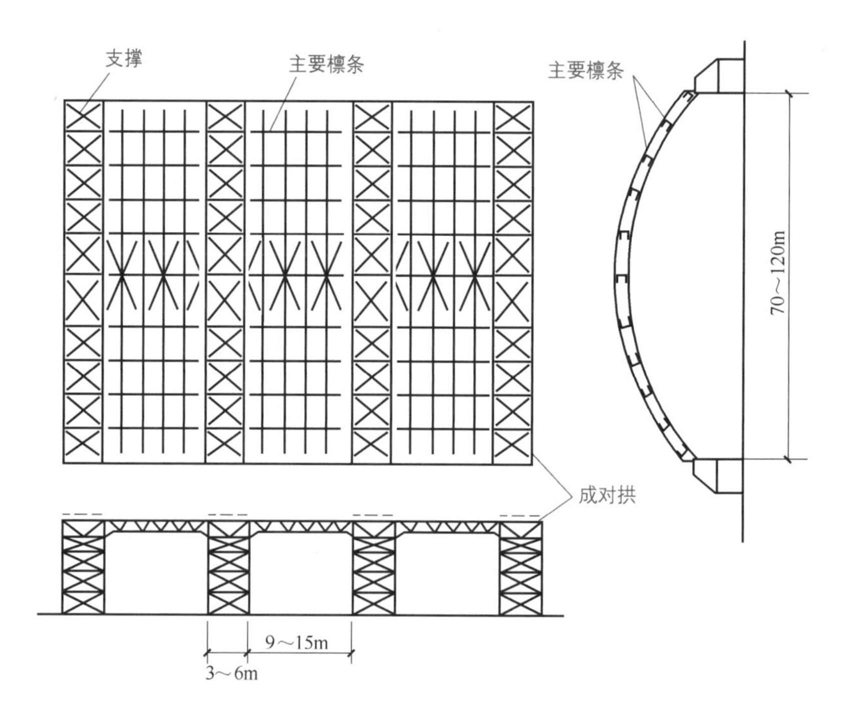

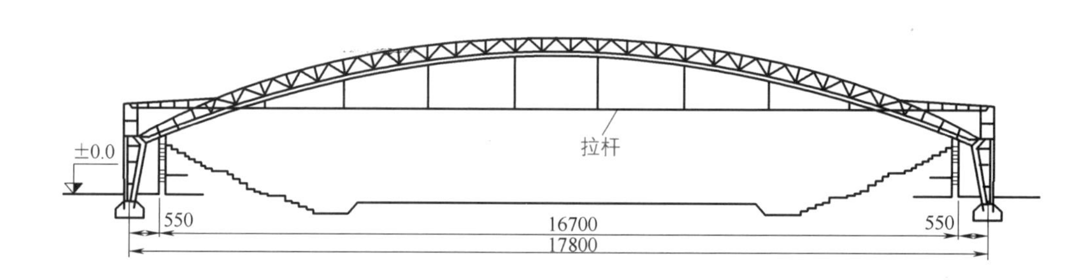

图 5-4 拱式结构的结构形式

5.1.5 网壳结构

网壳类别有柱面网壳、球面网壳等。

单层柱面网壳的网格形式，有单斜杆柱面网壳、双斜杆柱面网、人字形柱面网壳、三向网格柱面网壳、联方网格柱面网壳等。

双层柱面网壳的网格形式，有交叉桁架体系、四角锥体系、三角锥体系等。

单层球面网壳的网格形式，有肋环型球面网壳、联方型球面网壳、三向网格型球面网壳等。

双层球面网壳的网格形式，有肋环型四角锥球面网壳、联方型四角锥球面网壳、联方型三角锥球面网壳、平板组成式球面网壳等。

网壳结构如图 5-5 所示。

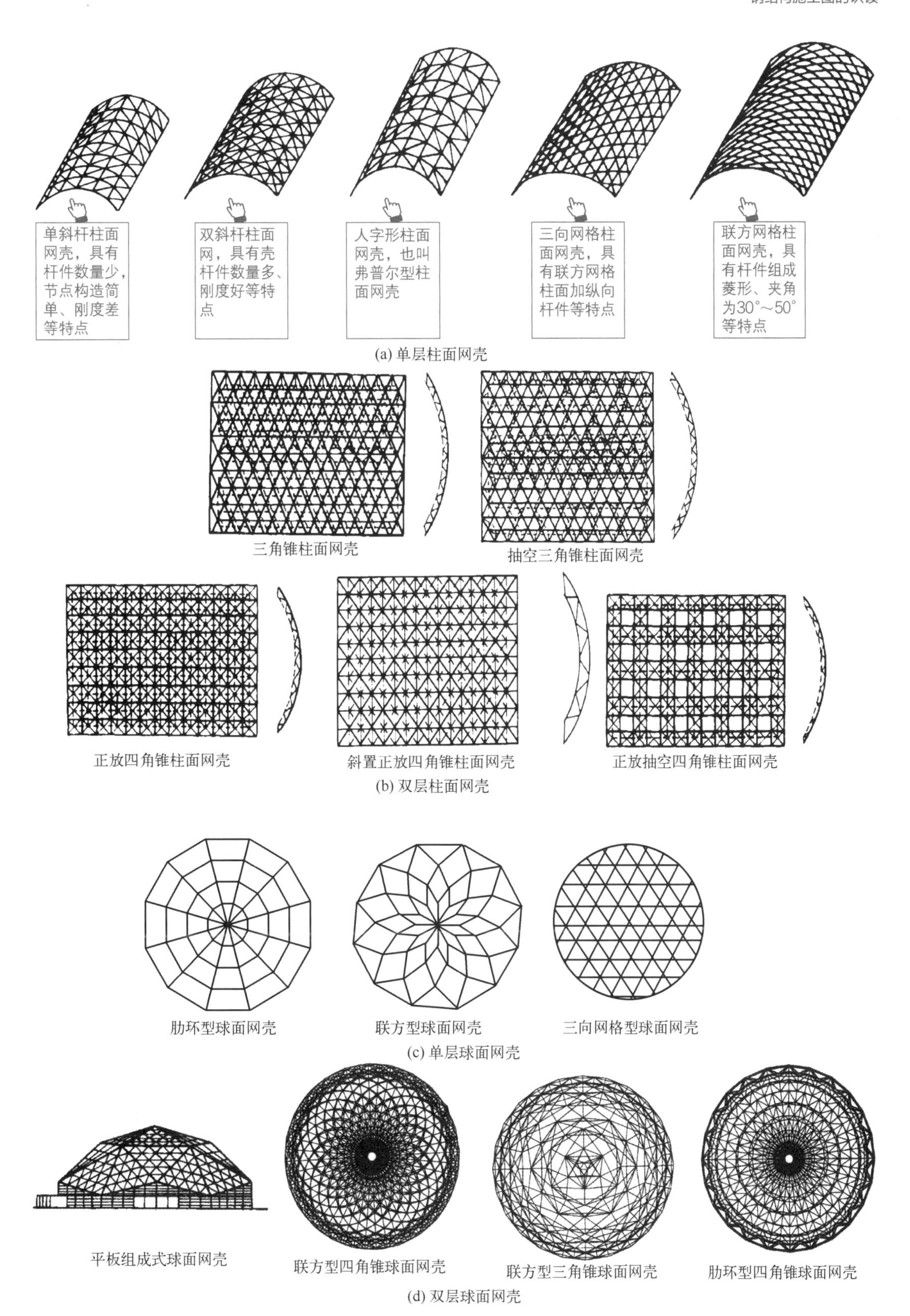
单斜杆柱面网壳，具有杆件数量少，节点构造简单、刚度差等特点
双斜杆柱面网，具有壳杆件数量多、刚度好等特点
人字形柱面网壳，也叫弗普尔型柱面网壳
三向网格柱面网壳，具有联方网格柱面加纵向杆件等特点
联方网格柱面网壳，具有杆件组成菱形、夹角为30°～50°等特点
(a) 单层柱面网壳
三角锥柱面网壳
抽空三角锥柱面网壳
正放四角锥柱面网壳
斜置正放四角锥柱面网壳
正放抽空四角锥柱面网壳
(b) 双层柱面网壳
肋环型球面网壳
联方型球面网壳
三向网格型球面网壳
(c) 单层球面网壳
平板组成式球面网壳
联方型四角锥球面网壳
联方型三角锥球面网壳
肋环型四角锥球面网壳
(d) 双层球面网壳
图 5-5　**网壳结构**

5.1.6 单层悬索结构

悬索结构利用轴向拉伸抵抗外荷作用，充分利用钢材强度。悬索结构，分为单层悬索结构、双层悬索结构等类型。

单层悬索结构，分为平行布置形式、辐射式布置形式、网状布置形式等种类，如图 5-6 所示。

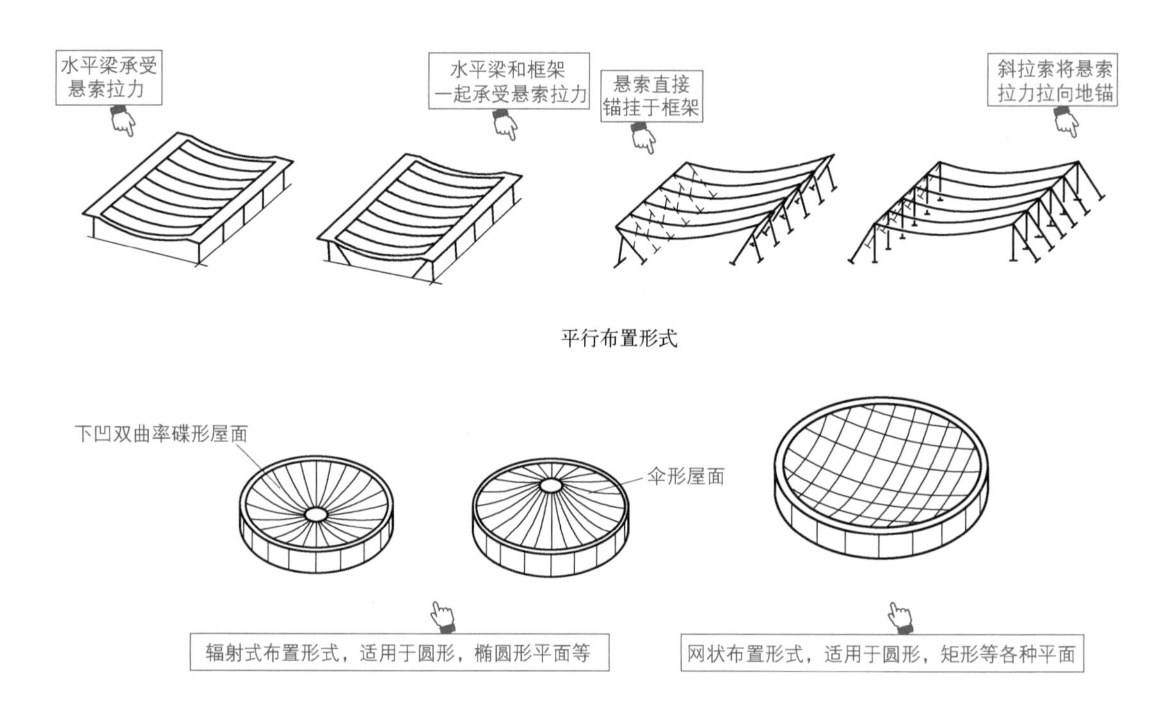

图 5-6 **单层悬索结构**

5.1.7 双层悬索结构

双层悬索结构，可以分为一般形式、平行布置形式、辐射式及网状布置形式、鞍形索网布置形式等，如图 5-7 所示。

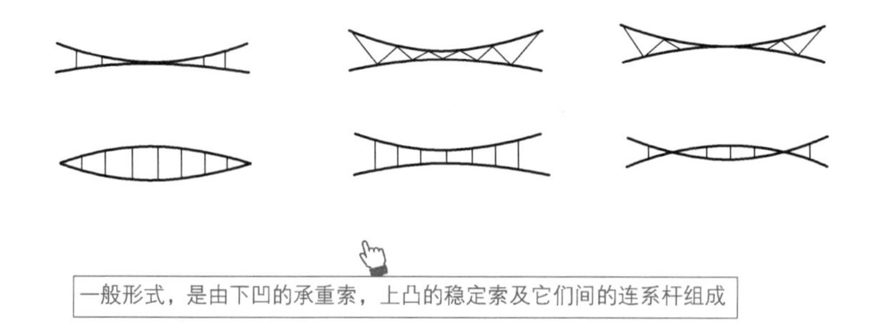

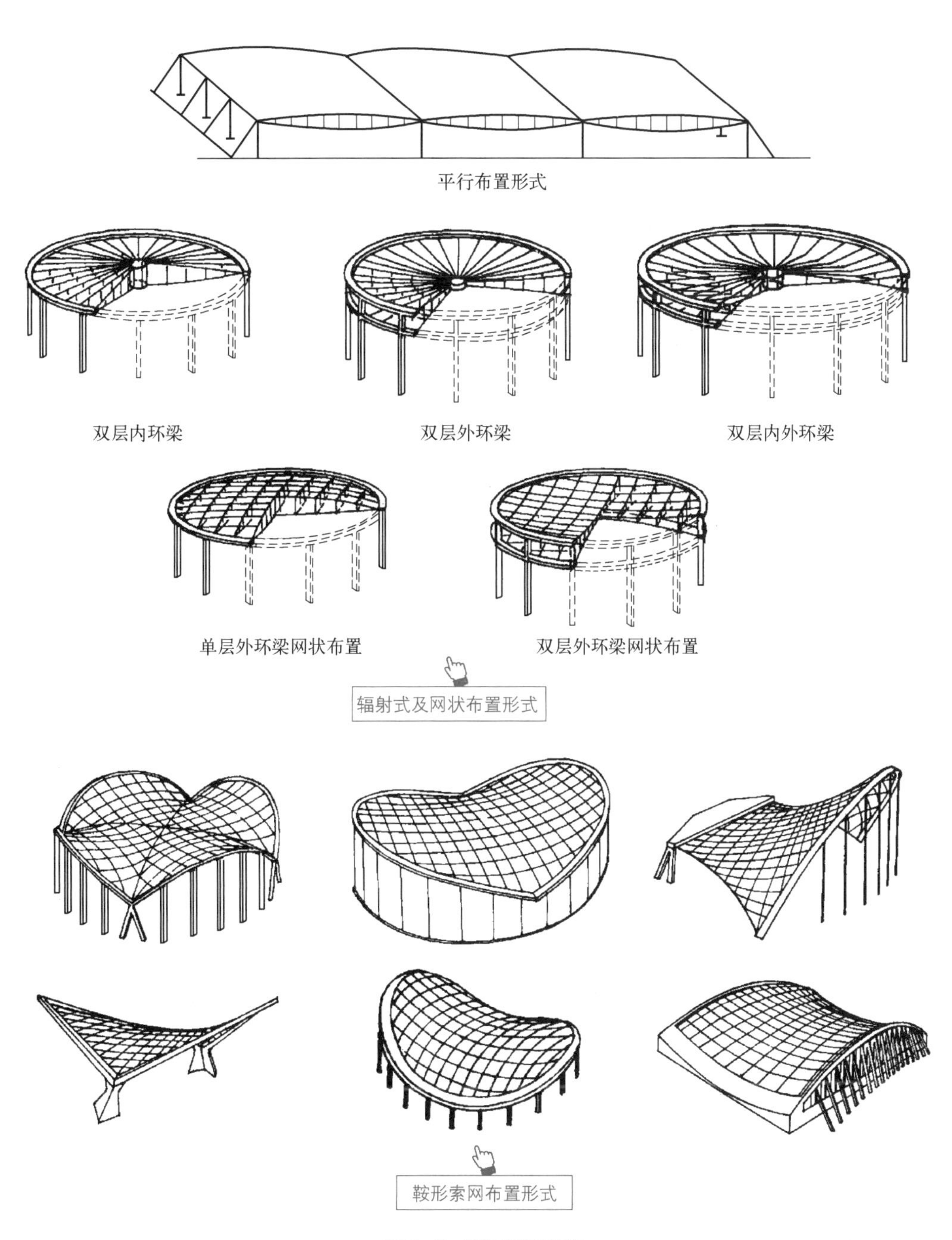

图 5-7 **双层悬索结构**

5.1.8 焊缝代号

钢结构施工中，常用焊接等方法把型钢连接起来。由于对连接有不同的要求，从而产生了不同的焊接形式。

钢结构图上的焊接，往往会把焊缝的位置、形式、尺寸标注清楚。焊缝图形符号表示焊缝断面的基本形式。焊缝补充符号表示焊缝某些特征的辅助要求。焊缝引出线表示焊缝的位置。

焊缝代码的识读如图 5-8 所示。

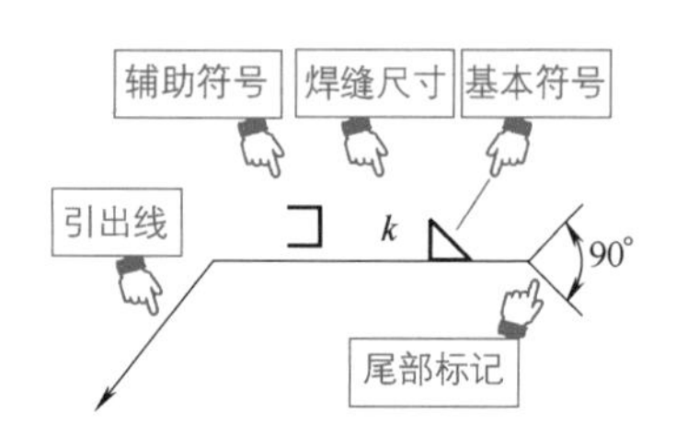

图 5-8 焊缝代码的识读

5.1.9 型钢的代号及标注的识读

型钢由轧钢厂按标准规格轧制而成（工字型、槽型、扁钢、角钢等）。型钢的代号及标注的识读如表 5-1 和图 5-9 所示。

表 5-1 型钢的代号及标注的识读

名称	代号	立体图	标注方法	标注举例
等边角钢	∟		∟ b×t / L b为肢宽，t为肢厚	∟50×5 / 1800
不等边角钢	∟		∟B×b×t / L B 为长肢宽，b 为短肢宽，t 为肢厚	∟90×56×6 / 1800
工字钢	I		I N / L 轻型工字钢加注Q字 Q I N	I100 / 1800
钢板	—	厚 t，宽 b，板长 L	−b×t / L	−50×6 / 1800

方钢标注 □ b；方钢截面
扁钢标注 − b×t；扁钢截面
圆钢标注 φd；圆钢截面
φd×t d为外径，t为壁厚 钢管标注；钢管截面
B□b×t B为薄壁型钢加注字 薄壁方钢管标注；薄壁方钢管截面
B∟b×t t为壁厚，B为薄壁型钢加注字 薄壁等肢角钢标注；薄壁等肢角钢截面
B b×a×t t为壁厚，B为薄壁型钢加注字 薄壁等肢卷边角钢标注；薄壁等肢卷边角钢截面
B h×b×t t为壁厚，B为薄壁型钢加注字 薄壁槽钢标注；薄壁槽钢截面
B h×b×a×t t为壁厚，B为薄壁型钢加注字 薄壁卷边槽钢标注；薄壁卷边槽钢截面
B h×b×a×t t为壁厚，B为薄壁型钢加注字 卷边Z型钢标注；卷边Z型钢截面
TW ×× TM ×× TN ×× TW为宽翼缘T型钢 TM为中翼缘T型钢 TN为窄翼缘T型钢 T型钢标注；T型钢截面
HW ×× HM ×× HN ×× HW为宽翼缘H型钢 HM为中翼缘H型钢 HN为窄翼缘H型钢 H型钢标注；H型钢截面
QU×× 起重机钢轨标注；起重机钢轨截面
××kg/m钢轨 轻轨及钢轨标注；轻轨及钢轨截面

图 5-9 型钢的代号及标注的识读

5.1.10 螺栓、孔、电焊铆钉表示的识读

螺栓、孔、电焊铆钉表示的识读如图 5-10 所示。

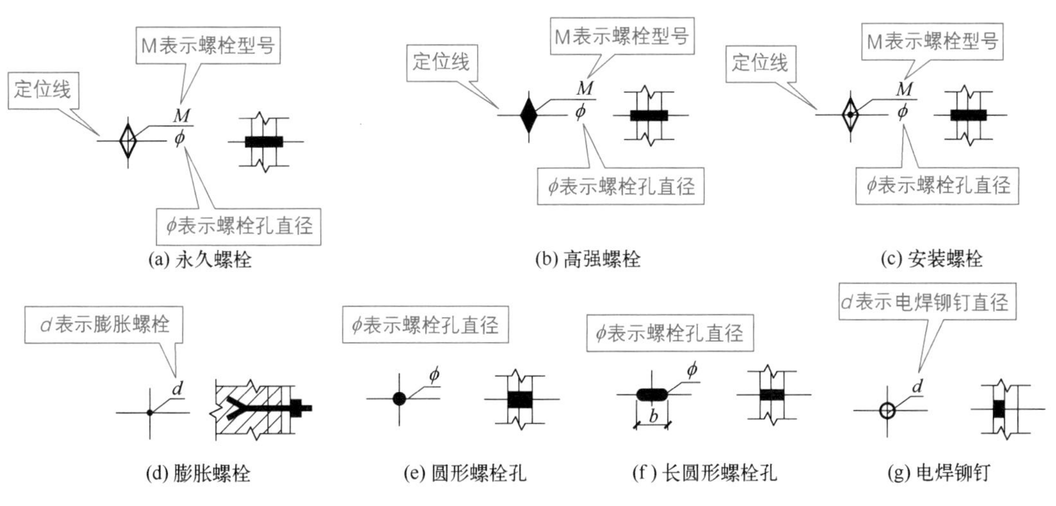

图 5-10 螺栓、孔、电焊铆钉表示的识读

5.1.11 常用焊缝表示法的识读

常用焊缝表示法的识读如图 5-11 所示。

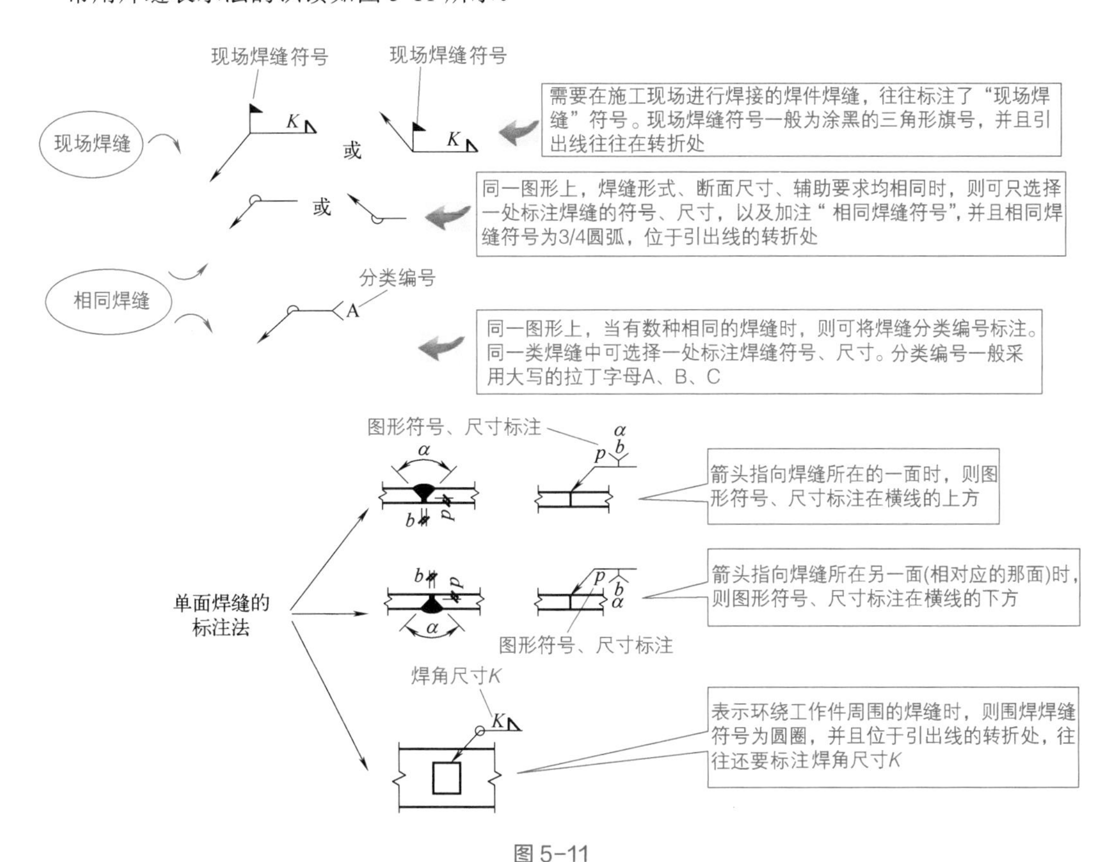

图 5-11

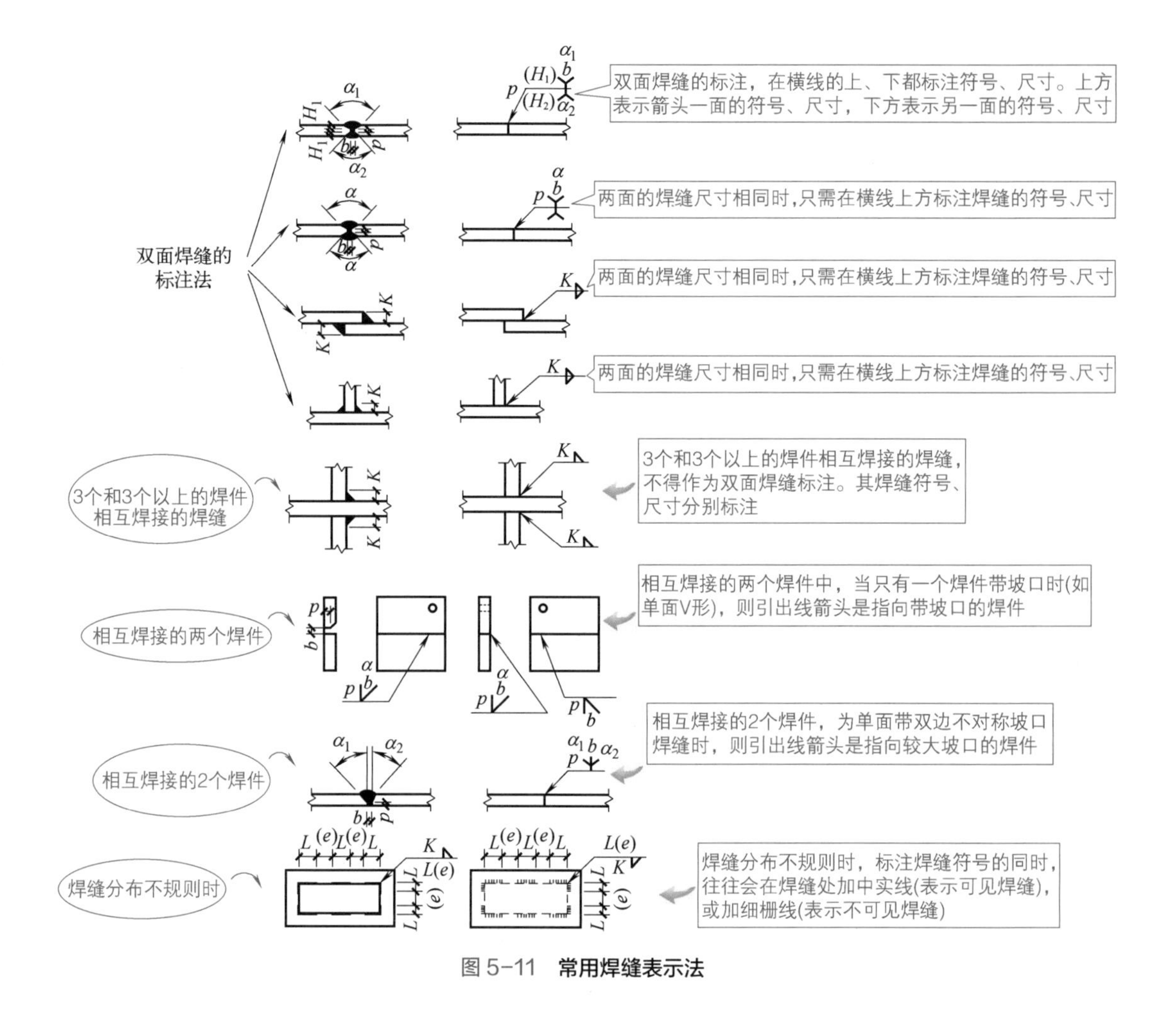

图 5-11 **常用焊缝表示法**

5.1.12 建筑钢结构常用焊缝符号与符号尺寸

建筑钢结构常用焊缝符号与符号尺寸如图 5-12 所示。

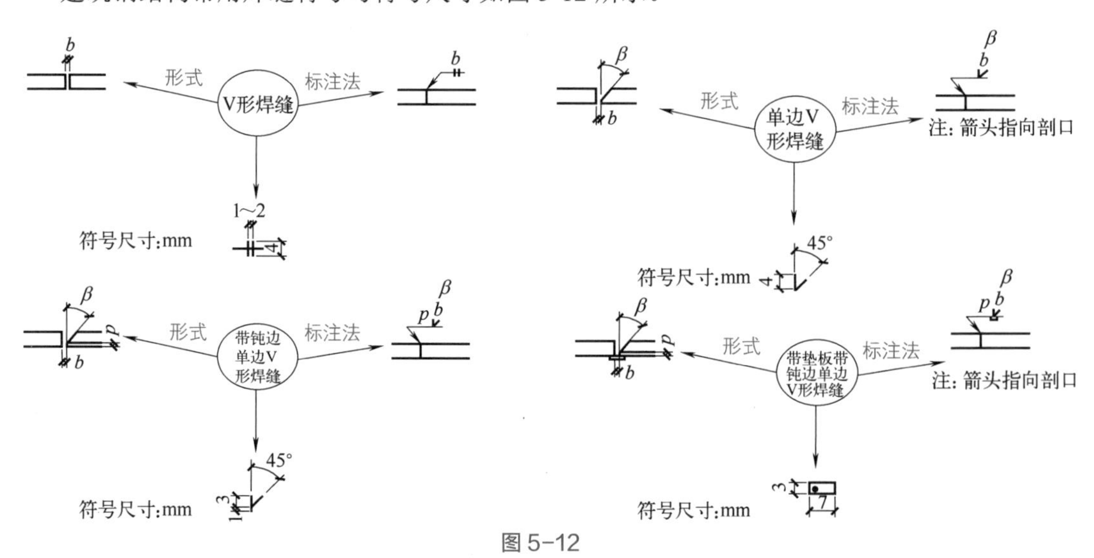

图 5-12

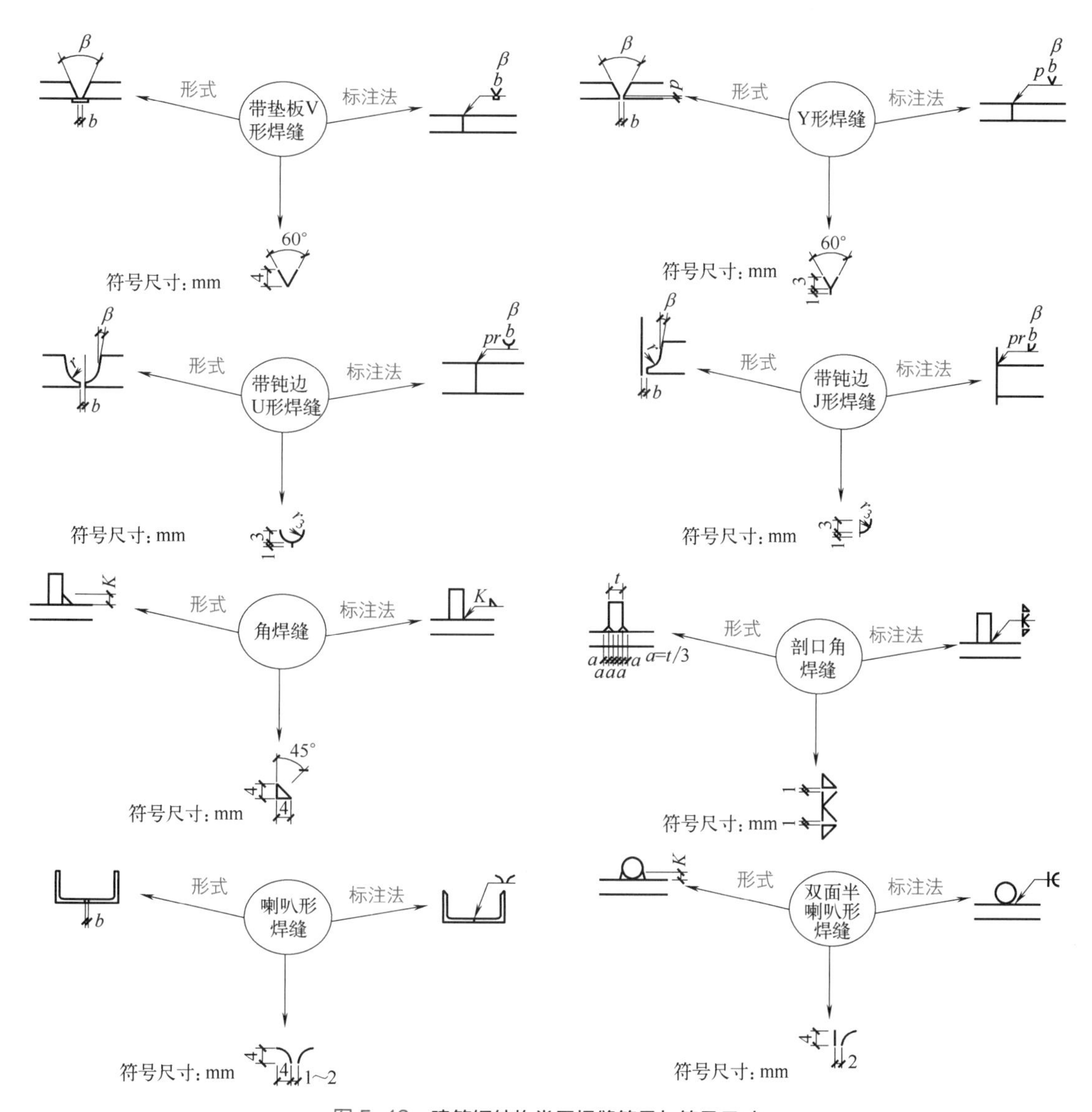

图5-12　建筑钢结构常用焊缝符号与符号尺寸

5.1.13　复杂节点详图的分解索引

复杂节点详图的分解索引图解如图5-13所示。

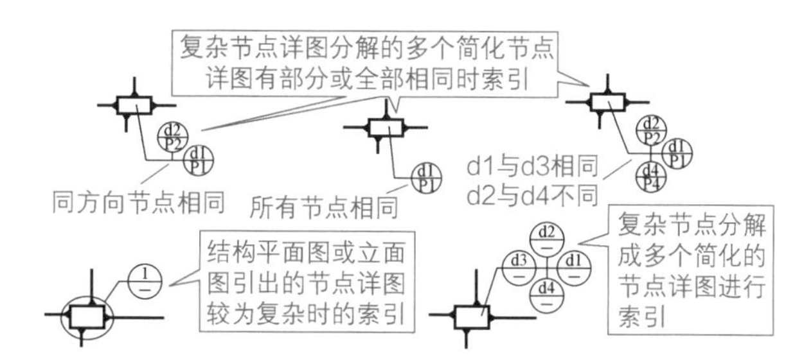

图5-13　复杂节点详图的分解索引图解

5.1.14 建筑钢结构尺寸标注的识读

建筑钢结构尺寸标注的识读，如图 5-14 所示。

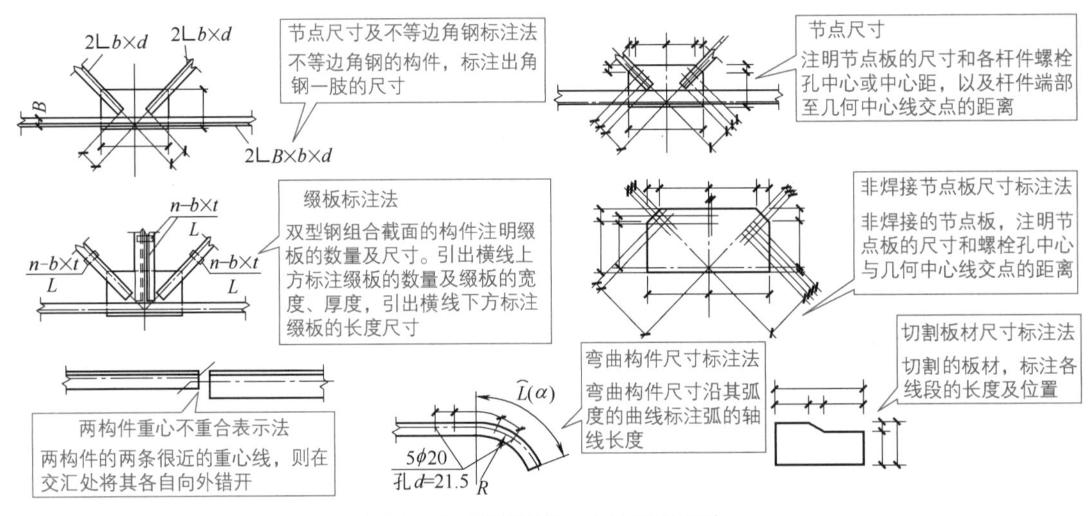

图 5-14 建筑钢结构尺寸标注的识读

5.2 钢结构图的识读

5.2.1 钢梁与钢柱悬臂段全螺栓刚接节点图的识读

钢梁与钢柱悬臂段全螺栓刚接节点图的识读如图 5-15 所示。

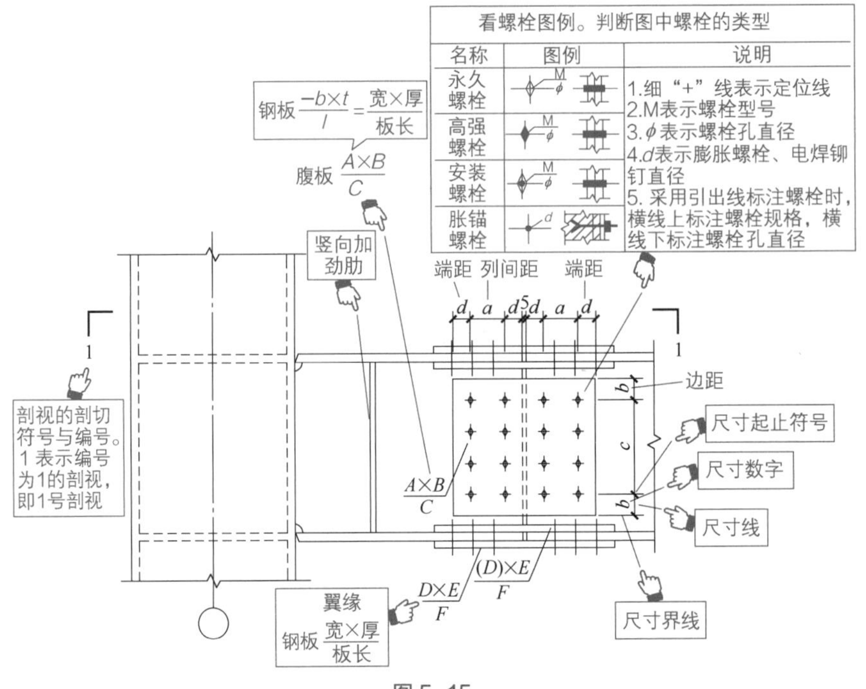

图 5-15

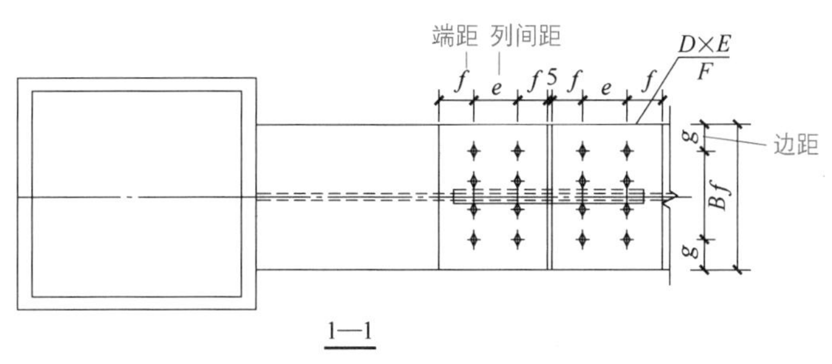

图 5-15 **钢梁与钢柱悬臂段全螺栓刚接节点图的识读**

5.2.2 柱底节点图的识图

柱底节点图的识图如图 5-16 所示。

5.2.3 某屋架简图的识读

屋架简图，往往会涉及屋架杆件的几何尺寸，用来表达、确定屋架的结构形式。识读时，应掌握、了解各杆件的计算长度，作为放样的一种依据。

屋架简图中，屋架各杆件在图中用实线（单线）画出，比例常用 1 ∶ 100 或 1 ∶ 200。

某屋架简图的识读如图 5-17 所示。

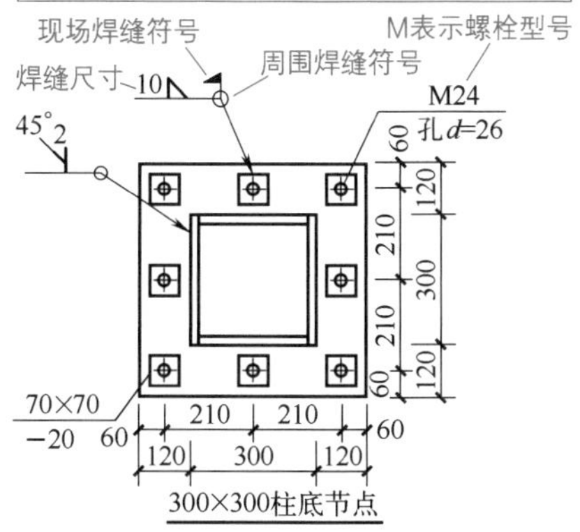

图 5-16 **柱底节点图的识图**

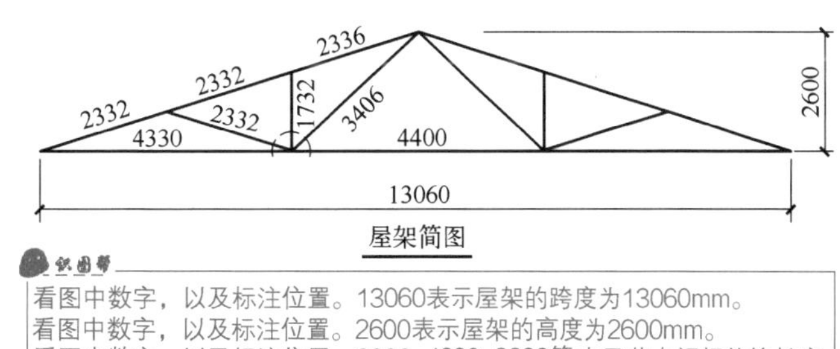

图 5-17 **某屋架简图的识读**

5.2.4 某钢结构别墅立面图的识读

房屋的立面图，也可以按房屋两端轴线的编号来命名，例如①～③立面图、Ⓐ～Ⓒ立面图等。

平面图、立面图、剖面图是房屋建筑图中最基本的图样，它们各自表达了不同的内容，识读房屋建筑图时，必须将平面图、立面图、剖面图仔细对照，才能表达或看懂一幢房屋从内到外，从水平到垂直方向各部分的全貌。

某钢结构别墅立面图的识读如图 5-18 所示。由于钢结构别墅立面图往往是建成的立面图，而不是钢结构“骨架”立面图。因此，钢结构别墅立面图与混凝土结构别墅立面图识读方法与要点基本一样。

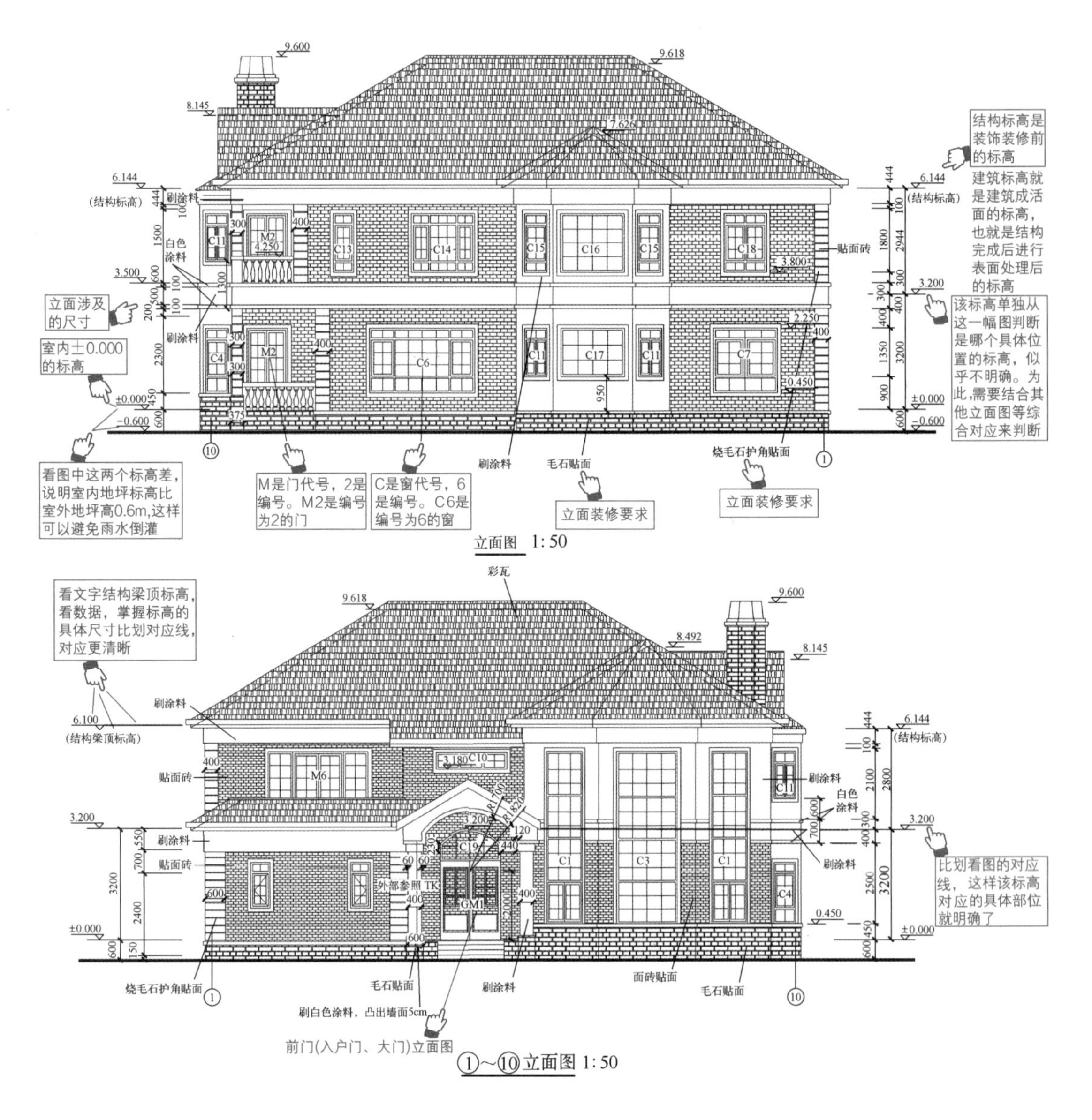

图 5-18 **某钢结构别墅立面图的识读**

5.2.5 某钢结构屋面檩条布置图的识读

某钢结构屋面檩条布置图的识读如图 5-19 所示。

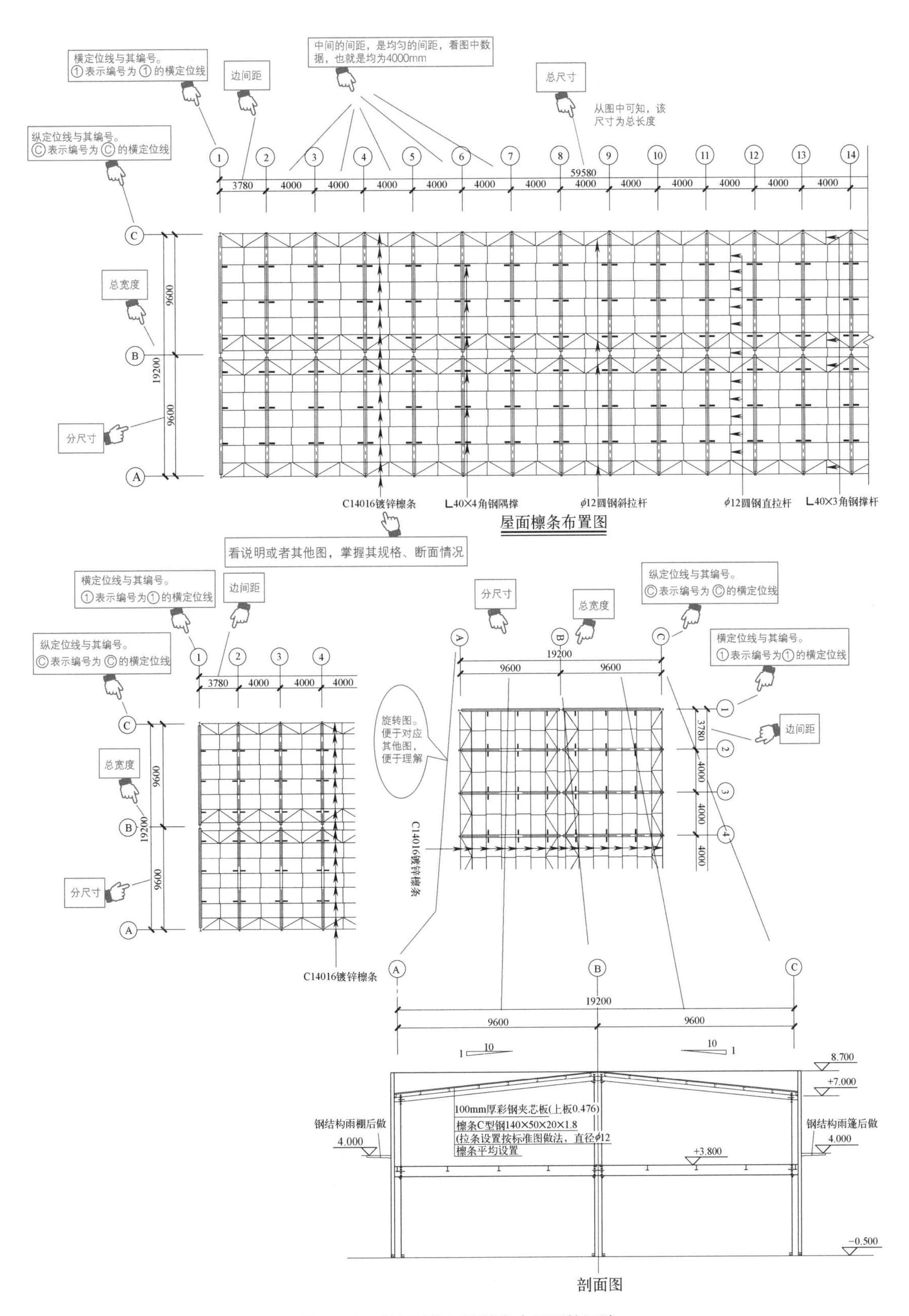

图 5-19 某钢结构屋面檩条布置图的识读

第 6 章
木结构施工图的识读

6.1 木结构基础与常识

6.1.1 木结构的特点

木结构，就是用木材制成的结构。中国古代木结构建筑体系大致形式有抬梁式、穿斗式、井干式、干栏式等。现代木结构房屋的主要结构形式有梁柱结构体系、轻型木结构体系、木刻楞结构等。常见的木结构有方木和原木结构、胶合木结构、轻型木结构等。

6.1.1.1 普通木结构的要求

（1）木屋盖宜采用外排水。

（2）必须采用通风防潮措施，防朽防虫。

（3）杆系结构中木构件，当有对称削弱时，净截面面积不应小于毛截面的一半。

（4）木材宜用于受压和受弯构件。

（5）合理减少构件截面规格。

（6）需要保证木结构，特别是钢木桁架在运输、安装中的强度、刚度、稳定性。

（7）圆钢拉杆、拉力螺栓直径，需要根据计算来确定。

6.1.1.2 层板胶合木结构的要求

（1）根据环境，图上一般要注明对结构用胶的要求。

（2）弧形构件、变截面构件一般宜采用矩形截面的胶合木。

（3）胶合木檩条、搁栅，可采用工字形截面的胶合木。

（4）需要采用经应力分级标定的木板制作，并且顺纹。

（5）直线型胶合木构件截面，可为矩形、工字形。

（6）弧形胶合木构件需要考虑强度降低修正，一般根据弧形内边曲率半径、每层木板厚度计算来确定。

6.1.1.3 木结构的体系与应用

木结构的体系与应用如图 6-1 所示。

6.1.2 木结构构造

木结构构造如图 6-2 所示。轻型木结构，就是将木基结构板材与间距不大于 600mm 侧立的规格材用钉连接成墙体、楼盖和屋盖，并且组成框架式结构，用于 1 ～ 3 层房屋。结构复合木材，就是可用于轻型木结构的楼盖主梁、屋脊梁的木材，包括旋切板胶合木和旋切片胶合木。

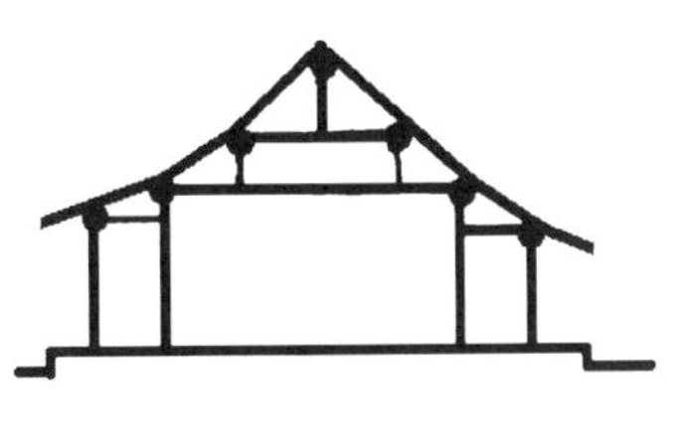

抬梁式木构架

井干式木构架

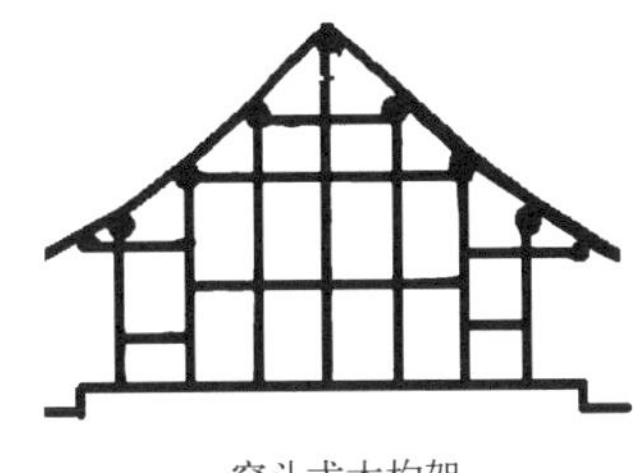

穿斗式木构架

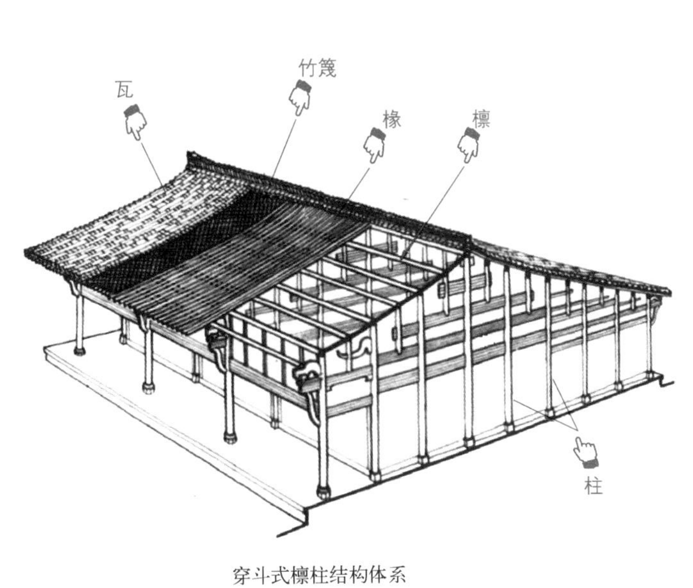

穿斗式檩柱结构体系

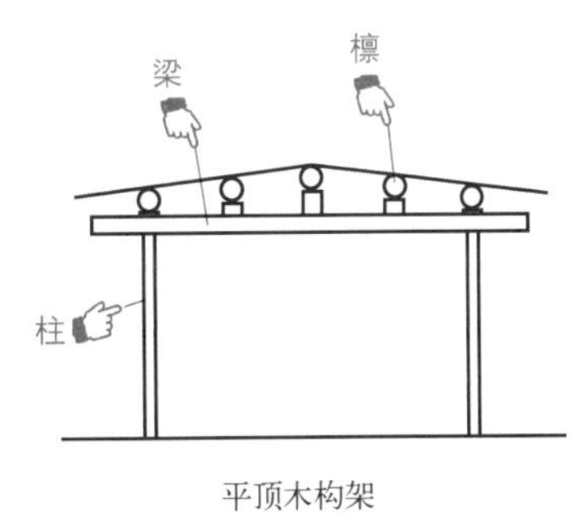

平顶木构架

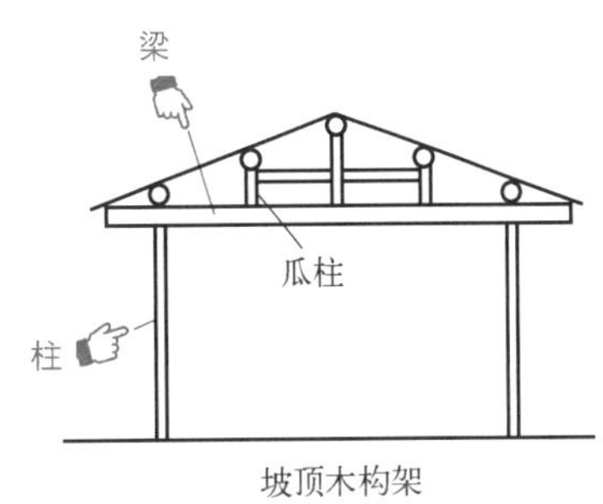

坡顶木构架

木结构的应用

图6-1 **木结构的体系与应用**

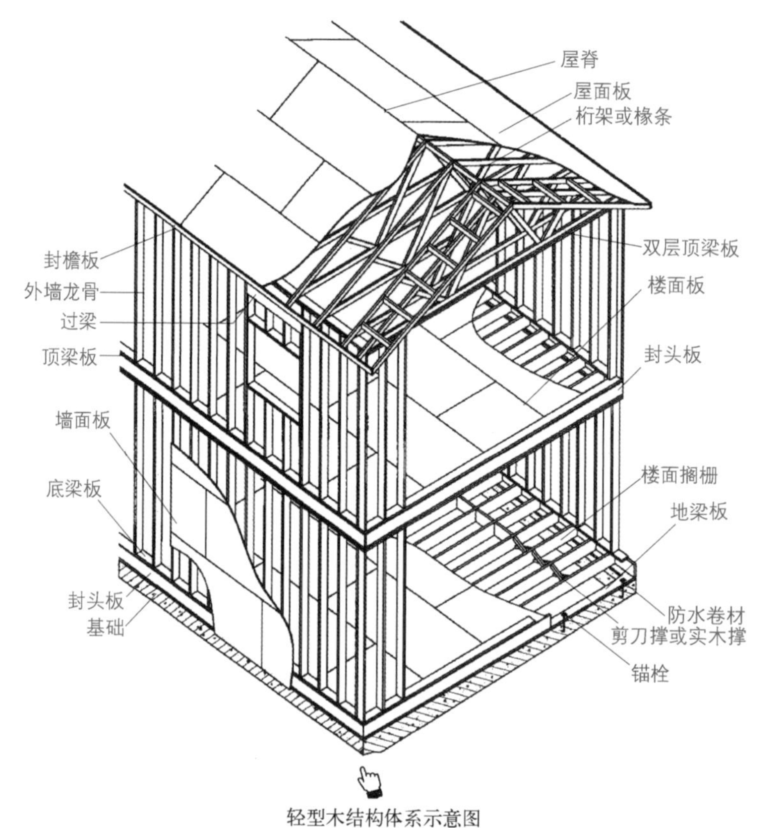

轻型木结构体系示意图

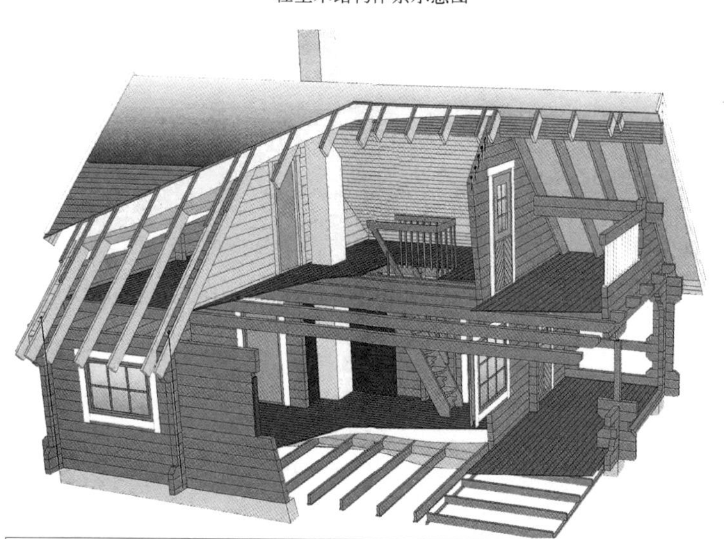

方木和原木结构，就是方木(含板材)或原木组成的结构。
齿连接，就是方木和原木桁架木压杆抵承在弦杆齿槽上传力的节点连接。
指形接头，就是将两块木板端头用铣刀切削成能相互啮合的指形序列，涂胶加压接长成为层板。
齿板，就是用镀锌钢板冲压成多齿的连接板，用以连接受力的木构件。木材防护剂是一种药剂，能毒杀木腐菌、昆虫、凿船虫以及其他侵害木材的生物

图 6-2

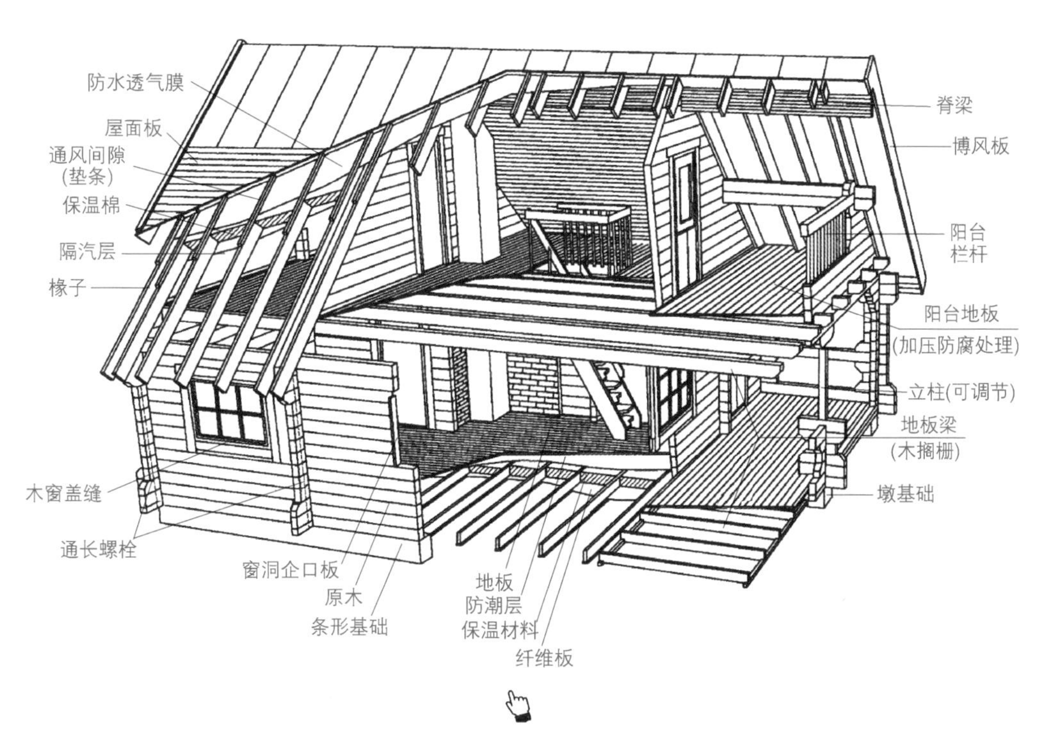

原木结构房屋体系示意

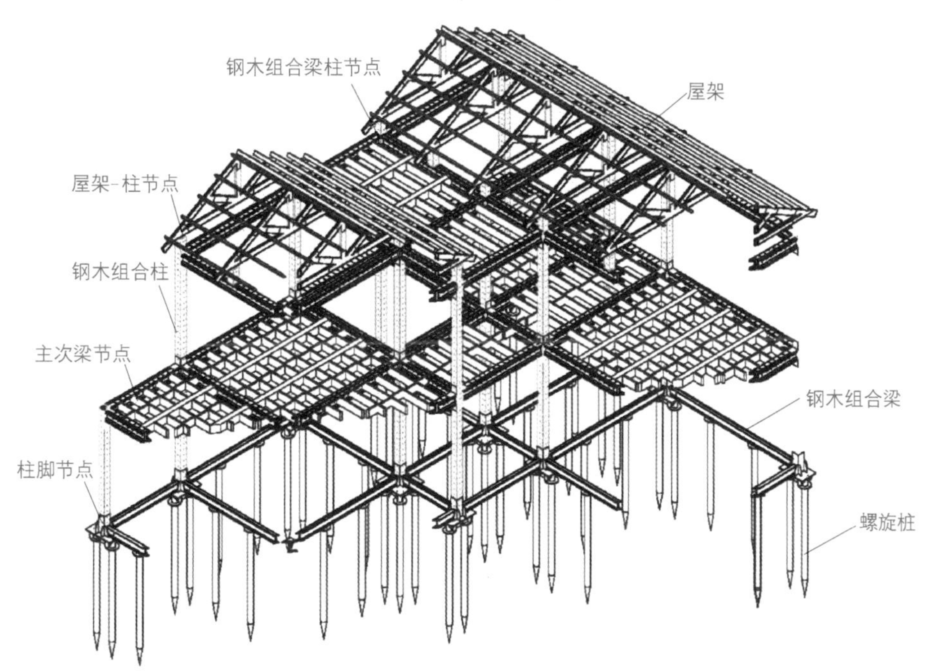

轻钢-速生木组合结构，以轻钢-速生木组合梁和柱为主要承重构件的结构

轻钢-速生木组合结构体系

图 6-2 **木结构构造**

6.1.3 常见的木桁架形状

常见的木桁架形状如图 6-3 所示。

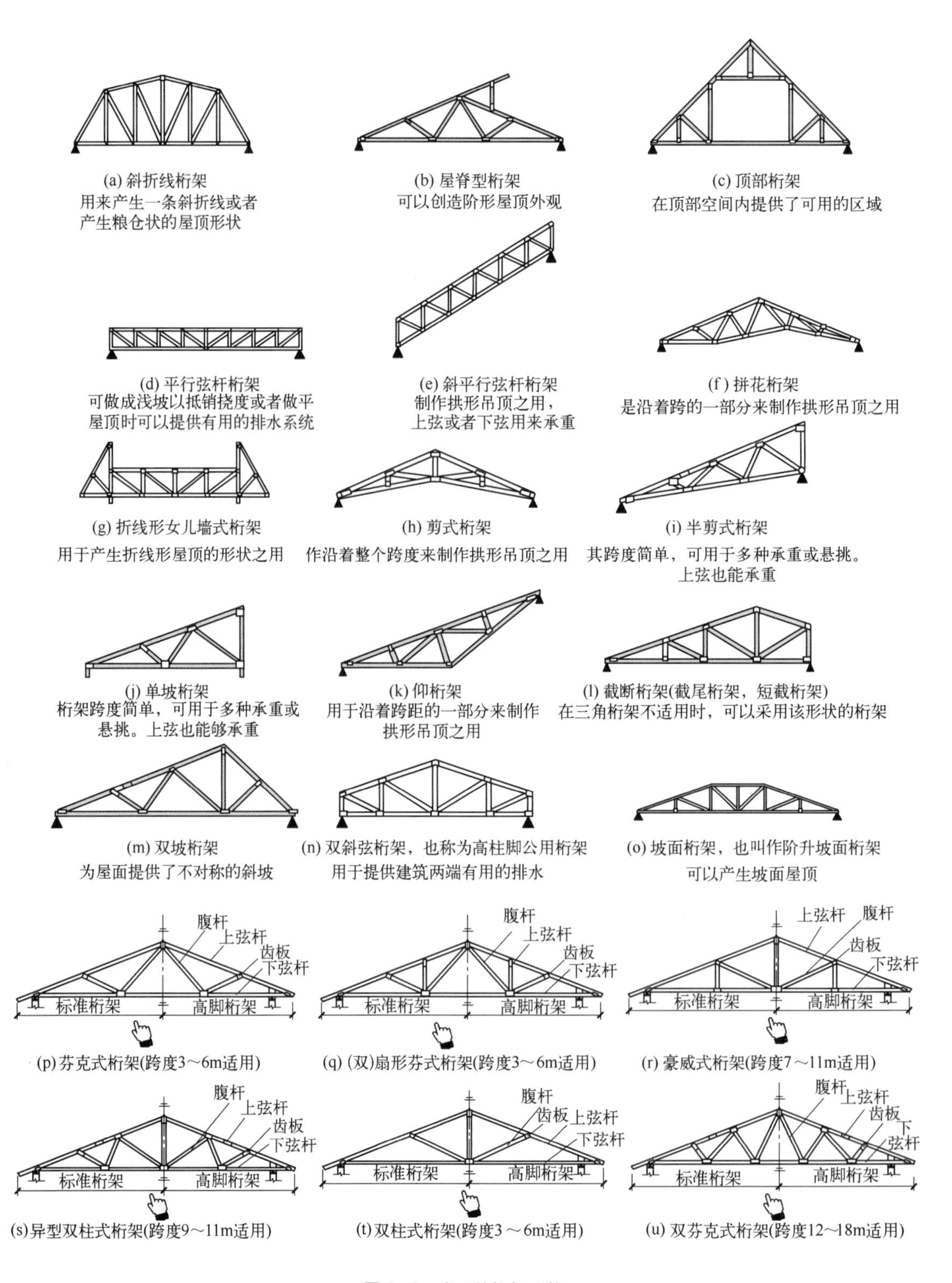

图 6-3 常见的桁架形状

6.1.4 看图学天窗结构

天窗结构如图 6-4 所示。

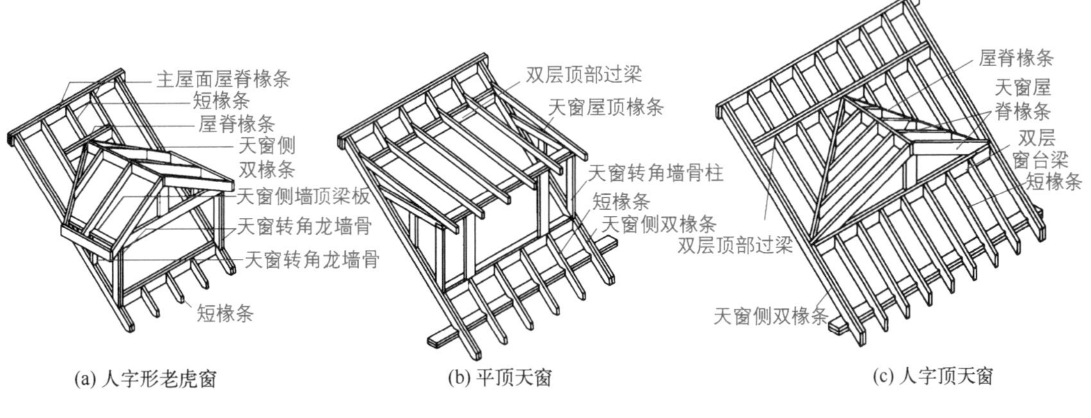

图 6-4 **天窗结构**

6.1.5 看图学山墙结构

山墙结构如图 6-5 所示。

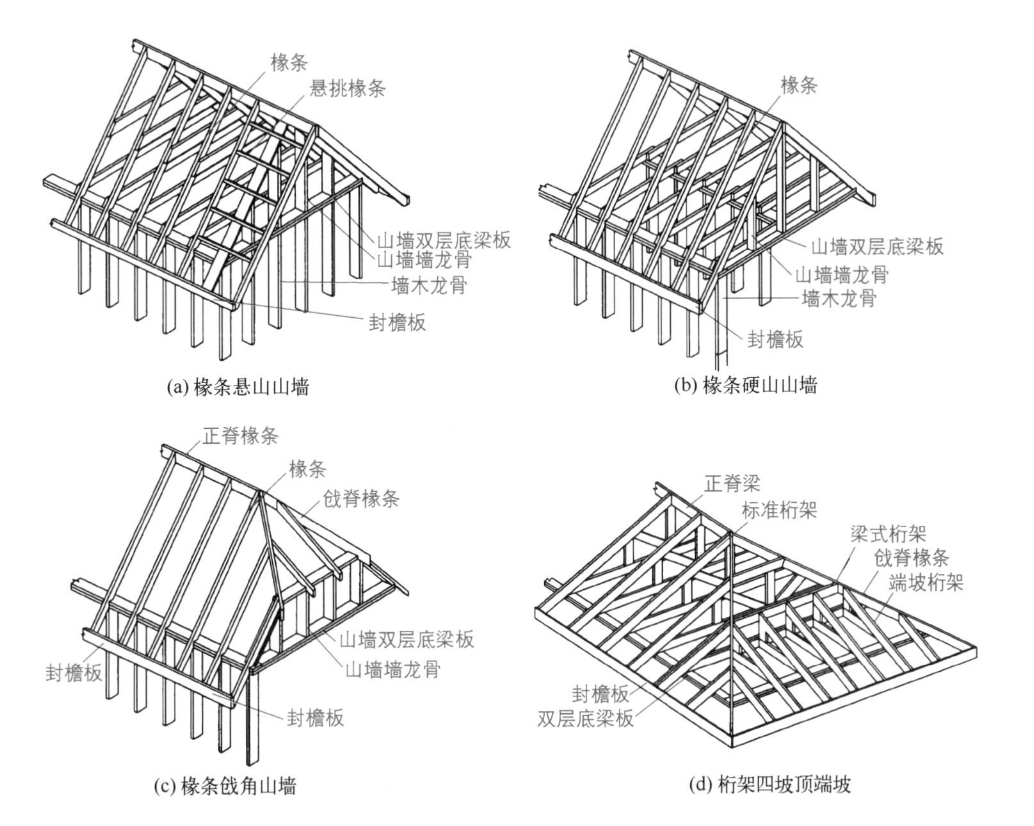

图 6-5 **山墙结构**

6.1.6 常用木构件断面的识读

结构用木材：承重构件宜选用红松、云杉、冷杉等针叶材。重要的木制连接件应采用榆树材、槐树材、桦树材等细密、直纹、无节、无其他缺陷且耐腐蚀的硬质阔叶材。

木结构承重结构用材的种类有：整原木、半原木、方木（锯材）、板材（锯材）、规格材（锯材）、胶合板等。

常用木构件断面的识读如图 6-6 所示。

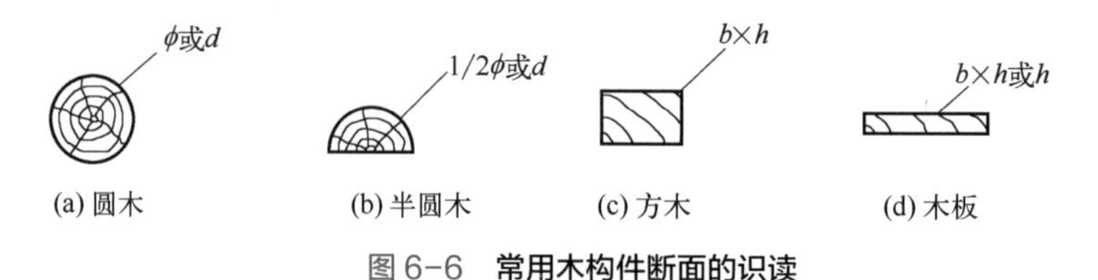

图 6-6 **常用木构件断面的识读**

识图轻松会

某木结构建筑墙体构件截面如图 6-7 示。

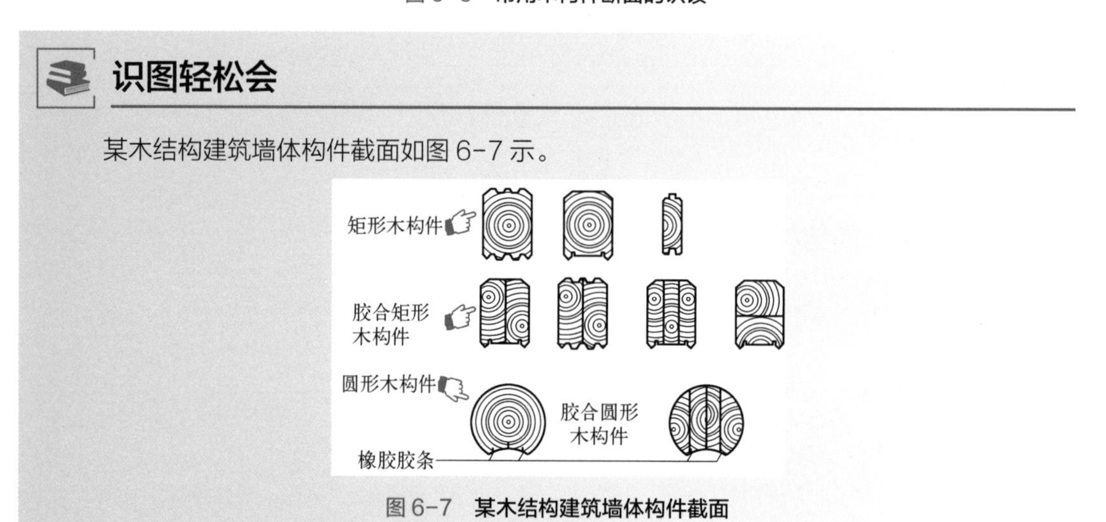

图 6-7 **某木结构建筑墙体构件截面**

6.1.7 木构件连接的识读

木构件连接有齿连接、螺栓连接、钉连接、齿板连接（镀锌薄钢板）等。木构件连接的识读如图 6-8 所示。

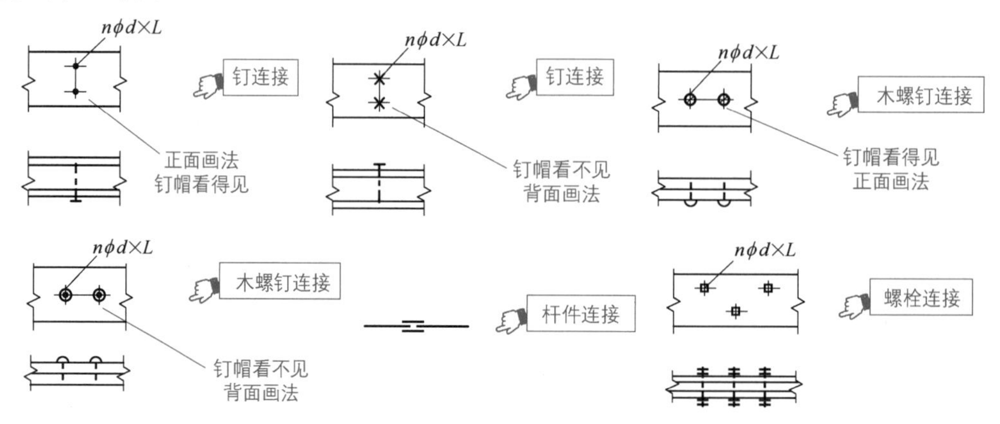

图 6-8

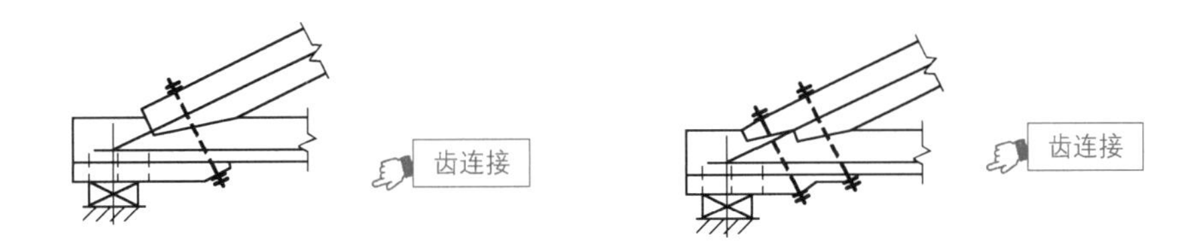

图 6-8 木构件连接的识读

6.2 木结构图的识图

6.2.1 某木四角亭立面图的识读

木柱下一般要设柱墩，严禁将木柱直接埋入土中。露天木结构在构造上一般应避免积水，并且在构件间留有空隙。处于房屋隐蔽部分的木结构，需要设置通风孔。檩条搁栅柱等木构件直接与砌体、混凝土接触的部位需要防腐处理。

某木四角亭立面图的识读，如图 6-9 所示。

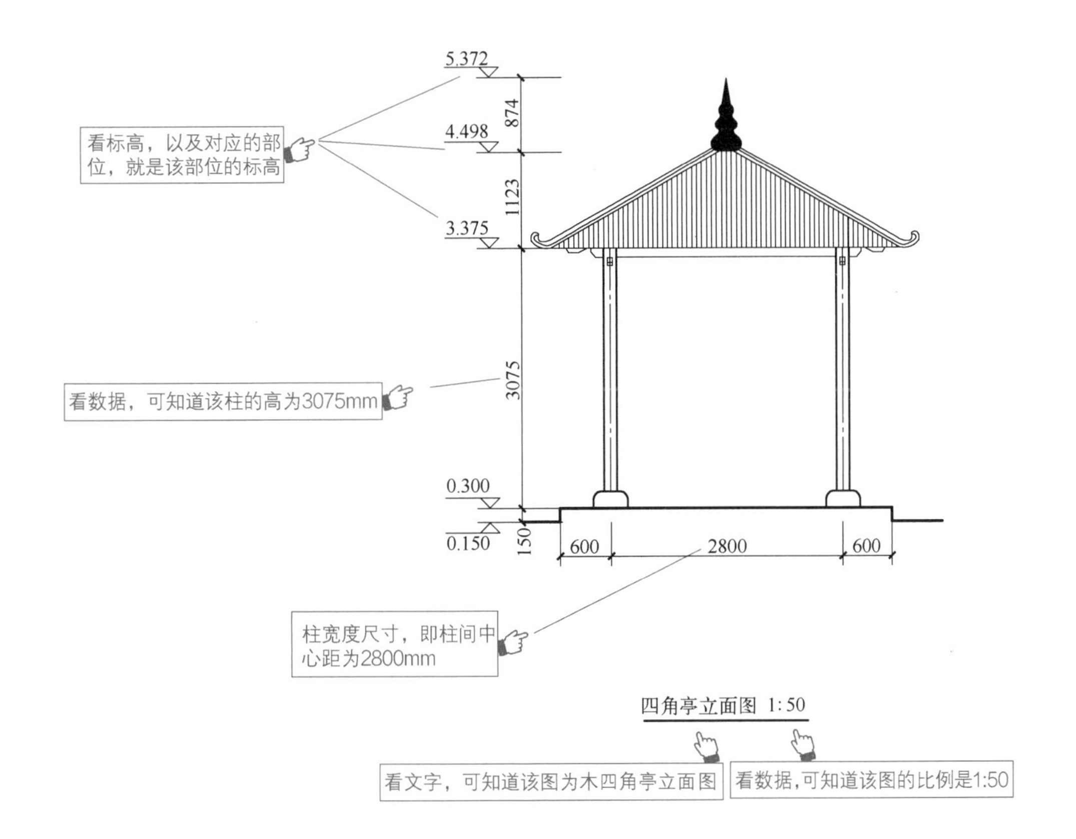

图 6-9 某木四角亭立面图的识读

6.2.2 某木四角亭立屋面梁俯视图的识读

木桁架的形式有三角形、梯形、多边形、弧形、矩形等。木桁架的布置：间距≤ 4m（一般 3m 左右）；钢木檩条或胶合木檩条，桁架间距≤ 6m。三角形木桁架最小跨高比 1/5。三角形钢木桁架、平行弦桁架、弧形多边形和梯形木桁架最小跨高比 1/6。弧形、多边形、梯形钢木桁架最小跨高比 1/7。

木桁架的节点构造图，包括支座节点、上下弦中间节点、下弦中间节点、脊节点等。

某木四角亭立屋面梁俯视图的识读如图 6-10 所示。

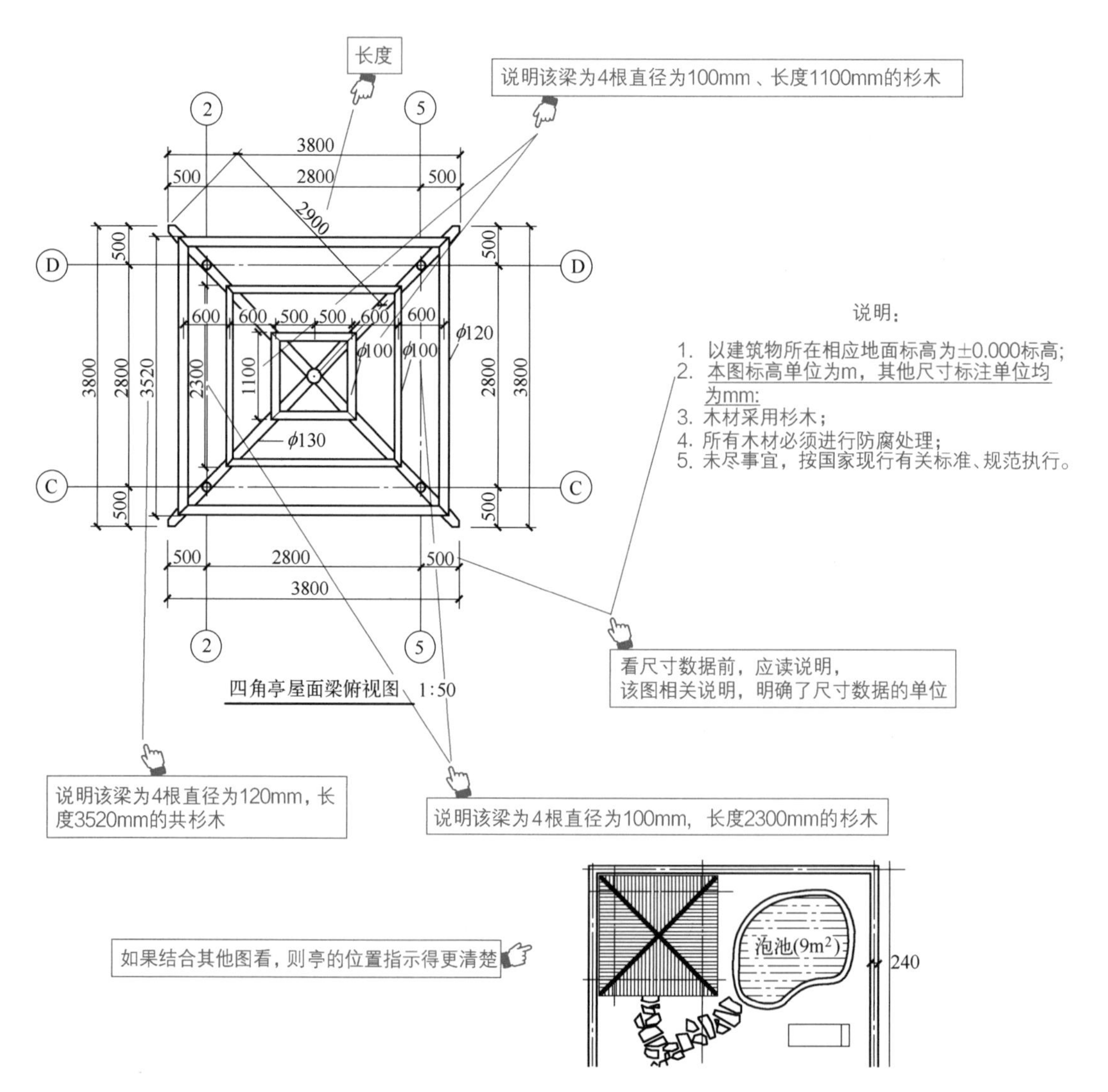

图 6-10 某木四角亭立屋面梁俯视图的识读

附录　书中相关视频汇总

建筑结构基本（单元）构件	建筑结构根据材料、承重结构的分类	柱的分类
井字梁的外观及代号	楼梯的组成与分类	建筑施工图的组成与内容实例
门、窗的图例与图样	楼层结构平面图的识读	模板图的实例与识读
配筋	基础平面图的识读	基础详图的识读
柱箍筋图的识读	楼梯剖面图的识读	钢结构施工图的内容

主要参考文献

[1] 中华人民共和国住房和城乡建设部．房屋建筑制图统一标准：GB/T 50001—2017. 北京：中国建筑工业出版社，2018.

[2] 中国建筑标准设计研究院．混凝土结构施工图平面整体表示方法制图规则和构造详图（现浇混凝土板式楼梯）：22G101-2. 北京：中国标准出版社，2022.

[3] 中国建筑标准设计研究院．混凝土结构施工图平面整体表示方法制图规则和构造详图（独立基础、条形基础、筏形基础、桩基础）：22G101-3. 北京：中国标准出版社，2022.

[4] 中华人民共和国住房和城乡建设部．建筑结构制图标准：GB/T 50105—2010. 北京：中国建筑工业出版社，2010.